NEVER LOST AGAIN

The Google Mapping Revolution that Sparked New Industries
and Augmented Our Reality

Google
地圖革命

從Google地圖、地球、街景
到「精靈寶可夢GO」的科技傳奇內幕

BILL KILDAY

比爾‧基爾迪———— 著　夏瑞婷————譯

獻給雪萊（Shelley），你就是GPS中的那個S。

一旦人們能夠在地球之外拍攝地球的照片，一個和歷史上任何新思想一樣強大的新概念，就會被解放出來。

——弗雷德·霍伊爾爵士（Sir Fred Hoyle），英國天文學家（1948年）

目錄

超越終點
Google 歲月

前言 ｜ 6年，10億使用者

你還記得你上次迷路的經過嗎？我說的是的的確確、完完全全的迷路。

我自己已經有段時間沒有那樣迷路過了。我上次迷路都是21世紀初的事了——那時我住在麻州的波士頓。在一個寒冷的星期二冬夜，我在布魯克萊恩打了場臨時湊成的夜場籃球賽，打完球後開車回家。和南波士頓的幾個愛爾蘭人混戰3個小時後，我已經疲憊不堪。不知為何，我在這條已經走過10多次的路上迷路了。我能看到我應該開到哪裡——就在查爾斯河對面，但我搞不清楚該如何開到那邊。

我的妻子雪萊已經打來好幾通電話。她問：「你在哪裡？」我一邊沮喪地用拳頭砸汽車方向盤，對自己大喊大叫，一邊沿著2號州際高速公路朝錯誤的方向開了5哩，尋找下個圓環。也可能不是2號公路，而是3A號公路？我記不清了。

2000至2003年，我住在波士頓，在這裡我經常迷路。這座城市對一個德州移民來說是如此的冷酷無情，就像一門外語一樣晦澀難懂。當地人似乎對殘缺不全的交通指示牌、蜿蜒曲折的街道和圓環感到驕傲。想通過某些十字路口甚至需要解個數學方程式。這時，波士頓大肆開挖的建設工地映入眼簾——這是個投資金額高達150億美元的公共設施計畫，目的在將93號州際公路上4哩的一段路改道移入地下——沒錯，我確實迷路了，而且已經

偏離正確路線很遠了。

我不確定我是否真的把整個路線弄明白。你瞧，「波士頓」實際上是一群城市的彆扭集合。如果把這些城市放在同個鐘面上，那麼從12點鐘開始，首先是切爾西，然後沿順時針方向依次是里維爾、波士頓（真正意義上的）、布魯克萊恩、布萊頓、牛頓、貝爾蒙特、劍橋、薩默維爾和查爾斯敦，它們之間還散落著10幾個小城市。這些城市都曾是獨立的自治市，都建於17世紀初到中葉之間，透過一個複雜的馬道系統相連。

這些城市命名馬道的方式非常簡單：根據馬道的目的地進行命名。例如，如果你住在17世紀的布萊頓，想騎馬去劍橋，那麼你就要走一條標示為「劍橋」的馬道。類似地，如果你住在波士頓，想騎馬去劍橋，那麼你依然要走一條標示為「劍橋」的馬道。

讓我們進到現代的波士頓。這裡至少有7條不同的街道都叫「劍橋」——我可不是在編故事。這是因為，現在波士頓都會區裡的這些路名大多沿用從前的馬道名稱。我還記得有一天，我開車沿著劍橋街行駛，在等紅燈的時候，我瞥了一眼和我所在這條街相交的那條街名，也是劍橋街！

我花兩年半的時間才弄清楚，為什麼在波士頓都會區每個街道名（假設你能找到路牌的話）都會被重複使用2次、4次，甚至7次之多。某天，我問我的房東，為什麼這些道路仍會被這樣命名，他回答說：「這樣一來，洋基隊的球迷從紐約開車過來的時候，就找不到去芬威球場的路了。」[1]

---

[1] 波士頓紅襪和紐約洋基是美國職棒大聯盟的兩支球隊，是多年的死敵。芬威球場是波士頓紅襪隊的主場。——譯者注

好吧，這個解釋能讓我好受一些。

2010年，我在俄勒岡州的波特蘭度一個為期兩週的假期。我和家人一起步行穿過先鋒法院廣場。在這個清爽的夏夜，往來的人們和各種活動令這個地標性的公共空間充滿了活力。跟隨著我iPhone上的Google地圖指引，沿著亞姆希爾街走了半哩，找到一家名為「Luc Lac越南廚房」的餐廳。我8歲的女兒伊莎貝爾問我：「比爾爸爸，在Google地圖出現之前，人們是怎麼找路的？」

我想起了那些在波士頓的日子。我想起了那些把自己交給隨機和偶然的夜晚，就像Yelp（美國最大的評價網站）、OpenTable（網路訂餐平台）、iPhone和Google地圖出現之前身處波士頓北端的洋基隊球迷。[2] 我想起了那間我永遠不會知道像Luc Lac（評分高達4.5顆星！）這樣的餐廳──即使我知道，我也不得不三次攔住陌生人問路。我想起了所有錯估的轉彎和過早駛出圓環的情形，以及所有那些沒有瀏覽過評價就走進去用餐的餐廳（簡直讓人不寒而慄），還有那些沒有看過它們所在街區的街景照片就預訂的旅館（太恐怖了）。

我的目光離開了Google地圖，我抬起頭，把我的iPhone滑入我的馬甲口袋，對雪萊笑了笑，並試著回答女兒的提問：

「我們經常迷路啊，寶貝。」

在2004年之前，我們從MapQuest（網路免費地圖網站）上列印地圖，並在我們的手提箱裡或座椅下面，塞滿了胡亂摺角的美國汽車協會（AAA）出版的地圖冊。我們會在加油站停車，

---

[2] 波士頓北端是最古老的居住區，這裡的街道狹窄而密集。──譯者注

隔著裝有防彈玻璃的汽車向陌生人問路。我們會向旅館櫃台接待員詢問我們拿不準的餐廳情況。而在度假時，我們租過濫用「海濱」一詞的公寓。我們研究過令人困惑的地鐵地圖（綠線不是E線）。我們迷過路，去過味道不怎麼樣的餐廳，也氣得捶過汽車儀表板。

但到了2010年，導航和地圖繪製技術改變了一切。我見證了它的誕生，並在其中扮演一個小小的角色。

一位Google地圖團隊中的朋友麥可·瓊斯（Michael Jones），是這樣對我描述它的：「想想看，人類在地球上存在20萬年，而我們是嘗試過迷路滋味的最後一個世代。在我們之後，再也不會有誰、不會有人像以前的人那樣迷路了。在今天，全世界有成千上萬的人搭乘飛機旅行，降落在紐約、東京、開羅，甚至是剛果民主共和國。在世界上任何地方，人們走下飛機，來到陌生的國度、一個他們從未去過的地方。你猜怎麼著？他們居然知道他們身處何處。他們可以找到他們下榻的旅館，或者是某家餐廳，或者是朋友的家，或者是召開商務會議的辦公室，隨便什麼地方都能找到。」

他停了一下看著我，然後補充說：「我們做到了。你和我以及在Keyhole、Where2Tech以及Google地圖團隊工作的每個人，一起解決了這個問題！」

回到波特蘭。我在那個夏天的晚上推開了Luc Lac的門，而在此之前我已經知道這是家非常棒的餐廳。我知道它當時還在營業，我預先挑選了菜單，而且用我iPhone上的Google地圖App幫助我輕鬆找到這家餐廳。我知道這家餐廳不會太花俏，也不會太貴。

雪萊朝著我會心一笑，她記得我們在波士頓的日子，她記得變革是如何發生的——這項技術永遠改變了我們的生活。而現在她也是10億使用者之一。

Keyhole在1999年勉強起步。到了2002年，差不多用光手頭的現金。2003年，CNN和In-Q-Tel電信（美國中情局所屬的創投公司）救活了它。而到了2004年，它又被另一家成立只有5年的公司收購。

那家公司就是Google。

Google在那一年收購了兩家地圖公司：一家是從雪梨的公寓裡走出來的4人團隊，他們在當時還未註冊成立公司；另一家是位於加州名為Keyhole的公司，公司一共有29人，而我在其中擔任市場行銷總監。

2004年秋，Google將這兩個團隊與位於加州山景城（Mountain View）Google總部41號樓的現有小團隊合併在一起，不為他們限定發展方向，但給他們提供無限的資源。公司還向團隊提供一個保密訊息：在Google簡潔的白色搜尋框裡輸入的所有搜尋查詢中，有25％是地圖搜尋查詢。

可你猜怎麼著？Google自己並沒有地圖。

諸如「奧斯汀最好喝的瑪格麗特酒」、「新奧爾良現場音樂演出地點」、「在郵遞區號78636附近心臟病發作」之類的搜尋占了所有Google搜尋流量的很大一部分。直到2005年1月，如果你在Google的主頁上搜尋某個位置，Google仍舊會返回到一個包含10個網站連結的頁面，並在頁面底部顯示「Gooooogle下一頁」的圖標及按鈕，使用者仍然得不到他們需要的地圖和路線指引。願那個心臟病發作的人好運吧。

6年後，Google地圖產品（由前Keyhole團隊的幾名關鍵成員經營）的每月活躍用戶量達到了10億，成為全球第一大消費級地圖服務。從一個使用者都沒有，到月活躍用戶量達10億，Google花了6年時間。

而且，我們的工作最終推動了整個產業的發展：Yelp、OpenTable、Zillow（房地產訊息服務平台）、Priceline（旅遊服務網站）、優步（Uber）等企業都是在Google地圖的基礎上發展起來。其他數以百計的服務也有不錯的經濟前景，這僅僅因為有人完成了其中大部分的繁重工作，有人建置了最根本的基礎地圖，提供給大家一張白紙——有了這張紙，其他人才能在上面描繪各種全新的服務，然後透過免費的Google地圖API（Application Programming Interface，應用程式介面），他們把基礎地圖開放給大家使用。

2007年，Google將這些地圖和服務都塞進你的口袋裡。Google地圖也成了蘋果殺手級新產品iPhone上的殺手級應用程式——史蒂夫・賈伯斯親自要求iPhone預裝並能執行Google地圖。安卓手機也緊隨其後。

最後，2008年，儘管使用者已經從0猛增到了5億，Google還是決定繼續擴大在地圖上已經高得離譜的投資，同時新增兩個更大膽的「登月計畫」[3]——街景服務（Street View project）和地面實況（Project Ground Truth），而這兩個計畫最終為自動駕駛汽車開起大門。

---

[3] 「登月計畫」（Moonshot Projects）是Google旗下一些具有探索性和開拓性的試驗計畫總稱。——譯者註

　　我們是如何做到這一切的呢？老實說，當我回想起一切的起點，也就是我陪伴Keyhole走過的那段日子時，我仍然對這一切的發生感到敬畏。我是說，我難以想像我居然身處其中。在這段旅程中，我不光陪伴Keyhole一路走來，還為它的成功做出了一份小小的貢獻。

　　我不止一次想到「Keyhole是不可能存活下來的，這家公司可能早該關門大吉很多次了。可是我們非常幸運，許多事情都特別順利，這種好運是不可能再次出現的。」

　　但我很了解我在Keyhole的同事。現在回想起來，我知道我們不可能失敗：無論遇到什麼障礙，無論錯過多好的機會，我們都會找到該走的路。畢竟，我們手裡有一張王牌，無論如何，他都會想出辦法。

起點

創意精英

第1章 約翰‧漢克

1999 年，約翰讓我看了些東西，他把鏡頭拉高，切到科羅拉多大峽谷上空，並將視角傾斜來顯示 3D 地形，然後像飛翔的鳥來回旋轉，飛越大峽谷南緣，又飛入大峽谷中。我的雙腿都有點發軟了，我簡直不敢相信自己的眼睛。這確實是一個驚人的程式，但一個驚人的程式並不一定能幫你建立起一家公司。

1999 年春天，一個非常溫暖的日子，我接到了大學老友約翰‧漢克（John Hanke）的電話。我當時是《奧斯汀美國政治家報》（*Austin American-Statesman*）網站的市場行銷總監。

「嘿，哥們兒，我來奧斯汀了，」他說，「我想給你看樣東西。我能去你家坐坐嗎？」當時，約翰正在矽谷的一家新創公司工作，但他不想在電話裡細說這個計畫。我向他追問詳細情況，但他堅持要在那天晚上過來。「你真的要親眼見一見。」

約翰和我認識已有 15 年了。我們同在 1985 年進入德州大學學習，是在大一開學前的週日認識的。我被學校安排住進了傑斯特中心（Jester Res-idence Hall）學生宿舍，這個宿舍有一個城市街區那麼大，在當時是北美最大的校園宿舍，可容納 3,200 百名學生，還有自己的郵遞區號。它的一般房間和裝著螢光燈亮到看不到盡頭的走廊非常像監獄，對於初次離家生活的大一新生來說

不怎麼宜居。那天晚上，我在舍監辦公室門外貼著的紙上做了登記，表示願意與金索爾文（Kinsolving）女生宿舍的一群女孩共進晚餐。

要知道，只有無處吃飯的本科生才會報名參加這樣的聯誼活動。宿舍的餐廳每週日晚上不開門，我們要想填飽肚子，只能自己想辦法。對於很多大一新生來說，這意味著要去兄弟會或姐妹會吃晚飯，當然前提是你有辦法加入兄弟會或姐妹會。即使你沒有加入希臘體系[1]，你至少應該找位朋友一起點披薩外賣。

從社交角度講，在舍監那裡報名會有一定的風險，因為這基本上等於把你的名字寫進了一張可能被叫作「沒錢也沒朋友的學生」名單裡。我的室友，來自德州聖馬科斯的凱文·布朗是名很有才華的小號手，他加入了長角樂隊[2]，並且已經和樂隊裡的新朋友打得火熱。看到名單上的其他五名學生後，我在上面填上了我的名字。

當我同層的舍友在約定時間聚集在舍監辦公室門外時，我開始擔心了：一個是念電子工程的韓國交換生；一個是來自哈林根、身材魁梧的男孩；我，滿臉粉刺，身高190公分，瘦得像竹竿；還有那個住在離我有8間宿舍遠的，一個安靜、認真的男生，我不怎麼了解他。他是德州人，長相英俊，中等身材，貌似正在研究如何打理他那撮沒什麼諷刺意味的小鬍子，有點像德州版的查理·辛[3]。有一次，我從他房間開著的門看到，他有台樣子

---

[1] 兄弟會和姐妹會合稱「Greek life」（希臘生活），這些社團通常以希臘字母命名。
　　——譯者注

[2] 長角樂隊（Longhorn Band）是德州大學的儀樂隊。——譯者注

[3] 查理·辛，美國演員，代表作有《好漢兩個半》（*Two and a Half Men*）。——譯者注

奇怪的個人電腦。他是我們宿舍裡唯一一個有電腦的學生。

　　我曾認真考慮過放棄參加這個晚餐會，可我當時要負責招募同宿舍的學生參加，所以我進退兩難。那天晚上，在看了我們這幫人之後，我很擔心我們這一層的代表能力。我知道在校園的另一邊等待我們的是什麼：金索爾文女生宿舍有600名新生，而我已經在那邊的餐廳裡找了份沙拉吧台服務員的工作。

　　於是，在那個炎熱的夏夜，從傑斯特出發穿越40英畝校園最終到達金索爾文的漫漫旅途中，我不知何時和這個留著小鬍子的內向青年走到了一起。

　　「你主修什麼？」我問。

　　「我讀的是計畫2。」

　　「你讀計畫2？」

　　「你為什麼這麼吃驚呢？」

　　「哦，沒有，我只是前兩天在校園裡看到了那個樣子的T恤，就是那個上面印著『我還沒有申請主修，但我計畫2』的T恤。我覺得這句話很妙。」

　　「哦，他們在迎新會上發給我們每人一件，但我還沒穿過呢。」他笑著說。

　　「為什麼不穿呢？」我問，有點期待他說T恤的尺寸或顏色不合適。

　　「這有點炫耀，你不覺得嗎？」主修這個的大部分學生，都在校園裡自豪地穿著這件有點炫耀意味的T恤，因為這意味著你高人一等，是上層學術門第的一部分，配得上這所大學專為那些在畢業典禮致詞的學生代表、和全國優秀學生獎學金獲得者，打造出更嚴格、更獨立的課程。眾所周知，這些學生中的很多人本

可以去普林斯頓、哈佛或史丹佛大學，但還是選擇了德州大學獨一無二的跨學科專業——「計畫2」。

我顯然低估了這個人。「你是哪裡人？」我問。

「我家在德州西部的一個小鎮上。你呢？」

「休士頓。」我答道，「奧斯汀和你老家挺不一樣的吧？」

「嗯，傑斯特差不多是我家那個小鎮的3倍大。」他告訴我。「哈！」我驚訝地大笑起來，然後對在我們前面幾步之外的學生說：「嘿，你們聽，我們的宿舍區是這位老兄老家的3倍大！」而約翰似乎並不覺得這有什麼好笑。

我對那晚和我們在科南斯披薩店共進晚餐的女孩們，幾乎沒有什麼印象。男孩們堅持坐在桌子的一側，女孩們則坐在另一側。但我確實記得我和約翰聊得多一些，在發現彼此都是常有罪惡感的天主教徒後，我們還計畫在晚餐後去大學天主教中心參加晚間彌撒。我甚至還取笑了他的小鬍子。

「你留鬍子多久了，約翰？」

「差不多有一年了。」他承認，「對我買啤酒很有幫助。」

「我還以為只留了兩週呢！」我笑著說。

他剛咬了一口披薩，聽到這話，他笑了起來，還朝我豎了中指——大學男生間的友誼訊號。

不管還買不買得到啤酒，等我第二天在上課的路上遇到約翰的時候，他的小鬍子已經沒了，但它不會就此被遺忘，因為它已經被永遠地印在他的學生證上。而在接下來的4年裡，這個證件每天差不多都要掏出來4次。他的學生證從此成了我的一大樂子，成了令他難堪的東西（不過我很確定他現在還留著呢）。

約翰的家鄉是德州的克羅斯普萊恩斯（Cross Plains，當時的

人口是893人）。我覺得他似乎不怎麼願意提起他的家鄉，但原因並不是他為自己出身農家感到難堪，恰恰相反，他沒有掩飾自己的家庭背景：他的父親喬，經營著一個小型牧場，同時是鎮郵政局的局長；他的母親埃拉・李是一個在當地天主教會和商會非常活躍的人物。克羅斯普萊恩斯代表了某種讓約翰引以為豪的東西，也是他悉心維護的東西。我很快就了解到，約翰自己可以和別人談論他這個只有一個紅綠燈的小鎮，談論鎮上每週五晚上以冰雪皇后冷飲店為中心的社交活動、四健會[4]的牲畜展，以及鎮上的橄欖球隊，但別人談論或取笑他的家鄉就不行。奇特的是，該鎮最著名的居民是勞勃・歐文・霍華德，一位身處西德州的荒涼世界，卻在1920到1930年間創作出《王者之劍》系列中的奇幻新世界作家。

而我則是生長在休士頓典型的中產階級家庭，接受的是普普通通的家教，只有一些細節和別人不太一樣：我是家裡8個孩子中最小的，並且有6個姐姐。我是個計畫外的孩子，我家排行倒數第二的孩子也比我年長7歲之多。我父親是個和善的波士頓人，從事石油業的廣告工作，在1983年我讀高中時就去世了。這些事讓我成了個勤奮的孩子，打了很多份零工來支撐自己讀完大學。但對約翰來說，我是來自大城市的人。與克羅斯普萊恩斯相比，休士頓完全是個國際大都市。我們很快發現，我們有很多共同的興趣愛好——從政治（都是進步主義者）到體育（我們一起參加德州大學的橄欖球賽），從音樂現場到我們的天主教背

4　四健會（4-H Club）是美國農業部的農業合作推廣體系管理的非營利性青年組織。
　　——譯者注

景。我們很快變得形影不離。

在第一學期結束時，約翰和我成了密友。我們是如此親密，寒假裡，約翰、我的室友凱文‧布朗和我一起開車旅行，去科羅拉多州的溫特帕克（Winter Park）滑雪。那是約翰和我第一次一起旅行。

在去科羅拉多州的路上，我們在克羅斯普萊恩斯（在阿比林以南約半小時車程）住了一晚，和約翰的高中好友一起打籃球，造訪了鎮上那家冰雪皇后，見到他的父母和姐姐寶拉。父母通常都會以自己特別出色的孩子為榮，而喬‧漢克和埃拉‧李‧漢克，對他們領養的孩子約翰的自豪感更為明顯。見到約翰把大學同學帶回家做客，他們非常高興。由於長年累月在西德州的太陽下牧養紅安格斯牛和其他牲畜，約翰父親的脖子曬得黝黑。他打量了凱文和我一番，用濃重的南方口音慢條斯理地說：「你們這些孩子以前這樣出過門嗎？」

我能感覺到約翰的父母和鎮上的很多人一樣無法理解約翰的志向和幹勁：他是高中班上22名學生中的畢業生代表，還是學生會主席、全美優秀學生獎學金得主。他開始編寫自己的共享遊戲軟體，並透過個人電腦雜誌出售。在他的數學老師指導下，約翰參加了貝勒大學的電腦程式設計競賽，他的團隊最終拿了全州第3名。對他的家人和朋友來說，他簡直是另一個世界的人。

他的高中英語老師——一位名叫克拉內爾‧斯潘塞的正派農場主——最先注意到了約翰的才華。斯潘塞太太聯絡了約翰在奧斯汀西湖高中任輔導老師的姐姐，兩位女士偷偷計畫幫助約翰申請德州大學。

提起這些往事，約翰顯得很尷尬。第二天早上我們早早起

來，喬檢查了汽車的潤滑油和胎壓，他把加油站地圖打開，攤在汽車引擎蓋上，為我們指出了最好的路線。當我們向他的父母道別時，我感覺他的父母並沒有期待他早早娶妻生子，並接管家裡的農場。喬和埃拉‧李完全能接受兒子的選擇。他們，還有鎮上的很多人，都想看看他們最喜愛的兒子能走多遠。

兩天後，我們來到了白雪覆蓋的山坡上。氣溫是華氏零下17度，還颳著風。由於我們都沒有足夠的錢去學滑雪，只能靠滑雪經驗豐富的凱文來指導我們。當我們第一次乘坐滑雪纜椅時，我蹣跚著穿過等待的人群，把滑雪杖立在地上，沒想到纜椅搖搖晃晃地滑過來，把滑雪杖撞成兩段。我只好用壞掉的滑雪杖小心翼翼地從山頂滑下，然後等待下一組指導。

而約翰卻直接從凱文和我身邊滑過，並且已經有點失控了。因為這是我們第一次上山滑雪，凱文還沒來得及教給我們重要的滑雪技巧，包括如何停下。凱文和我站在那裡，先是好奇，然後驚訝，隨後驚恐萬分，因為約翰的滑雪板正對著下山的方向。

「轉向，轉向，轉向！」看到約翰越滑越快，凱文朝他大喊道。看起來他至少「試著」轉向了。但他沒有轉向，而是交替抬著滑雪板，始終對著下山的方向。他那令人驚嘆的滑行不僅以摔倒結束，而且他的滑雪板、滑雪杖以及整個人都飛了出去，揚起一團雪霧。我小心翼翼地控制著我的滑雪板，滑了大概10分鐘，才滑完了約翰在17秒內滑過的距離。

「喂，你怎麼這麼慢？」他問。

這就是約翰。他願意承擔風險，這也令他受益。我逐漸了解到，他是一個很有激情、勤奮、有抱負的人。他在克羅斯普萊恩斯經歷的某些東西，使他把這種頑強的態度帶進了生活和工作

中。是艱苦的農場生活，還是被收養後的某些感受造就了他今天的性格？多年來，我覺得自己一直是他的好朋友。我不那麼充滿激情、有抱負。直到今天，我仍然會每隔一段時間就努力逗他開心，讓他試著放慢腳步，放鬆一下自己。

在我們的大學時代，約翰拉我參加了學生會代表委員會，幫助我提高成績，還帶我參加安息日彌撒。我則在春假時拉約翰去南帕德雷島度假，帶他參加校內體育賽事，去 Liberty Lunch 看現場音樂演出。我們還有過一次有點嚇人的經歷：在一次 Replacements 樂隊演唱會上，約翰被擠進玩 mosh[5] 的人群中，差點被壓在地上，還好我拉著他的領子把他從地上拉了起來。

畢業後，約翰在美國駐緬甸外事處工作。如果你從德州的克羅斯普萊恩斯鑽個洞打穿地球，洞的另一端就在離緬甸很近的地方。我不確定這是不是巧合。他被世界各地旅行的樂趣和體驗所吸引。與此同時，在我看來，約翰變得更加內向，很少談及他的工作，好似又罩上了一層保護殼。在這些年裡，我一直留在奧斯汀，因為我被林登・詹森公共事務學院和麥庫姆斯商學院[6]的雙碩士學位課程錄取了。

1991 年初的某天，約翰深夜打來電話，在靜電干擾的雜訊中，他告訴我他已經向他的準新娘霍莉・海斯求婚了，並請我當他的伴郎。霍莉和約翰在華盛頓相識，當時他們都在國務院工作。通話品質很糟糕，以至於我不得不問道：「你確定她說願意嫁給你了？」一場在維吉尼亞州麥克萊恩舉行的半正式禮服婚

---

[5] mosh 是在龐克、重金屬等較激烈的搖滾樂現場，樂迷表達極端情緒的肢體動作，表現為揮動四肢或互相衝撞。──譯者注

[6] 這兩個學院都屬於德州大學奧斯汀分校。──譯者注

禮[7]把一批環球旅行者、外交官和來自克羅斯普萊恩斯的家人、朋友這些身分迥異的人聚在了一起。

1993年夏，我們的關係開始從友誼發展為生意夥伴。那年7月，我邀請約翰和另一位朋友卡爾·湯森一起踏上歷時9天、艱苦卓絕的加州公路之旅：從提華納（Tijuana），沿加州1號公路開到塔霍城（Tahoe City）。我當時剛從麥庫姆斯商學院畢業，而約翰剛進入加州大學伯克利分校的哈斯商學院學習。我記得我把包包扔到約翰租來的敞篷野馬後座上，瞥見了一本《連線》（WIRED）雜誌的彩色方塊書背。

「嘿，你也看《連線》雜誌啊？」我問。

「你也看《連線》？」看到我從背包裡掏出一本《連線》，約翰和我一樣驚訝。

「嗯，是啊，我正為這家廣告公司做互動行銷呢。我們正在為我們的所有客戶製作光碟和網站，包括戴爾（Dell）。」我說。我當時正在幫戴爾製作它的第一個網站。

「你現在開始做網站了啊。戴爾？那可是家大公司。」約翰說。他很熟悉麥可·戴爾（Michael Dell）的故事。戴爾是個聲名狼藉的休士頓小子，他在1984年因為在宿舍裡組裝、銷售、維修電腦而被踢出了德州大學的宿舍。

現在看來，我們兩人都拿著一本《連線》聽上去並不令人驚訝。但是在1993年的夏天，《連線》雜誌還只是本名不見經傳的出版物，那期雜誌報導了第一批湧入矽谷從網際網路中淘金的科

7　在半正式禮服婚禮（black-tie wedding）上，新郎穿著類似一般西服的小禮服，而非燕尾服這種大禮服。——譯者注

技企業家。請注意，網際網路的首個撥接上網（dial-up）在1992年才出現，而誕生於伊利諾大學厄巴納—香檳分校的圖形介面網頁瀏覽器 Mosaic 在1993年才首次發布。

Mosaic 的發明者馬克·安德森後來從伊利諾大學畢業，於1994年與吉姆·克拉克一起創立了網景公司（Netscape）。這些都為網際網路的迅速商業化奠定了基礎。在那個時代投身科技業真是再好不過了。

儘管我們有很多共同的興趣愛好，但約翰和我過去並沒有談太多科技或商業上的話題。不過在旅途中，我們不停地討論這些東西——有關商業化網際網路的一切——可能意味著什麼。在這一年裡，他一邊上學，一邊與另外兩名哈斯商學院的學生創辦了一家網路遊戲公司，我也不時去加州幫他做各種行銷方案，如網站、橫幅廣告、行銷文案等。這種狀況一直持續到了2000年，這幾年我一邊擠時間幫忙約翰，一邊在廣告公司做全職工作，後來又跳槽到了《奧斯汀美國政治家報》。

當約翰在1999年那個溫暖的春日打電話來，告訴我他想給我看個示範程式時，我以為他想讓我幫忙做另一個與市場行銷有關的計畫。那天晚上9點左右，約翰和一位名叫布萊恩·麥克倫登（Brian McClendon）的軟體工程師出現在我家門前。約翰這時剪掉了之前半長的棕髮，理了個小平頭。他穿著矽谷新創公司年輕CEO的標準制服：藍色西裝外套、T恤、牛仔褲，還有一個掛在肩上的郵差包。布萊恩赤著腳，穿著亮黃色的工裝短褲。他們一起小心翼翼地將一台巨大的戴爾 PowerEdge 伺服器搬進來，伺服器裝在常用於保護昂貴攝影器材的百利能（PELICAN）氣密箱中。很明顯，他們公司的未來就裝在這台伺服器裡。我的小

狗彭妮跟著這兩個人，使勁兒搖著尾巴。

布萊恩立刻打量起我來。「6呎[8]、4吋[9]，215磅[10]？」

「呃，是的。」

「你家天花板有多高？」布萊恩問。「10呎。」我回答。他在一旁猛地一跳，勉強摸到了客廳的天花板。「你能扣籃嗎？」他問，一邊撿起從他口袋裡掉出來的硬幣。「曾經有那麼6個月可以扣。」我說。「和我的感覺差不多。」布萊恩笑著說。結果是，我倆的身高和體重完全相同。

我把布萊恩介紹給當時還是我未婚妻的雪萊。雪萊是洛杉磯人，從林登‧約翰遜公共事務學院畢業後，為洛杉磯做城市規劃方面的工作。我們是經朋友介紹在奧斯汀市中心的一家酒吧裡認識的。

在我們的備用臥室裡，約翰不一會兒就把伺服器接到了顯示器上，並啟動伺服器。彭妮走過去，聞了聞這台機器。「好了，進來吧。」約翰對我和雪萊說。「它很有可能會系統崩潰，但我還是想向你展示一些東西。」

約翰準備好了，他的臉上洋溢著興奮。他把鍵盤放在腿上，巨大的伺服器在他身旁發出很響的嗡嗡聲。大老遠把這麼大一台伺服器搬到德州來，這個示範程式肯定很了不得吧，我心想，有點懷疑這個東西。

這時，螢幕上浮現出一個非常清晰的地球圖片。哦，我想，是一張照片啊，就是印在許多給初中生看的科學圖書封面上的那

8　1英尺＝30.48公分。

9　1英寸＝2.54公分。

10　1磅＝0.45公斤。

張。這幅經典圖片被稱為「藍色彈珠」，是1972年12月7日阿波羅17號太空船在執行一次登月任務時，在太空船發射5個小時後由太空人拍攝的。這張壯觀的照片被普遍視為現代環保運動的助推器。

地球似乎在旋轉，正在緩緩地運動。「你家的地址是？」約翰問。「德州奧斯汀市喬‧塞耶斯街465號。」我答道。他馬上敲起了鍵盤。

奇怪啊，我想。螢幕上的那張照片，就是那個地球，它正在轉動！也許這是某種類似QuickTime[11]動畫的東西？但QuickTime動畫並沒有互動功能，它們是線性的，如果這是一段動畫，那約翰為什麼要輸入我的地址呢？……等等，這玩意兒是怎麼放大的？到底是怎麼回事？

在螢幕上的圖像從外太空拉近到能看清我家房子的15秒裡，這些想法從我腦海中飛馳而過。隨後，我認出了我家的立縫金屬屋頂、鄰居後院的跳床，還有那台停在門前的紅色福特探險者房車以及屋子後的阿羅約塞科路。

「我的媽呀！」我叫道。

「太神奇了，是吧？」約翰說。

我驚訝得說不出話來。我跟約翰和布萊恩擊掌慶祝，大喊著讓約翰輸入那些我小時候常去的地方地址。「試試我媽住的地方，德州貝萊爾艾特威爾街708號，還有聖靈天主教學校。」我說，「再試試貝萊爾小聯盟體育場。」從螢幕上甚至能看到我從

---

[11] QuickTime是蘋果公司開發的多媒體架構，能處理多種格式的數位影片、媒體片段、音效、文字、動畫和音樂。——譯者注

本壘板向中外野擋牆擊球的地方，距離全壘打牆只有幾吋。我幾乎能聽到球撞在牆上的聲音。沒有什麼比在電腦顯示器上看到從太空拍攝的那些地方的照片，更能把我帶回11歲時的那一刻了。

之後，約翰把鏡頭拉高，切到科羅拉多大峽谷上空，並將視角傾斜，來顯示3D地形，然後像飛翔的鳥一樣來回旋轉，飛越大峽谷南緣，又飛入大峽谷中。從螢幕上可以看見一層層鮮艷的粉色、橙色和棕色的沉積岩。我把手放在約翰的肩膀上，我的雙腿都有點發軟了，我簡直不敢相信自己的眼睛。

雪萊說，這讓她想起了電影《全民公敵》（*Enemy of the State*）裡的某些片段。雖然同樣感到驚嘆，但她也很現實。她是個誠實的人，於是，她提了個問題，一個不好回答的問題——為了回答這個問題，在接下來的幾年裡花去了許多人無數的精力以及數百萬美元——「但你打算拿它做什麼呢？」

約翰和布萊恩可能已經擬定好處理這項技術的計畫，但我並不清楚。這確實是個驚人的展示樣本，但一個驚人的程式樣本並不一定能幫你建立起一家公司。

「我們將在接下來的幾週內完成1,000萬美元的種子輪融資。」約翰帶著矽谷新創公司CEO特有的自信，神氣十足地推測說道。顯然，至少有一位創投人看到了這個示範程式的潛力。

「公司叫什麼名字？」

「Keyhole（鎖眼）。」約翰說，然後又補充道，「至少現在叫這個名字。這其實就是我們來奧斯汀的原因。最終，我們希望用earth.com的網域推出服務。」

約翰和布萊恩來奧斯汀之前已經與earth.com網域的所有者見面。這個人是在奧斯汀工作的IBM員工，在1992年非常明智

地搶占了earth.com網域。他為這個網域開出的價格是100萬美元。布萊恩向我簡要介紹了這次會面，而約翰卻不想提這件事。他們都希望這個示範程式能說服他少要點錢，或者至少考慮用股權換現金。但看了示範程式後，他依然沒有降一分錢。我們在客廳待了一小時，喝了點啤酒放鬆一下，討論了earth.com的價值，因為他們很快要飛回加州，我們又一起仔細地為他們口中的「EarthServer」（地球伺服器）打包。

當他們起身走向門口的時候，約翰再次試圖說服雪萊相信這個她稱為「超人一樣的東西」的經濟價值。但雪萊沒有被說服，這讓約翰有些失望。雪萊像一個母親那樣輕輕地拍了拍約翰的肩膀，說她不懂技術，但她確信有無數的產業會排著隊來買這種服務的。

不過，約翰沒有告訴我們的是，在2000年春季，創投家對沒有清晰獲利途徑的消費型新創公司的熱情開始減退。1993年，隨著第一個網頁瀏覽器的面世，這列高速前進的網路列車開始逐漸失控，引發了前所未有的投機、估值和開支飆升。但到了2000年初，在途經矽谷的101號美國公路上，20世紀90年代後期飛速前行的網路公司正面臨著一個嚴酷的新現實，人們不再關注月活躍用戶數這類虛榮的指標，轉而關注公司的利潤和虧損，投資者希望在投資前看到真正的收入。

如果說約翰籌集資金的窗口尚未關閉的話，那它離關閉也不遠了。示範程式可能非常出色，但時機無法更糟：籌集1,000萬美元的計畫很難實現。

第2章 | 明星軟體工程師

「如果你學會與人合作而不是單打獨鬥，你將能夠完成更多事。」對於個性與眾不同的阿維，大家的容忍已經到了極限，雖然工作環境時好時壞，約翰已經學會管理他的明星軟體工程師們：如何招募他們、挑戰他們以及留住他們。儘管成員間的關係非常緊張，但無論如何，Keyhole的服務正逐漸成為真實。

「我們將在接下來的幾週內結束500萬美元的融資。你應該要去山景城一趟。」自從帶著程式樣本來過我在奧斯汀的家之後，約翰幾乎每個月都會在電話裡對我說這麼一句。

2000年的整個春季我都在幫約翰的公司做一些小的行銷工作，即使他沒有完成任何融資。當時，我還在為奧斯汀那家報紙的網站工作。2000年3月，首次造訪位於加利福尼亞街的山景城辦公室，是我第一次親身體驗典型的矽谷工作環境：灰色的小工作間，辦公桌下的臨時地鋪，成堆成堆的舊披薩盒，滿地的易開罐飲料空瓶；一隻黑色的拉布拉多犬在辦公室裡閒逛；孩子們晚上來到辦公室，與他們整日加班的父母一起吃宵夜披薩。

我在這裡很不準確地使用了「辦公室」一詞。Keyhole的團隊在另一家新創公司的角落裡占用了一個超大型的工作間，這家公司就是Intrinsic Graphics，由布萊恩·麥克倫登、麥可·

瓊斯及軟體工程師克里斯・坦納（Chris Tanner）和雷米・阿諾（Rémi Arnaud）於1998年創立。這兩家公司很難分清楚，因為約翰的新創公司尚未籌集到資金。結果，就出現了這種類似孵化器的關係。事實上，約翰的新公司唯一一位拿薪水的員工是由Intrinsic Graphics 來支付的，而約翰的主要職責是軟體開發。

Intrinsic Graphics的幾位創始人之前在著名的美國矽圖公司（Silicon Graphics, Inc.，SGI）共事過。矽圖公司是技術發明家吉姆・克拉克在1982年創立的公司。這家公司是3D圖形領域的先驅，也是在電腦上創造一切3D物體（從汽車零件、建築到虛擬世界）的創新和人才中心。在20世紀80年代和90年代初，如果你想開發任何涉及3D的硬體、軟體或內容，你就會想到矽圖公司。但到了90年代中期，矽圖公司的市場受到了來自戴爾和惠普等公司的廉價、強大的Windows-Intel（Wintel）工作站的衝擊。

Intrinsic Graphics的創始人於是離開了矽圖公司，並很快在高度專業化的3D視覺化領域招募一批最優秀的程式工程師，組成核心團隊，並讓他們開發一套軟體工具，供遊戲開發人員建構互動式3D環境使用。大部分團隊成員曾從事過高端3D模擬器——飛行模擬器、作戰模擬器、核電站模擬器——的開發工作。這些計畫通常需要花費數百萬美元，用來進行開發以及在專門的高端硬體上運算。這些硬體安裝在人造平台上，以重現被模擬的物理環境中的效果。例如，在一台空中巴士A320模擬飛行器上，駕駛艙內有所的飛行儀表、駕駛艙的窗戶上，都裝有高解析度電腦顯示器。

這些工程師成立了Intrinsic Graphics公司。他們意識到，

價格實惠、功能超強的個人電腦，能夠應用以前僅能在價值數百萬美元的專用模擬器上使用的產品。他們把寶押在摩爾定律（Moore's law）上：戈登・摩爾（Gordon Earle Moore）是英特爾（Intel）公司的聯合創始人之一，他有一個著名的預測，即當價格不變時，積體電路上可容納的電晶體數量每隔年就會增加一倍。

Intrinsic Graphics有一個叫「裁切貼圖」（clipmapping）的專業圖形技術，由此開展出一個副計畫。這項專利技術能下載一組有多種解析度的圖像，並將圖像混合在一起，組合出一張無縫拼接的大圖像。我們的工程師這麼向我解釋這項技術：裁切貼圖是一種將一系列經過預先計算和優化的圖像（這些圖像也叫多級紋理[Mipmap]）裁切到3D螢幕場景中渲染的幾何體子集的方法。坦納的專利裁切貼圖技術，確定了如何下載盡量少的數據資料，而仍然能夠在螢幕上快速渲染出逼真的3D場景。

你明白了嗎？你可以想像一下，你正站在奧運會標準泳池上方的10公尺跳台上。在泳池深水區，池底有一枚25美分硬幣，你想把它撿回來。你看到它了，然後開始下潛。在使用了坦納的裁切貼圖技術的情況下，只有你所穿過的水的圖像會被下載，而不是整個泳池的圖像。對你來說，這個場景看起來就像是你潛入泳池中。你所不知道的是，只有泳池裡的一小部分水——或者說只有你能看到的水的圖像——被下載了。裁切貼圖計算出潛水期間所需顯示的最低水量，然後只給你顯示你能看到的水，而不是整個泳池的水。

所有這些都轉化成了更快的視覺體驗，比透過網路下載場景的全部數據要快得多。1999年初，這項技術被用在了飛行模擬

器和電子遊戲上。但在某個週末，麥可‧瓊斯把克里斯‧坦納和雷米‧阿諾叫來他家，他們一起在廚房的餐桌上工作，將這項技術應用到一個新用途上：地圖，一張DNA根植於電子遊戲和模擬器，並且下載速度成為比任何其他數位地圖都要快的地圖。

　　為了激發靈感，麥可讓克里斯和雷米看了一部影響深遠的微電影《十的次方》（*Powers of Ten™*），電影時長9分鐘，是1977年由建築師查爾斯‧埃姆斯和蕾‧埃姆斯製作的。這部經典短片旨在說明事物的相對大小。在片中，鏡頭從在芝加哥格蘭特公園（Grant Park）裡野餐的一對夫婦逐漸拉高，一直拉到遙遠的太空，然後又逐漸拉回。當鏡頭移動時，每個縮放級別代表又一個「十的次方」。這部微電影展現了一種非凡的視覺效果，並成為工程師們那個週末在麥可家餐桌旁準備重新創造的體驗起點。

　　地球數位模型的概念是一種典型的構想。1998年，時任美國副總統艾爾‧高爾（Al Gore）在一次教育會議的演講中討論了3D數位地球，他描繪這樣的未來：「全世界的公民都可以與電腦生成的3D旋轉虛擬地球互動，還可以獲得大量的科學和文化訊息，來幫助他們了解地球及人類的活動。」在尼爾‧史蒂芬森的科幻小說《潰雪》（*Snow Crash*，1992）中，主角弘使用了一款CIC公司的軟體，就叫「地球」。CIC用它來追蹤公司擁有的所有空間訊息，包括所有的地圖、天氣數據資料、建築計畫以及衛星監視之類的東西。矽圖公司開發了一個名為「空間面對面」（Space to Face）用來驗證概念的示範程式，這個示範程式在價值200萬美元的矽圖Infinite Reality（意為「無限現實」）電腦上運算。

　　而麥可和他的團隊，首先在一般人也可以觸及的設備——

個人電腦上建置了一個數位模型。（團隊使用的是一台戴爾電腦，售價約4,000美元。）麥可不久給這個示範程式取名為「CTFLY」。它是個非同尋常的應用程式。在這個模型中，使用者可以把外太空縮小成一張麥可從NASA（美國太空總署）網站上下載的高解析度圖像。1999年，Intrinsic Graphics在洛杉磯舉行的SIGGRAPH商業展會上展示了這個示範程式。SIGGRAPH是個3D視覺化軟體社群舉辦的年度會議。

這個CTFLY示範程式只有一個問題，就是太好了。向Intrinsic Graphics軟體的潛在客戶做的簡報已經演變成免費的地理課，變成一場全球之旅，而不是了解公司的軟體。麥可和布萊恩於是繼續注資Intrinsic Graphics，對示範程式進行改進，儘管事實上它並不是公司遊戲開發軟體的核心。在CTFLY上花費了數季之後，Intrinsic Graphics的董事會逐漸認識到，這個程式不僅成本高，而且與公司主業脫節。董事會下了一道命令給團隊：「它很酷，但不要繼續開發它了。」

如果CTFLY不能作為示範程式繼續開發，那麼為它單獨成立公司行不行？布萊恩和麥可目睹了人們對這項技術的熱情，他們覺得不能讓這個概念消失。麥可回到董事會問道：「我們能不能把技術轉讓出去，來籌集資金，並將核心技術授權給一家新公司呢？」董事會同意了。

為了管理這家新公司，布萊恩和麥可知道他們需要聘請一位CEO來籌集資金、建立團隊。他們聘請一位矽谷獵頭師，他推薦了多位有趣的CEO候選人，其中一位剛剛賣掉他在讀商學院時創辦的電子遊戲公司。Intrinsic Graphics早期員工之一的安德里亞・魯賓（Andria Ruben）翻閱了候選人的簡歷，注意到約翰

和她的兄弟都是在1996年從加州大學伯克利分校哈斯商學院的MBA（工商管理碩士）課程畢業。在她的兄弟同意為約翰擔保之後，約翰與公司約定在1999年12月到公司接受布萊恩和麥可的面試。

按照約定，約翰從他位於舊金山東灣的家中來到山景城，與麥可和布萊恩見面。在第一次見面時，約翰看了CTFLY示範程式，聽了麥可關於他心目中程式前景的一番話。約翰想再深入了解一些。「我看到裡面有丹佛的晶片，你有其他的數據資料嗎？」麥可回答：「沒有了，但這不是問題。」約翰繼續說：「我發現它是在本機的電腦上運算的，這台電腦的配備相當強。你認為它可以在一般的消費級電腦上透過網路運算嗎？」麥可再次給出肯定的回答：「是的，這個可以做到。」作為回應，約翰問道：「你提到了顯示道路及其他類型的數據資料，現在能正常顯示嗎？」得到的答覆依然是：「還不行，但我們認為這個問題可以解決。」面試結束後，約翰對示範程式印象深刻，但他意識到，還需要做大量的工作才能將這個概念轉化為消費級產品。

幾天後，約翰回來了。「我願意做這份工作。」他說，「但是我想告訴你們，你們要是問我哪個計畫重要，我倒覺得你們應該把目前手上的計畫停了，專心做這個計畫。我認為它比你們正在開發的遊戲引擎要有潛力得多。你們兩個應該來經營它，而不是我。」

麥可和布萊恩互相看了一眼。儘管他們很喜歡CTFLY，但它似乎不是值得他們用創投賭一把的東西。布萊恩以對Intrinsic Graphics商業模式的辯護作為回應：「遊戲產業是一個價值數十億美元的產業，現在這個產業陷入困境，所有平台都不能互相兼

容，開發人員必須為每個平台重建遊戲，因此浪費了數百萬美元。我們將帶給他們一種新的開發方法，讓他們只寫一次程式碼就能讓遊戲在任何平台運算。」

如果約翰想接受「地球」計畫，那麼條件很清楚：計畫將由他來經營，由他決定是否需要將創投資金用在計畫中，而這筆資金對於將示範程式轉化為產品並最終轉化為業務是必不可少的。除了開發軟體，還需要獲得大量的數據資料；必須編寫工具來處理數據，並建構用於託管數據資料的伺服器；此外，還需要有一個商業模式來支持所有投資。

後來，麥可回憶起聘用約翰的過程：「我們知道會遇到很多障礙，但你可以看出來，約翰是一個能找到辦法把事做成的人。」在這兩次面試中，他看到了約翰的毅力和勇氣。

約翰被聘用後，他的第一份工作就是招募團隊，將示範程式變成一個實實在在的產品。唯一一位加入新公司的Intrinsic Graphics員工是位名叫阿維・巴爾-澤埃夫的工程師，他熱心、充滿激情，正準備著手做CTFLY客戶端應用程式的開發工作。阿維擁有超凡的才華，剛剛完成了名為「華倫・迪士尼幻想工程」（Walt Disney Imagineering）的計畫，該計畫運用矽圖公司的高端電腦創造出了模擬3D漂流的體驗。阿維雖然很有才華，但與Intrinsic Graphics團隊的其他成員合不來──這是約翰幾個月後才知道的。

第一批員工中的其他成員，包括馬克・奧賓（Mark Aubin）、小間近井（Mark Aubin）和菲爾・凱斯林（Phil Keslin），之前在矽圖公司是同事。紅頭髮、留著大鬍子的馬克是矽谷工程師和北加州自由思想者的混合體，他在聖克魯斯山上買了一塊地並修

建花園，他的孩子們都在家接受教育。他在軟體工程師中屬於那種足智多謀的多面手：他可以從伺服器的某些部分入手搭建伺服器並編寫程式碼，而且他不介意將辦公室裡的隔間拆掉，如果確實需要這麼布置的話。馬克負責處理最終會匯入 Keyhole 數據資料庫上的 TB（Terabytes）數據。

近井是一個年輕而勤奮的日裔美國人，畢業於范德比大學，擁有生物醫學工程博士學位。他在范德比大學研究的是人體的 3D 視覺化，例如，獲取心臟的數據並組合用於醫學研究的 3D 模型。近井還是個音樂家，有趣的是，矽谷的許多最優秀的軟體工程師都是有才華的音樂家。在 Keyhole，近井建立了處理與 Keyhole 系統結合使用的數據工具。這是擴展 CTFLY 的關鍵一步，CTFLY 將從一個在單一位置合併數據資料的示範程式，變成一個涵蓋世界上多個地點的數據資料，最終涵蓋整個地球表面上的數據應用程式。

菲爾·凱斯林是一位在達拉斯長大、從德州大學畢業並獲得電腦科學學位的軟體工程師。菲爾負責的工作可能是所有人中最重要的。CTFLY 示範程式的問題在於它的能力有限——它只是一個示範程式。所有的數據資料都被下載到展示電腦上，可以從這台電腦的硬碟中快速讀取。Keyhole 希望大量的數據可以被收集、處理，存入一個中央數據資料庫中，再託管在伺服器上，然後透過網路傳輸給使用者。這一設想還停留在理論階段，菲爾的工作就是讓它成為真實。他將建立一個能把麥可和布萊恩的示範程式和理論，轉化為可出售的服務系統：這是一個「運用特殊的網路程式碼、可以透過網路傳輸數據」的大型地球模型。因此，在世界上任何一個地方，能存取網際網路的消費者，都可以讀取

這個龐大而極其昂貴的數據資料寶庫，並像本機應用程式一樣流暢地瀏覽它。

約翰、近井、菲爾、馬克和阿維是Keyhole的正式創始人，或者說是5位元老。約翰獲得資金後，其他人才加入進來。他們把這個分拆出來的計畫叫Keyhole，這個名字是對美國監視衛星的祕密系統致敬。在20世紀90年代後期，在太空中繞地球運行的是第11代Keyhole衛星（KH-11），它忠實地捕捉國際熱點地區的監視圖像。但在約翰獲得創投並獲得earth.com網域之前，Keyhole這個名字只有類似預設欄位的作用。

我在公司中的角色也取決於創投。從1999年秋季一直到2000年春季，我繼續擔任《奧斯汀美國政治家報》網站的市場行銷總監。我告訴約翰，一旦他結束一輪融資，我就會接受Keyhole的工作。我們商定，他將我寫進融資演講稿中，我的職位是在earth.com團隊中擔任行銷副總裁。從我的角度來看，由於融資尚未結束，搬到加州的風險還是太高了。雪萊和我剛剛結婚，在獲得財務安全之前，我不想辭掉我的工作或要求她辭掉她的工作。

2000年的春季，在前往加州期間，我在奧克蘭市中心的一幢大樓裡見到了約翰和團隊的其他人，我們看了最頂層的辦公空間。每個人都喜歡earth.com標誌在城市上空閃爍的這個點子。其實，團隊非常希望從Intrinsic Graphics擁擠的工作間搬出來，在一個新地方認真開創新公司。

但當時那斯達克股價劇烈震盪，所以新創公司的投資者都湧進了股市裡。Keyhole是一個全新的概念：沒錯，這是一個革命性的想法，但它不過是邊緣實驗性的，其用途和市場前景尚未可

知。更重要的是，它只能在最新的個人電腦，也就是那些上市不到半年的電腦上運算。由於無法在他們的個人電腦上使用這款軟體，潛在的投資者被嚇跑了。

時間從春季來到了夏季，好幾個投資意向都化為烏有。earth.com 網域還沒有買來，高檔的辦公空間也沒有著落。小小的 Keyhole 團隊一邊在 Intrinsic Graphics 公司裡辦公，一邊等待創投人的答覆。他們不願意讓這個想法白白死掉。同時，約翰承諾，在他達成投資協議後就會雇用我。這成了雪萊和我之間常開的殘酷玩笑——公司拿到投資，就能去西海岸工作了。

我對 Keyhole 的承諾很快就動搖了。

某天《奧斯汀美國政治家報》的一位前老闆聯絡了我，問我是否對波士頓的一個行銷工作感興趣。他的公司是 1999 年秋季最後一批獲得投資資金的公司之一，他們爭取到了查爾斯河創投公司（Charles River Ventures，CRV）一筆 7,400 萬美元的巨額投資，開了家新的網路行銷諮詢公司。2000 年 6 月，我和雪萊飛到波士頓。我在那裡接受面試，看了一場紅襪隊的比賽，會見了公司的創始人，並在洛根機場的 Dunkin' Donuts 等飛機時接到聘用通知。寫在摺疊的 Dunkin' Donuts 餐巾紙上給我看的那個數字比我當時的收入多得多，所以我接受了這份工作，並將在 7 月開始上班。

我非常艱難地撥通約翰的電話：比起波士頓的這份工作，我更期待 Keyhole 的機會，因為我知道 Keyhole 的技術有機會成為革命性的東西。約翰感到失望，但表示理解。說實話，Keyhole 的軟體產品離「上市」還很遙遠。我祝他好運。我們約定繼續保持聯絡。我還提出將繼續為 Keyhole 的任何行銷計畫提供無償

幫助。

當我在波士頓的新公司努力工作時，約翰終於在籌款方面獲得了進展。在 2000 年年底，Sony 創投公司承諾對 Keyhole 進行 A 輪投資，但股市的另一個突然波動導致了投資的延誤。這輪投資計畫於 2001 年 1 月結束。

2000 年 12 月，約翰和我在聖地牙哥的假日盃[1]期間會面，觀看了德州大學長角牛隊對俄勒岡大學鴨隊的比賽。終於拿到了投資，他鬆了一口氣。Keyhole 團隊很快就會正式獨立，還能把 Intrinsic Graphics 給的種子資金還給他們。當我在為比賽的門票討價還價時，約翰正在與他的新房東進行協商。房東已經看了 Keyhole 的示範程式，希望公司給他一些股份，以換取他口中的較低租金。在一家熱鬧的墨西哥捲餅餐廳前，約翰一邊豎起大拇指朝我示意，一邊繼續打著電話。我們在一張桌子旁坐下，我叫了兩杯百威。在喝第一杯啤酒的時候，約翰還沒有談完。隨後，約翰掛斷了電話，嘆了口氣，搖搖頭，抓起我朝他那邊滑過去的啤酒，碰了一下我的杯子，然後說：「搞定了！」接著，我們吃著墨西哥捲餅，喝著啤酒，講了各自的近況。

那天在聖地牙哥聽了約翰的講述，我對自己選擇波士頓那家諮詢公司的穩定薪水，感到如釋重負。約翰帶領 Keyhole 團隊已經有 6 個月，除了缺乏資金，阿維的性格還讓團隊成員間關係緊張。約翰不止一次對阿維說過：「如果你學會與人合作而不是單打獨鬥，你將能夠做成更多事。」對於阿維，大家的容忍已經到了極限，但是儘管工作環境時好時壞，約翰已經學會管理他的明

---

[1] 「假日盃」是項美國大學美式足球最高級別的賽事。——譯者注

星軟體工程師們：如何招募他們、挑戰他們以及留住他們。儘管成員間的關係非常緊張，但無論如何，Keyhole 的服務正逐漸成為真實。

在 Intrinsic Graphics 早期概念的基礎上，菲爾、阿維、近井和馬克解決了一個問題，永遠地改變了地圖在網路上的使用方式。團隊首先在伺服器上處理大量數據資料，將小塊地圖數據的「碎布頭」拼成一大塊優化過的「布」，這塊「布」有多個解析度，能覆蓋整個地球。然後，團隊開發了一個複雜的客戶端軟體應用程式，使用者可以將這個應用程式安裝在他們的電腦上，用來流暢地檢索和呈現數據資料。這種類型的軟體架構叫作胖客戶端（thick client）。透過它，你可以讀取伺服器上的東西；與此同時，客戶端應用程式也在執行著複雜的計算。透過不太貴的網路連線，使用者現在可以在一個幾乎無限大的地圖上來回穿梭，並且不會因為要下載新的數據資料集而產生延遲。一台一般配置的電腦似乎也擁有了超級電腦的力量，只要有需要，就可以很方便地從伺服器中讀取地圖數據。

到 2000 年底，約翰已經開始傳給我一些真實的小軟體了——可以用來安裝和運作的可執行檔。可惜的是，全世界只有 15% 的電腦配備能運算這個軟體，而我並沒有這樣一台電腦。

喝到大約第三杯啤酒的時候，我問約翰：「你為什麼不嘗試開發一個它的網頁版？這樣所有人就都能使用它了。我知道它不會有像下載下來的軟體應用程式一樣快速且流暢的 3D 體驗，但瀏覽網頁比讓人安裝軟體要容易得多。」

當餐廳裡的橄欖球迷為他們的球隊大聲歡呼，一支墨西哥街頭樂隊在我們的不遠處演奏時，約翰解釋了為什麼網頁版本的

Keyhole是個冒險的策略，因為這條路既燒錢，又有眾多競爭對手環伺。「我們的優勢在於流暢的3D動畫。」他說，「這就是它的魔力所在。在網頁瀏覽器上做不到這點。如果我們把它做成網頁版，它就會像MapQuest等服務一樣，而這些服務已經占領了這個市場。」

MapQuest——1996年被美國線上（AOL）以近10億美元的價格收購——在Google誕生之前就已經成了地圖的代名詞，它在美國擁有90％的市場占有率，「讓我MapQuest一下」甚至成了迷路之人的一句口頭禪。

「我不希望我們開發一個遷就現在電腦的產品。我們希望開發一個能緊跟技術發展步伐的產品。」約翰解釋道。當時，Keyhole的董事會成員包括布萊恩・麥克倫登以及Sony的投資代表（Intrinsic Graphics因孵化了這個想法並將初始知識產權捐給公司，而獲得了一個董事會席位）。他向我介紹了主流個人電腦上使用的新型3D顯示卡，例如輝達（Nvidia）和冶天科技（ATI）等公司生產的顯示卡。他還介紹了快速寬頻網路存取，以及更強大的行動設備和更快的無線網路。他身體前傾，提高音量，高過了墨西哥街頭樂隊的音樂。

「你知道嗎，現在這些東西裡面有GPS晶片。」他拿起他的摩托羅拉翻蓋手機，興奮地解釋著。「這是法律規定的，而且所有手機製造商和無線設備營運商都必須遵守手機能撥出911呼叫、必須能被定位的要求。你能想像這意味著什麼嗎？」

嗯，我想像不出來。

約翰在預測我無法預見的未來。今天，我們把那些功能強大的電腦、寬頻網路、無所不在的iPhone視為理所當然。但在

2000年，很少有人擁有能執行Keyhole功能的強大電腦和足夠高速的網路。我又喝了一大口啤酒。

我曾經見過早期Keyhole融資演講稿中的一些行銷噱頭，甚至親自貢獻了一些。在這些投影片裡，有Keyhole重度圖像處理過在桌上型電腦上運作的圖片，也有在筆記型電腦上運作的圖片，甚至還有最荒謬的——在行動裝置設備上運作的圖片（這明顯比看過的《星艦迷航記》（*Star Trek*）更科幻）。

當晚的假日盃比賽中，德州大學長角牛在最後時刻被逆轉，以28：35輸了。比賽結束後，我和雪萊通了電話。「嗯，我不知道他和他的地圖將走到哪一步。」我對著電話悄悄說，因為約翰和我住在同一個房間內，我站在他剛好聽不見的地方。「幸好我在波士頓還有份工作。」

第3章 | Keyhole 亮相：
那不是我家嗎？

在9月11日的悲劇事件發生後，我更加忠於Keyhole了。對我來說，那天早上發生的事件和眾多的人員傷亡是一記棒喝，提醒我們人只能活一次。儘管這是一家有風險的公司，但我們還是很有可能把Keyhole變成一家偉大的公司。我越發想抓住這個機會。那天早上，我做的第一件事就是在EarthViewer裡轉動地球，研究起中東來。

「你絕對安全。」我在波士頓的老闆曾向我保證。

2001年3月底，到了季末，我任職的網路行銷諮詢公司沒有達到預期的獲利目標，而且差得很遠。網際網路的泡沫正式破滅，而公司的人力資源總監多次被人看見站在影印機旁，忙著影印與遣散費有關的文件，並將文件放進綠色文件夾。

老闆告訴過我，我的工作對公司很重要，因此當我被叫進CEO辦公室時，我感到很意外——我被解雇了。我拿著綠色文件夾走到老闆辦公桌前說：「嘿，到底是怎麼回事，你不是說我絕對安全的嗎？」

「是的，」他說，「我以為我也是安全的。」他舉起他的綠色文件夾，笑了笑。

那是有史以來最冷的冬天之一。儘管已經3月，這個城市仍

然被髒兮兮的冰雪覆蓋著。我過了好幾天才鼓起勇氣打電話給約翰，告訴他這個消息。「我被投票淘汰出島啦。」[1]我開玩笑道，想讓氣氛輕鬆一些。

雖然近期來自Sony的A輪投資，比公司在網路泡沫最高點時能籌到的1,000萬美元要少，但現在約翰好歹有一點營運資金了。這筆資金對公司來說是個小小的奇蹟，對我來說也是！

「也許你可以為我們做一些遠端諮詢工作，然後我們看情況再說。」約翰提議。我們都覺得，如果我留在波士頓的話，做全職工作會很困難。話雖如此，我還是很樂意加入這個11人團隊，即使我只是在公司短期打工。

不幸的是，就在我加入時，Keyhole的商業計畫已經被徹底顛覆。約翰和團隊用一年的時間為消費者建置了一項寬頻地圖服務，並已達成協議，預計透過當時最大的寬頻網路公司Excite@Home發布即將面世的EarthViewer（地球瀏覽軟體）。

Excite@Home擁有數百萬寬頻網路使用者，而EarthViewer似乎非常適合那些擁有更快網路存取服務的高科技產品早期使用者。然而，Excite@Home的業務卻非常依賴與時代華納（Time Warner）、考克斯（Cox）、康卡斯特（Comcast）等有線電視公司的合作。隨著2001年初網路泡沫的殘酷破滅，有線電視公司紛紛撤出網路產業，Excite@Home的股價遭受重創。與其他許多公司一樣，Excite@Home隨後開始分崩離析。Keyhole的行銷馬車拴錯了馬。當時很容易犯這樣的錯誤，因為2001年初有很

---

[1] 「voted off the island」是出自美國電視真人秀節目《我要活下去》（*Survivor*）的對白。比賽中失利的一隊將召開部族會議，部族成員進行投票，得票最多者被淘汰出局。——譯者注

多錯誤的馬。事實上，幾乎任何網路服務都突然成了一場風險很大的賭博。從Garden.com、Pets.com到iWon.com，再到在2000年1月購買足球聯盟超級盃廣告的其他16家網路公司，到2000年年底時，它們的市值蒸發超過5兆美元。

約翰和Keyhole團隊需要尋找另一種商業模式，一種有別於消費者地圖軟體的新點子。「嘿，我們需要一種新的商業模式。」約翰在聘用我之後的第一次通話中對我這樣說。當時我正在波士頓劍橋公寓的食品儲藏室裡，這裡現在兼做我的辦公室。

「我一直在研究做GIS[2]軟體的公司。」幾天後我在電話中對約翰說。

「哦，我對它有一點了解，」約翰說，「但我不希望我們變成一家向政府推銷東西的公司，而且這個市場已經被另一家公司占領了。」約翰指的是Esri（Environmental Systems Research Institute，美國環境系統研究所），是一家知名的地圖軟體公司。當時我不知道的是，這家數位地圖軟體公司在距離我辦公室大約半哩的地方，已經有30年了，它是由哈佛設計研究所一位名叫傑克・丹傑蒙德（Jack Dangermond）的景觀建築畢業生創立的。

丹傑蒙德和妻子勞拉在哈佛大學讀書時開發了一款軟體，後來在20世紀70年代把它用於土地規劃諮詢。80年代初，這對夫妻為聖地牙哥市做一個大型計畫，在過程中，他們將該工具轉變成一款叫「ArcGIS」的數位地圖軟體產品。到2000年，Esri已

---

[2] GIS為英文Geographic Information System的縮寫，是「地理資訊系統」，它是用地圖來建置和分析數據的企業地圖軟體。

經擁有幾十萬名客戶，這些客戶使用他們的軟體，每天可以繪製超過100萬張地圖。

在大量繪製地圖的同時，Esri也因此賺了錢：2001年，Esri創造3億美元的收入。據《富比士》估計，擁有公司100%股份的傑克‧丹傑蒙德擁有27億美元淨資產。

Esri為每個產業都提供一套地圖解決方案。警察部門用它來繪製犯罪案件的地圖，並從聯邦調查局和其他政府數據資料庫中調取資料。軍方將其用於變化檢測，讓分析人員比較同一地點的兩幅不同衛星圖像，檢查哪些物體移動過（如坦克或導彈）。估稅員運用它來調查可比較的房屋價值，繪製房產的平面圖。房地產經紀人用它來製作顯示特定數據資料的集中度熱點地圖，並製作工具進行迴歸分析，以確定在哪裡新開一家星巴克或家得寶（Home Depot）最好。它的用途不計其數。

Esri擁有了由「系統整合商、銷售代表以及長期合約和服務協議」等組成的穩固業務基石。因此，想要憑藉著我們尚不完善的初始版本進入GIS軟體業，是一個令人生畏的想法，難怪約翰持懷疑態度。

雖然如此，我繼續推動Keyhole進入GIS市場。儘管有無數優點，然而Esri保有傳統的企業軟體特質，且有3個缺點：複雜、沒有數據、速度慢。

使用Esri軟體建置地圖需要複雜的數據分析和培訓。花上4年時間學習如何使用它，你都可以拿到官方承認的GIS大學學位了。更實際的做法是，需要由Esri培訓的專家團隊（或Esri自己的諮詢部門）為客戶配備量身訂製的解決方案。

Esri本質上是一張白紙。要開始使用它，你必須去找你需要

的數據資料，然後下載並導入數據。同時，你還得祈禱數據的格式正確、地圖投影正確，只有這樣，多層數據才能合在一起使用。你還需要Esri專家幫你獲取並整合地圖數據資料，好讓應用程式正常工作。

而且，Esri還很慢。如果想在網路上查看Esri生成的地圖，要經歷一段漫長、痛苦的等待。如果你想把航拍照用作Esri地圖的基礎地圖，那麼軟體會變得更慢。Esri的運算速度極慢，慢到幾乎沒法用，尤其是在本機硬碟上沒有下載航拍照的情況下。

相比之下，Keyhole易於使用，可隨軟體附帶數TB的存取權限，而且運算速度像閃電一樣快。

2001年夏，在我的例行加州之旅期間，我造訪了聖荷西的一家房地產公司，去了解他們如何使用GIS軟體。這間公司的地圖製作團隊只有兩個人。這兩人陪著我往他們最後面的辦公室走，一路上經過了140位經紀人綿延不斷的工作間。在我們會談時，有幾位經紀人因為急需某些地圖而打斷我們的談話。

等等，我心想。要是我們能製作一款簡單到地產經紀人也能使用的GIS地圖應用程式，會怎樣呢？

當天稍晚，在Keyhole辦公室裡，我向約翰講述我的看法：「也許Keyhole可以是一款針對非GIS專家、更簡單的GIS軟體？」為了加強表達效果，我開玩笑說：「也許我們可以成為一款連GIS這個詞都不認識的人的GIS解決方案。」

約翰並不是沒有意識到這個潛在的市場。團隊的其他人也一直支持針對企業的路線。約翰很不情願放棄一個他認為更大的消費產品機會，轉去做目標客群面更窄的產品。雖然長期潛力很有限，但「能盡快獲得現金流的保證」變得越來越有吸引力。隨著

網路泡沫，未來似乎不太可能獲得資金，而且公司還不斷將錢投在伺服器、數據和招募工程師上，公司銀行帳戶正一天天縮水。

自 Sony 履行完投資協議後，約翰就開始擴充團隊。

一位名叫大衛·科恩曼（David Kornmann）的軟體工程師被延攬進公司（但他仍住在法國），他曾在法國與雷米共事過。在 1999 年於洛杉磯舉行的 SIGGRAPH 展會上，大衛看到 CTFLY 的示範程式，對其印象深刻。雷米給了大衛一個 CTFLY 的 CD-ROM（唯讀光碟），讓他帶回法國，並向他提出一項挑戰：能否讓軟體運作 3D 地形？雷米知道大衛很熱愛 3D 地形視覺化的東西，他們曾一起做過 A320 飛行模擬器的計畫。地形的精準視覺化是需要複雜的軟體程式碼，大衛在這方面展現出自己的熱情和專業知識，做出高聳的山脈和低陷的山谷。

回到法國，大衛在示範程式中添加了一些 3D 地形程式碼的小案例，並將新的可執行程式存在 CD-ROM 後寄給雷米。CTFLY 允許使用者不斷放大地球上的任意一個地點，這通常是它最令人驚奇的地方。幾個月後，大衛為麥可和布萊恩做出一個示範程式，展示科羅拉多大峽谷和聖海倫火山的 3D 地形渲染。雖然要把它做成能在全球使用的軟體還有很多工作要做，但在大衛的示範程式中，使用者可以放大地球上任意的一個點，然後透過傾斜視圖來渲染 3D 地形，讓軟體的真實感更上一層樓：聖海倫火山拔地而起，科羅拉多大峽谷向下凹陷。

與此同時，約翰為自己雇了第一個行政助理德德·克特曼（Dede Kettman），她是一位總穿著精緻套裝、身材高大、金髮碧眼的義大利女人。她會以用於正式會議上的友善態度接待來訪者，在某些方面，她成了辦公室裡母親一樣的角色。對

於Keyhole來說，德德實在是太好了。萊內特‧波薩達‧霍華德（Lenette Posada Howard），一位富有幽默感的資深技術專案經理，被聘為營運主管。萊內特曾在安達信會計師事務所等大公司工作了10年，負責過許多軟體專案的管理。她只同意兼職為Keyhole工作，條件是在辦公室工作時能帶著兩個月大的女兒加比。她經常一手拿著11×17吋大的微軟項目進度表，另一手抱著女兒。當團隊能按時完成計畫時，萊內特的工作就很輕鬆，大家都對彼此感到滿意。

我被錄用後，約翰雇用了一個圓滑、容易激動的銷售代表戴夫‧洛倫齊尼（Dave Lorenzini），他從一家航拍照供應商跳槽過來。如果他的專業知識、人際關係和旺盛的精力能被正確引導，他就能幫助公司打開很多機會之門。我們很少知道戴夫在做什麼，但我們每週都會從他那裡聽到一些瘋狂的新想法或新機會。戴夫有時住在洛杉磯和塔霍湖附近，有時到處旅行，似乎會出現在世界的任何地方，除了你希望他去的地方。

約翰知道數據採集的重要性，於是聘用一個英俊、氣度不凡的南非人——丹尼爾‧萊德曼（Daniel Lederman）來帶領總體的業務發展。他是約翰雇用的最關鍵員工之一。

可以這麼想：沒有綁數據的EarthViewer就像沒有音樂可播的iTunes、沒有書可看的Kindle，或者沒有影片可播的YouTube。對地圖來說，數據資料就是一切。丹尼爾在全球搜尋免費和付費的航拍照以及其他數據資料集，來建造Keyhole的資料庫。

埃德‧魯賓（Ed Ruben）早在成家之前就是一個快樂、善良的顧家男人。他在加州大學戴維斯分校獲得電腦科學碩士學位，

並和約翰一樣就讀加州大學柏克萊分校的商學院。畢業後，他一直在網景公司做數據資料庫方面的工作，直到約翰聘請他做Keyhole的工程師。在Keyhole，他負責開發訂閱和計費系統，這個系統在軟體世界裡是一個相對較新的概念。

很快地，丹尼爾取得了百萬位元組（單張航拍照片）、10億位元組（街區）和兆位元組（城市和州）的數據資料集。許多數據資料集都是用納稅人的錢捕捉的，因此屬於公有領域的一部分。丹尼爾也可能會索要一些特定的數據資料集，請對方把數據資料集保存在CD或DVD上，並寄到我們的辦公室，而我們只需花費複製光碟的錢。令人驚訝的是，許多城市的警察和消防等部門，主動把他們城市的圖像數據提供給我們，並要求我們導入這些數據資料。如此讓他們透過EarthViewer就能讀取數據，而在以前，他們必須透過GIS部門才能使用。

EarthViewer1.0的整個基礎地圖是免費的，是由NASA以及一個名為「藍色彈珠」（Blue Marble）的數據資料集所提供。藍色彈珠彙編了2000年6月至9月收集到的衛星圖像。在EarthViewer中，當你一路放大到太空級別時，就能看到這張圖像。藍色彈珠數據資料集是一張美麗的基礎地圖，可供公眾免費使用。當然，這張地圖只能被用作背景圖片，解析度不高。對於解析度更高的視圖，我們需要找到以先進高解析度成像衛星拍攝的圖像、或低空飛行的飛機所拍攝的圖像。

約翰擬訂一個三管齊下的數據採集策略。第一個與衛星有關。約翰和戴夫‧洛倫齊尼與僅有的兩家經營高解析度成像衛星公司進行接洽，這兩家公司分別是Space Imaging和Digital Globe。兩家公司經營的衛星都是為軍事領域開發的Keyhole衛

星的直系後代。

1992年，美國國會通過《國土遙感政策法案》，催生出商業衛星產業。這是美國歷史上非國防產業的高解析度成像衛星首次獲准合法應用。

戴夫和約翰會見了Space Imaging的代表。這家公司是由洛克希德‧馬丁（Lockheed Martin）和雷神（Raytheon）成立的合資公司，已經發射第一顆商用高解析度成像衛星。這顆衛星名叫Ikonos，它可以記錄解析度約1平方公尺的圖像，也就是說，圖像上的每個像素對應地面上大約1平方公尺的區域。

Digital Globe則不那麼可靠。它前兩次衛星發射都失敗，每顆衛星損失約5億美元。令人意外的是，它在2001年10月18日從范登堡空軍基地發射的第三顆名為QuickBird II的衛星，幾天後成功傳回了第一張衛星圖像。

QuickBird II設計繞地球飛行5年，最終飛行了13年，繞地球飛行7萬次，持續以0.7公尺的解析度拍攝照片。也就是說，照片中的一個像素代表地面上0.7平方公尺的區域。QuickBird的圖像能區分汽車和卡車，也能看清車的顏色，不過無法辨認出車的品牌和型號。

數據採集策略的第二部分是：聚焦在飛機捕捉的圖像上。市場上出現第一批足夠用於測繪的數位相機，它們降低了成本，提高航拍照的品質。航拍照的解析度可以比衛星圖像更高，照片的解析度能達到15公分×15公分。這些數據中的一部分由當地政府機構委託收集並承擔費用，作為交換，這些城市獲得許可，可以透過Keyhole革命性的串流軟體平台，讀取它們自己的數據。

策略的第三部分，是直接聯絡收集航拍照的公司並商談購買

圖像。這個產業高度分散，並且大多是一些立足於航空業的低調公司。這些公司中最為有趣的是一家有著雄心壯志的小公司Airphoto USA，它的老闆羅伯遜（J. R. Robertson）是一位無與倫比的航拍牛仔、敢於冒險的企業家。這家公司位於鳳凰城，擁有一支由14架飛機組成的機隊。飛機機身上都鑽有不少的孔，用來安裝照相機。長髮、菸不離手、嗜酒如命、騎哈雷摩托的羅伯遜，簡直是約翰和丹尼爾的反面。但Keyhole需要羅伯遜這樣叛逆的人相助，放手一搏。他擁有美國人口最多的一百多個城市的高解析度航拍照數據資料集，而約翰想要所有這些數據資料集的讀取權。約翰希望羅伯遜在4週內向我們提供新的數據資料集。他希望Airphoto授權Keyhole把其所有圖像導入我們的數據資料庫中並出售它們。Airphoto在單個城區飛行時，羅伯遜會向市政府收取40萬美元的費用。約翰則希望不用預付現金而拿到所有這些權利。

不過，約翰會向羅伯遜支付版稅：每售出一個許可證支付25%的版稅。例如，如果我們向EarthViewer售出一個600美元的許可證，羅伯遜就會賺到150美元。羅伯遜同意了，可能是因為他看出這是一種更快、更有效能發送他的數據資料的方法，而且如果他不和Keyhole合作，別人也會和Keyhole合作。

由於我們會將這項服務賣給他原本的許多商業客戶，因此羅伯遜協商將Keyhole確立為其核心GIS使用者市場的補充，而不是競爭對手。例如，合約規定我們不允許使用者導出來自Keyhole的具有地理數據資料（經度和緯度）圖像。這表示，像Esri這樣的地圖軟體應用程式將無法知曉圖像的原始位置。我們也將設定列印解析度的上限，在某些版本中還會打上有Airphoto

和Keyhole標誌的浮水印。最後，他的圖像被查閱時將顯示Airphoto標誌。

馬克‧奧賓坐在辦公室一角的工作間裡，用他的新工具Earthfusion把羅伯遜的圖像轉入EarthViewer。這個工具會使用後端腳本程式導入圖像，將照片按照正確的地圖投影拼接在一起，平衡圖像的顏色，然後將圖像混合到數據資料庫中，此數據資料庫為可傳輸到EarthViewer客戶端應用程式的格式。最終，你在查看的似乎是一張無縫的照片，但實際上它是由數萬張照片組成的結果。

EarthViewer實際上是兩個產品：既是下載並安裝在電腦上的套裝軟體，也是航拍照圖庫的訂閱服務。（我們故意不建置網站，如此一來就不會與MapQuest直接競爭；同時也是出於安全考量，因為圖像數據資料很容易從使用瀏覽器的服務中被盜取。）另外，定價模式也是革命性的。當時，一個8平方公里大小的單張衛星圖像售價，依然高達1萬美元或更多。

21世紀初，Keyhole的航拍照數據資料庫還很有限。為了改進服務，我們需要把解析度最高、最新、最全面的圖像的數據資料庫合在一起，而這些都是來自政府和商業航拍照供應商。

最終，約翰做出「追求短期效益」的決定，公司轉向了B2B的模式。Keyhole開始探索潛在的企業市場。戴夫開始與一個商業房地產業的技術展會機構Realcomm聯絡。那年的6月14日，Realcomm展會在德州的達拉斯舉行。約翰站在Keyhole深灰色展位門口告訴我們：EarthViewer 1.0將在這次展會上正式發布。

馬克說：「我們還沒有準備好，我們只有4個城市的地圖。在展會前應該至少把達拉斯／沃思堡上傳到數據資料庫裡。」約

翰說:「嘿,老兄們,你們必須想個辦法來搞定這件事。」這顯然不容爭辯。工程師們加班到深夜,確保將展會上要用到的地圖上傳到數據資料庫中;同時,另一個團隊做出了最終版的 EarthViewer 1.0 軟體。我則爭分奪秒地準備所有的行銷必備物品——從名片到展台。在定價上,我們決定嘗試將全年訂閱價定為 1,200 美元。

展會當天,2,000 多名投資者、房地產開發商和房地產投資組合經理聚集在巨大的展廳裡,在展會中能夠聽到充滿魅力的籌辦者吉姆·揚報告最新的產業發展動態。舞台兩側裝有電視螢幕,吉姆·揚簡要地發表近期的創新,然後開始介紹他最近發現的一些新技術。近井開始在螢幕上帶領觀眾飛越達拉斯,然後把地圖縮放到展會所在的會議中心。他還帶觀眾遊覽了全美各地的房地產熱點地區,隨後詳細介紹 Keyhole 龐大的綜合數據資料庫和串流的能力,它們將徹底改變發現、收購、開發和銷售房地產的方式。

之後,我向一名潛在客戶展示我們的軟體,帶他飛越全世界,並觀看他的房產航拍照。我忽然察覺到羅伯遜就在附近。當我將航拍照放大到某處房產時,Airphoto USA 的標誌消失了。在這個狀況出現之前,我就知道要發生什麼了。

「我的標誌在哪兒呢?」羅伯遜在我耳邊悄悄問,「我的標誌呢?」然後他跺著自己穿著牛仔靴的腳,他的牛仔褲上還拴著錢包。不久,我接到了約翰的電話,他問我怎麼回事。在山景城,約翰收到一則羅伯遜咄咄逼人的語音留言,裡面有「違反合約」和「明顯違反誠信」等字眼。後來,我在羅伯遜的展台裡找到他,他正一邊抿著塑膠杯裡的威士忌,一邊抽著菸。

我試圖解釋標誌消失的原因——獨立的數據資料庫，以及客戶端軟體為何有時不會返回我們的伺服器以獲取新圖像。在這種情況下，由於 EarthViewer 不知道所查看的圖像來自 Airphoto USA，因而它的標誌可能無法下載。我們只有在查看單一圖像時才會顯示 Airphoto USA 的標誌。

「絕望（desperate）的數據資料庫？」

「不是，是獨立（disparate）的數據資料庫。」我說，「就是不同（different）的數據資料庫的意思。」

「那你為什麼不直接說『不同』啊？」

儘管 Realcomm 的與會者給了 EarthViewer 極高評價，但是到展會結束後，我們只做成 11 筆生意。約翰將訂閱戶名單釘在辦公室外的牆上。我們獲得展會的最佳房地產新技術獎，但顯然在找到完美的市場前，我們有更多的工作要做。我們設法讓賺到的錢比花的錢多。這成為我們決定參加商業展會的標準。參加一個建築展會如何呢？費用是 5,000 美元？！那好，展會結束後要賺得比這個數字多。

這種做法可能很幼稚，也可能很聰明，但不管怎樣，我們透過參加商業展會，嘗試了許多不同的市場：旅行社展會、美國地質調查局展會、電視台展會、私人航空業展會、城市規劃展會……我們絕不挑三揀四。似乎這項技術可以用在我們之前想像不到的很多場景中。我記得我們還向一個設計高速公路廣告看板的人賣過 EarthViewer 許可證。他用 EarthViewer 來計算廣告看板的觀看距離，以此調整設計的字體大小。

2001 年秋，我不斷飛往美國各地參加商業展會和銷售會議，為我們的產品尋找合適的市場。我和妻子仍然生活在波士

頓，因為公司的財務前景太不穩定，無法負擔我們橫穿美國的搬家費用。2001年9月10日星期一早上8點，我搭上了常坐的美國航空飛機，從波士頓洛根國際機場飛往加州。我記得戴夫‧洛倫齊尼在前一週打電話給我，問我是否能改在9月11日星期二，前往洛杉磯參加一個他也會參加的商業展會。我拒絕了他，因為我已經安排在星期一出差。

第二天發生的事情（「911」恐怖攻擊），讓我開始客觀地看待在一家有風險的新創公司的經歷，對比起恐怖攻擊來說，其考驗和磨難相對是微不足道的。和矽谷的其他員工一樣，我們要不是聚在電視機前，就是一起瀏覽CNN的網站。我們在尋找答案：這些人是誰？這麼大的仇恨是從哪裡來的？CNN的網站因為瀏覽人數過多而癱瘓。911當天早上，我做的第一件事就是在EarthViewer裡轉動地球，研究起中東。

不知為何，在9月11日的悲劇事件發生後，我覺得自己更忠於Keyhole了。對我來說，那天早上發生的事件和慘烈的人員傷亡是一記棒喝，提醒我們人只能活一次。儘管這是一家有風險的公司，但我們還是很有可能把Keyhole變成一家偉大的公司。我越發想抓住這個機會。

儘管使用者必須擁有一台配備較高的個人電腦才能運算EarthViewer，而且EarthViewer的圖像數據資料庫還不太大，但Keyhole還是在2001年創造了50萬美元的收入。作為一家針對消費者的軟體公司，策略轉型一直是個挑戰，但為了抓住機會，我們正在重塑自己。在我們周圍，沒有轉型的網路公司紛紛倒閉。儘管如此，Keyhole仍然處在逆流之中，遠沒有達成盈虧平衡，不過至少我們的團隊走上了正確的方向。

2002年初，我們聘請了第一位專職銷售的總監道格‧斯諾（Doug Snow）。他之前已經成功為MapInfo銷售不少地圖軟體。MapInfo是美國排名第二的GIS軟體，但市場占有率比排名第一的Esri要小得多。道格‧斯諾，他曾是大學橄欖球隊後衛、長得像《黑道家族》（The Sopranos）裡的東尼‧索波諾，道格公然提出他為Keyhole工作只是為了拿回扣。我設法說服約翰雇用一名市場協調員里提‧魯夫（Ritee Rouf）。

到了春季，我們開始意識到，我們可能會在房地產市場獲得更多關注。房地產其實是一個龐大而散亂的產業，是許多不同市場的鬆散集合，而每個市場都有各自的需求。一開始，我們嘗試住宅房地產，參加了在芝加哥舉辦的全美房地產經紀商協會展會，這場展會吸引了5萬家住宅房地產經紀商。我和里提在會議中心後面取出展台布置素材時，我就知道在這場住宅房地產市場我們不行了。我的第一個線索是，Keyhole展台緊挨著一家口紅銷售公司的展台。

事後看來，在這個展會上度過難熬的兩天半時間讓我洞見了未來。展會現場的人群大部分是女性，沒有人購買Keyhole。他們隨身帶著兩種設備：手機以及奔邁（Palm Pilot）或康柏（Compaq）的新型行動個人數位助理（PDA，又稱掌上型電腦）。如果你有足夠的耐心，部分掌上型電腦甚至能下載一張小小的黑白地圖。

一個月後，我們來到在拉斯維加斯舉辦的最大商業房地產展會——國際購物中心協會展會上碰運氣。我們的展台位於會議中心的邊緣地帶，對面是一家出售LED（發光二極管）道路指示牌的公司，賣的就是商業區和加油站外、從很遠的地方就能看見

的指示牌。我們感覺像在太空中一樣。由於這家展台的燈光太亮，他們的員工甚至送給我們每人一副墨鏡。

「這太扯了。」道格·斯諾喊道，怒氣衝衝地走掉。15分鐘後，我們被改到展廳前門旁邊的最佳位置。這是道格為Keyhole做的最重要的一件事。此後，公司每年都能占據這個黃金地段，還獲得優先選擇權。

結果證明，2002年的商業房地產展會就像是Keyhole的亮相派對。這是人們第一次大量購買我們的產品，簡直是一場瘋狂的銷售派對。3天裡，我們售出了價值10萬美元的套裝軟體，並挖掘大量的潛在客戶。

「展會特價599美元。好啦，趕緊買吧。你今晚吃一頓牛排也就花這麼多錢。」我和一位目標客戶開玩笑說。他最後買下軟體（原價是美金1,200元）。

客戶的反應幾乎總是一樣的。「我的天啊。我能看見我家的房子！吉米，快過來看看這玩意兒。嘿，那不是你的車嗎？吉米。我的媽呀，趕緊打電話告訴你老婆。嘿，這不是即時的吧？」

「當然是的。」我回答，「你可以走到外面，朝衛星揮手試試。我們在這兒等著看你！」他看看門，然後又轉頭看看我。

「啊，該死，我差點就信了！好，幫我開結帳吧。我要買2套。」

在那段時間，我們用一台老式的信用卡刷卡機來刷複寫單。德德會把信用卡訂單輸入一個網站來處理這些交易。訂單如潮水般地湧向我們的展台，以至於我們爭著使用信用卡刷卡機。我們還展開了一場競賽，比誰每天賣得多，結果大多是德德獲勝。

有一次，我在人群中舉起4個套裝軟體說：「我這兒只剩4個套裝軟體了，誰想要？」

「我要。」人群後面有人喊道。我把這個客戶叫過來，並把軟體交給他時，他說：「不過請問一下，這是什麼啊？」

Keyhole找到了它的第一個市場。

第4章 | 即將窮途末路

約翰向我解釋輝達（NVIDIA）黃仁勳的意思：他希望做的是3D建築物和街道景觀。約翰說，總有一天，使用者能把地圖放大到街道，說不定還能切換到3D建築物和街道照片的逼真視圖，甚至能虛擬走在街上。「當然，這一切的前提是你能獲得數百萬哩之外的街道圖像數據資料。」他停頓了好久，接著補充道：「那將是一個長達20年的計畫。」這個想法對我來說像是科幻小說裡的情節。如此不可思議的技術，我這輩子肯定是見不到了。

2002年春末一個晴朗的星期六早晨，我被困在冷氣很強的聖荷西市中心創新科技博物館的中庭內。在博物館開門之前，我打開背包，拿出我的東芝筆記型電腦，放在鋪著黑色桌布的六腳桌上。

我本來寧願去別的地方，尤其想回波士頓陪妻子雪萊，因為她當時已經有7個月的身孕。聖荷西的科技博物館最近成了我們的客戶。博物館在一台自助終端機上安裝有EarthViewer，讓人們可以探索這個星球。我每月一次前往山景城的差旅即將結束，不過既然人還在加州，我便同意為博物館展示軟體，作為部署軟體的一部分。

我很累。我非常頻繁地往返於山景城，感覺是把三週的工作

壓縮成一週。若雪萊沒有禁止，我就會連續高密度地工作，常常加班到深夜。為了替公司節省住旅館的錢，我經常搭乘約翰的銀色速霸陸 WRX，約一個半小時的車程，來到約翰和霍莉在奧克蘭的家中，然後睡在他們家昏暗地下室裡的沙發床上。通勤期間也是工作的延續，因為即使是在被堵得水洩不通的 880 號州際公路上艱難地前行，然後跨越鄧巴頓大橋進入矽谷中心山景城時，我們也被銷售電話和策略規劃包圍著。那個夏天，約翰和我偶爾會逃離一切，去看一場奧克蘭運動家隊的比賽。當時他們令人難以置信地連勝 20 場，被麥可‧路易士寫進了他的暢銷書《魔球》（*Moneyball*）中，名垂青史。

這個星期六早上，我就像在油鍋裡被炸了一般。我手忙腳亂地用 VGA 線把筆記型電腦連接到 50 吋的顯示器上。很快，EarthViewer 就出現在螢幕上。我用滑鼠輕輕一點，讓地球轉了一下。我抬頭看了一眼中庭，對那位在博物館開門前打掃的清潔人員笑了笑。他手握掃帚站住，然後驚訝地睜大眼睛。

展示 EarthViewer 永遠能帶來新鮮感。人們的反應常常像是見到神蹟一般。博物館的門開了，中庭裡開始熙熙攘攘，生活在矽谷的這些高智商孩子和他們高智商的父母互相追逐玩鬧。好戲開始了：一些不敢相信自己眼睛的孩子驚訝得發出倒抽氣的聲音，還有不斷拍打我肩膀的啪啪聲；吃驚的孩子們不由自主地飆出髒話，父母們紛紛提議買下軟體。純粹的快樂和腎上腺素飆升的感覺，總是會讓我重新振奮起來。

這天快中午的時候，約翰和他 5 歲的兒子埃文悄悄走到我身後。（當時，霍莉和約翰還育有一個 2 歲的女兒克萊兒。）「要知道，向別人展示他們從未見過的東西的機會，可是很少有的。」

他說，「從未見過的東西啊。」他鑽進人群，拿起滑鼠轉動了幾次地球，向聚集的人群展示幾個他最喜歡的景點，例如科羅拉多大峽谷和拉斯維加斯的賭城大道。

人群把我們團團圍住，興奮的情緒顯而易見，而且情緒是會傳染的。「我們必須拿出消費者版本。」看著周圍驚嘆不已、爭著要操作EarthViewer的人群，約翰補充道。

毫無疑問，商業房地產市場對Keyhole來說是一個福音。這個市場上出現了第一批向我們這個羽翼未豐的公司開支票的客戶，它們為我們提供寶貴的現金流，同時延長了我們的跑道。但不管是促成家得寶的一筆土地交易、幫助暖通空調安裝人員確定屋面坡度，還是協助星巴克選擇下一個新店面的地點，都超出了約翰每天早上起床時所憧憬的願景。

這前幾千名客戶非常重要，但是當約翰對博物館中庭裡的家庭進行調查後，他再次被最初的想法吸引：一個完全沉浸式、快速、流暢的地球3D模型，所有人都能用。這個革命性的概念設想，使用一個非常真實、真實到幾乎身臨其境的模型，讓任何人在任何地方都可以虛擬飛越這顆星球。

約翰再次環顧熱情的人群。「是啊，我們必須拿出消費者版本。」他說。開發消費者版本不僅僅是為了取悅他人，Keyhole實際上也迫切需要現金。

約翰最近透過介紹，認識了輝達公司（NVIDIA）的共同創始人黃仁勳。這家公司是著名的3D圖形處理器製造商。2002年1月，麥可・瓊斯在拉斯維加斯舉辦的消費電子展上與黃仁勳取得聯絡，並提出與輝達合作推廣其圖形技術的想法。種子是種下了，但需要約翰來決定是否接受這個想法並把它轉化為一筆

交易。

1993 年，個人電腦遊戲產業起飛，同時，使用英特爾晶片的個人電腦進入市場，並將矽圖公司淘汰出市場。同年，黃仁勳創辦了輝達。該公司讓圖形處理器（GPU）流行起來——這是一種用在戴爾和惠普等個人電腦上、專門處理「毀滅戰士」、「雷神之鎚」等 3D 遊戲背後複雜數學運算的電腦晶片。圖形處理器使得複雜的電腦 3D 世界能在便宜的個人電腦上進行圖形渲染，打開了全新的市場和產業的大門。到了 2002 年，輝達公司的市值已超過 100 億美元。

在經歷飛速成長後，輝達的市值似乎已經達到極限。儘管它主導了遊戲這個龐大且不斷增長的市場，但華爾街依然不認為該公司的市場屬於大眾消費市場。例如，執行 Web 瀏覽器、打開電子表格、閱讀電子郵件都不需要用到輝達的圖形處理器。因此，黃仁勳將 Keyhole 視為一個超越遊戲市場的機會。EarthViewer 雖然不是一款遊戲，但核心複雜的 3D 數學運算，確實需要在有專用圖形處理器的電腦上運作。和博物館裡急切的孩子、父母一樣，黃仁勳也意識到 EarthViewer 對大眾消費者的吸引力。

在第一次會議中，黃仁勳問了約翰一個問題：Keyhole 是否會考慮開發一個針對消費者的 EarthViewer 版本——輝達專用版本，裝上輝達顯示卡才能執行。

在與菲爾就技術實際可操作面進行討論之後，約翰向輝達的業務發展主管傑夫・赫布斯特提出建議：Keyhole 將推出輝達獨享的 Keyhole 消費者版；作為交換，輝達將投資 Keyhole 100 萬美元，並承諾將軟體與所有顯示卡、軟體更新綁在一起。「不可

能。」輝達團隊輕蔑地回應道,「你們難道不明白這樣的曝光會帶來多大的成交量嗎?我們將為你們帶來一波強勁成長。」

Keyhole當時已經後勁不足,而約翰還在堅持。我們迫切需要現金,因為Sony的資金已經用光了(而且這家創投公司被整合到Sony的另一個部門)。約翰相信,一個輝達獨享的EarthViewer版本,對輝達來說將是一個幫助脫穎而出的關鍵因素,因此他決定直接和黃仁勳談談。最終,黃仁勳推翻了他業務發展團隊的決定,同意支付Keyhole 50萬美元,來開發一個「輝達專用的優化圖形處理器的消費者版本」。約翰對這個協議感到滿意,因為他為Keyhole爭取到2~3個月的關鍵時間。幾週之內,菲爾和我們的團隊就開發出這個版本的EarthViewer,不過還缺少一些專業功能,如列印、注釋和測量。這個版本——我們稱它為EarthViewer NV——綁了14天的免費試用和一年訂閱價79.95美元。每售出一份訂閱,我們的航拍照合作夥伴羅伯遜就能獲得售價的25%,即大約20美元。

作為合作的開始,約翰、我和輝達的團隊在他們位於聖克拉拉的辦公室附近會面,共進午餐。經人介紹,我認識了輝達行銷團隊中與我角色相當的基思·加洛西,他是一個和藹的美國中西部人,為了測試最新顯示卡,他常常通宵打遊戲,所以總是一副睡眼惺忪的樣子。

午餐後,我們回到輝達嶄新的辦公室,評審啟動計畫。裝著落地窗的寬敞辦公空間非常明亮,很有未來感。在新辦公室裡,輝達的一名工程師以他們的辦公室為背景,做了一款以第一人稱為主的逼真3D射擊遊戲,讓員工們可以在走廊上來回走動並射殺他們的虛擬同事(這在我看來是一個非常糟糕的主意)。黃仁

勛親自來到會議室小坐一會，對於我們的團隊做成這筆交易表示祝賀。他出生於台灣，畢業於俄勒岡州立大學和史丹佛大學，他在30歲生日那天創立了輝達。「當地圖縮放到街道級別時，你有沒有考慮過『採用程式化的方法』？」黃仁勛問道，他靠著會議桌，身體前傾。

「可能會考慮。」約翰回答，「但我們堅持採用針對特定地理位置的方法。我們想讓東西看起來就像是真實存在的，而且現在還沒有能顯示全球街道級別的地圖數據。」

在回Keyhole辦公室的5分鐘車程中，約翰向我解釋黃仁勛的意思：他希望做的是3D建築物和街道景觀。黃仁勛建議用程式化的方法來製作，就是使用能透過演算法來建置詳細圖像的電腦圖形技術。這樣能生成各種建築物，做出一個逼真的3D示範程式，但它不能反映一個地點上真實世界的樣子（有點類似「模擬城市」[1]）。約翰說，總有一天，使用者能把地圖放大到街道，說不定還能切換到建築物和街道照片的3D逼真視圖，甚至能虛擬地走在街上。

「當然，這一切的前提是，你能獲得數百萬哩之外的街道圖像數據資料。」約翰說。他停頓了好久後，又補充道：「那將是一個長達20年的計畫。」

這個想法對我來說像是科幻小說裡的情節。如此不可思議的技術，我這輩子肯定是見不到了。

輝達獨享的消費者版本賣得很好。消費者很喜歡它。一名大學生從輝達網站下載了14天免費試用期的EarthViewer NV後，

---

[1] 「模擬城市」（Sim City）是3D模擬世界城市建築的遊戲。——譯者注

寄了一封信給我們。信件主旨是「Keyhole太棒了」。以下是信件內容的節選：「我的天啊。我那天到輝達的網站上找驅動程式……我打開網站主頁，看到那個地球，它就浮在那裡。我的天啊！我的天啊！我簡直要流口水了……我放大地圖，我的神啊，解析度依然非常好。於是我去了我家，去了我的學校，又去了我朋友家，然後我發現了地址功能！！！之後很多人聞訊來到我的宿舍，我們輸入好幾個地址，結果我們都被嚇傻了。這個程式真的太瘋狂了。你們確定這是合法的嗎？」

與輝達的交易將注入一筆關鍵資金給我們，但約翰知道這些資金還不夠。50萬美元只能使用2到3個月。於是，他希望再與日本東京的Silicon Studio遊戲公司達成一筆50萬美元的交易。這是一家專門從事3D遊戲製作和發行的公司。2002年初，這家公司找到約翰，希望建置一個在日本獨家銷售的EarthViewer版本。數週談判之後，約翰飛到東京，希望能解決細節問題。交易完成，約翰為Keyhole再帶回50萬美元。

約翰在日本時收到一個讓他心碎的消息：在德州克羅斯普萊恩斯的家裡，他的父親病危。結果，約翰不得不提前結束出差回到德州。約翰回家後不久，他的父親就去世了。他決定留在母親和姐姐寶拉身邊做一些必要的安排。在父親的葬禮上，約翰宣讀追悼詞。在葬禮儀式結束後，他和家人回到家中，以德州的傳統方式招待親友：烤肉、烤鍋菜和餡餅源源不斷地被端上餐桌。約翰的父親喬・漢克作為鎮上受人愛戴的郵政局長，認識所有克羅斯普萊恩斯893名居民，他們都去悼念喬・漢克。

正在招待親友時，約翰的電話響了。他放下手上的事，仔細看了號碼。天啊，他想。現在就必須處理這件事嗎？電話是

日本Silicon Studio打來的。約翰知道不能再拖延這筆交易，因為Keyhole需要現金。他請求離開一會，然後走出門外，和對方商討這筆交易，以便讓Keyhole能再多發幾個月薪水，努力讓公司存活下去。約翰後來對我說：「我必須在父親的葬禮上達成交易，那是我個人最低潮的時候。我付出這麼多，已經一無所有了。」

在約翰回到山景城後，他將注意力投向Digital Globe，因為他們剛成功發射新的QuickBird衛星。隨著輝達吸引了全球消費者的興趣、以及在日本找到新的分銷合作夥伴，Keyhole需要在全球擴大圖像的覆蓋範圍。儘管衛星只能提供解析度較低的圖像，但它們仍具有許多優點。首先，衛星可以一直工作，它們可以一年365天、一週7天、一天24小時不停地繞地球運轉。這將轉化為更多的即時數據。其次，QuickBird可以收集任何國家的圖像。它在南非收集圖像和在亞利桑那南部一樣容易。

經過一年多的討論，丹尼爾和約翰終於與Digital Globe達成一項協議，使Keyhole能夠獲得大量的世界主要城市圖像。Digital Globe將Keyhole視為接觸新客戶——商業使用者乃至那些只是想探索地球的一般消費者——的理想合作夥伴。這種衛星圖像以往是提供給美國軍方，而Keyhole代表了一條通往另一個市場的潛在途徑。

約翰指示菲爾和工程團隊重新設計Keyhole後端伺服器和前端客戶軟體，讓使用者可以在不同的圖像數據資料庫之間切換。不久，我們有了兩個地球：一個使用的是羅伯遜的數據，另一個使用的是Digital Globe的數據。使用者可以在兩者間自由切換。

2002年夏末，Digital Globe的數據開始正式進入數據資料庫

中。我常常在會議室裡看到UPS快遞或FedEx聯邦快遞的貨車停在樓下，然後聽到德德簽收包裹，近井和丹尼爾從他們的座位上走過去看包裹裡有什麼。

近井和年輕的圖像處理助理韋恩‧蔡準備用兩週時間為單個城市導入數據（資料量通常為48到160張DVD光碟）、調整圖像的色彩平衡、優化串流媒體，而後推播到客戶端。他們會使用Keyhole的Earthfusion軟體工具進行艱鉅的資料處理工作。光是一個城市就有16個步驟之多。韋恩是越南裔美國人，在洛杉磯長大，熱愛溜直排輪滑，是洛杉磯湖人隊的忠實球迷。為了要解決工作站可以整夜運算的難題，他常常最後離開辦公室。第二天早上，韋恩會檢查一下結果。這個過程經常失敗，他會從頭開始再做一遍，因此獲得了「二次機會韋恩」的綽號。其他時候，為了監控某項工作，他會睡在辦公室的沙發上。漸漸地，團隊添加數據資料的速度和拆包裹差不多快。

某個星期五下午，約翰走到韋恩的座位旁，詢問一項他預計已經完成的更新。結果他得知更新還未完成，但下週一的一個商業展會上，Keyhole需要這些圖像來銷售軟體。約翰暗示韋恩說，如果他完成不了，不確定下週一還有沒有工作給他做。韋恩正有家人來城裡探望他，而且他週末已經有安排了。約翰離開後，韋恩揮拳猛砸座位旁的側牆。馬克‧奧賓站起來說：「韋恩，你沒明白，約翰的意思是，如果我們完成不了，我們所有人下週一都會丟工作。」

不久，我記得在另一個展會上展示了EarthViewer。這位潛在客戶是一個年輕的房地產企業家，他正在考慮購買尼加拉瓜一處偏僻的海濱房產用來開發新的度假村。聽了他對那片區域的描

述後，我們一起從太空飛往尼加拉瓜，然後飛往該國的太平洋沿岸，再按照他的指引向南行進。當我們接近目的地時，我發現了一張尼加拉瓜沿海地區偏僻叢林的高解析度圖塊。這是唯一一張韋恩成功處理來自 Digital Globe 的圖像圖塊。

這位潛在客戶突然不說話了。我們的焦點轉向一片有著潔白沙灘和藍色海水、未經開發的偏僻小海灣。他睜大眼睛。他讓我再縮回一點。他緊張地調查了周邊區域，看看是否有人已經發現這片未被打擾過的海灘，他的海灘。

「你是說任何人都能看到這些？」他對我耳語。

「有我們軟體的人都能看到。」我回答。

他買下這個軟體，而 Keyhole 獲得的這種訂閱（每年599美元）隨之多了起來。後來他說：「我問你一件事。我要是想把這張圖片拿掉，行不行？我可以出錢讓你們做這事嗎？」我不知該如何回答他。我從來沒有想過，有人會想把他們的財產移出數據資料庫。這是 Keyhole 第一次被問及這個問題，但肯定不會是最後一次。

隨著來自 Digital Globe 的全球圖像資料成倍增長，我們想試著進軍新市場：廣播電視公司、非政府組織（NGO）以及軍事和情報。雖然我們在商業地產和新消費市場越來越有吸引力，但現金流仍然緊張。在那段時間，約翰常常花很長時間和會計研究電子表格，確定本週要付款和不用付款的供應商有哪些，之後總是一臉嚴肅。Keyhole 好像在賭桌上玩骰子，祈禱至少有一筆較大的交易。

我們的銷售人員戴夫‧洛倫齊尼為留住幾個潛在的長期客戶打下了基礎。我記得有次和丹尼爾‧萊德曼一起參加一個政府的

商業展會，我們的展位上擠滿了對我們感興趣的城市規劃和管理人員。我們計畫讓戴夫在中午負責展台的工作，替換丹尼爾和我，讓我們能出去吃午飯。可是到了約定時間他卻不見蹤影，電話也打不通，直接轉進語音信箱。3個小時後他終於出現，跟我們講他如何溜進聯合國祕書長科菲‧安南正在演講的講台。演講結束後，他在走廊攔住安南，用他那經典的洛倫齊尼風格向安南簡報Keyhole的軟體。「嗯，安南演講結束後，我在走廊抓住了他，跟他展示我們的東西。他憋到都要尿褲子了！」丹尼爾和我只是笑笑地搖了搖頭。

新創公司需要像戴夫‧洛倫齊尼這樣的人。對他們來說，公司管得越少越好，你永遠不知道他們會激起什麼浪來。對Keyhole來說，戴夫激起了一個不小的波瀾：他在NGO的世界裡找到立足點，還聯絡上一些外國政府，如葉門、阿拉伯聯合大公國等。戴夫還開始與CNN進行商談，想說服CNN在電視上使用Keyhole的EarthViewer來報導各種新聞事件的位置。戴夫抓住了幾個機會，與CNN開啟洽談，但由於某種原因，他最終沒有達成協議。

2002年8月下旬，我的第一個女兒伊莎貝爾誕生在波士頓布萊根婦女醫院，比預產期提早3週。幾天後，我接到約翰的祝賀電話，我拿著手機走出婦產科病房。「我們很快就會與CNN達成協議。」約翰說，他不想讓我擔心Keyhole的現金流情況。「太好了。」我說，試著分享他激動的心情。「為了達成協議，我們已經把之前提出的35萬美元降到25萬美元。洛倫齊尼說他們會同意的。」約翰繼續說。當我回到雪萊和伊莎貝爾住的病房時，我心裡的壓力明顯增加了。

　　戴夫和丹尼爾在最近的6個月裡一直努力促成與CNN的交易。全美各地許多小型廣播公司和地方電視台都已經成為Keyhole的客戶，它們使用Keyhole的軟體在電視或廣播中報導交通事故、犯罪現場和其他當地突發新聞。EarthViewer幾乎可以取代當地的新聞直升機，而當地的新聞台每次部署新聞直升機的花費大約是2,500美元。

　　到了10月，雖然收入略有增長，但Keyhole已經花光從輝達和日本Silicon Studio的注資。公司雖然艱難地發出一個又一個月的薪水，但融資前景依然嚴峻。情急之下，約翰和布萊恩合力發起一輪來自「朋友和家人」的融資。他們各自找人脈拉投資，還自掏腰包維持Keyhole的生存。我4個月前的費用報告上還有超過1萬美元的「未支付」，所以我當然無法參與投資。約翰和布萊恩兩人一共籌集到約50萬美元。

　　在本輪的融資中，約翰的商學院同學諾亞‧多伊爾（Noah Doyle）作為投資者和員工加入公司，負責業務發展和合作關係方面的工作。我很喜歡和諾亞共事。他聰明、安靜，有點學者氣質，當別人向他提出問題後，他經常停下來認真思考答案，考慮了問題的所有可能之後才有條不紊地作答。作為連續創業企業家的諾亞告訴約翰，他願意放棄薪水，以此換取Keyhole的股權。這並非是他第一個明智的投資決定。諾亞曾與一名商學院的同學共同創立一家做積分返還服務的軟體公司，並在2001年7月把公司賣給美國聯合航空。後來的事實證明，諾亞對Keyhole的B2B策略和銷售活動至關重要。

　　2002年秋季，一筆數額超過與CNN交易額的生意初現端倪。這個銷售機會是使用Keyhole的軟體，而不是資料。我們的

軟體會使用他們的數據——近期的高解析度衛星和航拍照的巨大數據資料庫,我們自己拼接起來的圖像數據資料庫和這個數據資料庫相比之下真是相形見絀。

在「911」事件發生後,Keyhole開始接到華盛頓特區客戶的諮詢。由於中東局勢日益緊張,很明顯軍方和其他機構正在尋找有助於緩解局勢的新技術。Keyhole開始與為軍方繪製全球地圖的美國國家地理空間情報局(NGA)進行商談。他們擁有無限的地圖和數據,但與EarthViewer相比,他們把這些資料分送給需要數據的個人機制卻笨拙且緩慢。

一家名為In-Q-Tel(IQT)的投資機構負責與Keyhole聯絡。當時,矽谷所有其他創投公司都已經不再投資,而IQT則開設了辦事處,並尋找有趣的公司。IQT不是一般的創投公司,它得到美國中央情報局和NGA的資助,而且它是為了尋找可能對政府有所幫助的新技術所創立的。我們後來了解到,Keyhole已經有80%滿足「對政府的重要工作有用」的標準。IQT的作用就是資助像Keyhole這樣的新創公司,好完成最後20%的產品功能,這些產品功能會非常有利於政府的工作。

很不幸的是,可以預見這將是個漫長的過程。Keyhole迫切需要資金,但IQT何時採取行動卻並不明確。到2002年底,Keyhole的現金流再次緊張起來。由於工程師們來上班的次數減少,每週的員工會議只有零星幾個人。道格·斯諾突然辭職,Keyhole失去了穩固的銷售管道。菲爾·凱斯林也離開,因為他在輝達找到更穩定的工作。我一樣在尋找工作機會,還去面試了一家公司。我聯絡上一家位於劍橋的公司,並且已經談妥我的薪酬待遇。

消費者版本將我們的月收入提高約5萬美元，但這個營收與輝達在網站上提供我們的曝光度密切相關，在簽訂協議幾個月後，網站的流量逐漸枯竭。在每週的電話會議中，我經常請輝達的聯絡人基思‧加洛西借由他們的網站、商業展會、時事通訊等管道幫忙推廣我們的EarthViewer NV消費者產品，並不時推出一些特價和促銷活動。但NV版本的銷售仍然停滯不前。

我問約翰是否可以聯絡輝達，詢問是否能撤銷合約中輝達的獨享權。畢竟有了獨占性條款，演算法就會阻止Keyhole傳播到更大的愛好者社群中。「你開什麼玩笑？」他回答，「獨占性（僅在輝達硬體上運作）還有6個月才結束。他們為此支付50萬美元。想都別想。」我回應道：「至少讓我試試吧。」

幾週後，在一個溫暖的星期五下午，基思來到我們的辦公室開會。我向他說明了我們財務狀況的全貌，對我們的前景和Keyhole快要倒閉的可能性毫無掩飾。基思表示同情，但他本人無權允許我們打破協議。在經過約一個月的反覆談判之後，輝達同意讓我們推出一款非輝達硬體獨享的消費者版本，我們也做出妥協，讓EarthViewer NV能夠讀取火星的圖像數據資料庫，而且價格便宜了10美元。Keyhole被允許銷售名為EarthViewer LT的產品，年訂閱價為79.95美元。

對於Keyhole而言，撤銷這種獨享權意味著：我們有更大的機會獲得付費客戶。如果有100個人登錄我們的網站，我們就有機會將其中的95人轉化為客戶，而之前只能將其中的35人轉化為客戶（就是擁有輝達顯示卡的人），當時我們還沒有推出麥金塔電腦版。

這對我們來說是一個巨大的勝利，約翰對我在此次談判中的

努力表示讚賞。但說實話，消費者版本的銷售是由輝達網站上的流量所帶動。我們並沒有同等的管道來推廣這個新版本。並不是說我們現在有了這個更容易被買到的版本，就可以開始在電視上打廣告。

或者我們可以？

2003年1月，Keyhole與CNN仍在討價還價，而且幾乎沒有達成協議的跡象。這是一件特別令人失望的事。戴夫‧洛倫齊尼已經為CNN這筆交易努力6個多月。在銷售管道評估中，這個機會從95%的機率達成40萬美元降低到50%的機率達成7.5萬美元。員工會議上只要提起這件事，大家就會流露出沮喪的神色。

與此同時，戴夫‧洛倫齊尼突然離開了Keyhole。他回到之前的工作，薪水有保障，意料之中的事。與CNN的交易幾乎被人遺忘。最後的提議是：CNN將以每年7.5萬美元的價格購買許可，在電視上使用Keyhole軟體。但洛倫齊尼已經走了，沒人會為達成交易而奔走。

從商業房地產市場、消費者版本、以及其他五花八門的銷售上，Keyhole在2002年底前創造了200萬美元的收入。雖然與2001年的50萬美元相比有大幅增長，但這一年仍然在虧損。Sony的投資早已用光，Keyhole仍在經營的唯一原因就是約翰成功將來自輝達、Silicon Studio以及從朋友和家人那裡籌到的資金整合在一起。

2002年12月，Keyhole又沒錢了。董事會在2003年1月初開會，約翰面臨的是要麼裁員、要麼關門的窘境。某天晚上，在一家很受歡迎的矽谷地下酒吧Sports Page──離我們辦公室4個街區遠，我和約翰一邊喝啤酒，一邊討論還有什麼辦法。在最近幾

週裡，為了公司他始終表現得樂觀積極，但當我們倆在一起的時候，約翰對Keyhole的未來有點灰心。即便如此，他仍然沒有告訴我真實情況有多糟。我當時不知道他有時會借錢來支付薪水。公司有收入時就會償還這些借款，但這引起他妻子霍莉的不滿。他們有兩個年幼孩子，雖然約翰做前幾份工作時存下的錢為他提供了一些緩衝，但他還是感受到財務上的壓力。

在這個有霉味的酒吧裡，約翰瞥了一眼頭頂上的舊電視，上面正在播放舊金山49人隊的橄欖球比賽。他繼續為我想短期促銷的點子，為的是想將試用帳戶轉化為永久訂閱。他不會放棄。

「整個公司全面減薪50%，如何？」我提議。

約翰靜靜地望著酒吧，似乎腦中正在計算這個數字。

「嗯，這樣我們會再多幾個月的時間。」他終於開口說道，「也許有足夠的時間達成與IQT或CNN的交易。也許我們可以透過給員工更多股權來彌補。」

那天晚上，約翰開車回家。在開到一哩半長的鄧巴頓大橋（連接矽谷和東灣）正中央時，他的汽車開始發出帕帕聲，於是他把車停在大橋狹窄的路肩上。約翰看了儀表板：汽油用光了。約翰不得不打電話叫諾亞來接他。

幾天後，在為董事會會議做準備時，約翰請我幫他耍個花招，安撫一下正考慮讓公司關門的董事們。我們在網路上的銷售一直穩定成長，而我經常要做的一件事，就是透過網站向所有註冊免費試用軟體的人寄送每月的價格促銷活動。這個做法對暫時達成收入的增長有幫助，但每月只能做一次。約翰讓我準備好一個價格促銷活動，當會議室舉行董事會會議開始時按下寄送按鈕，把這個月的免費試用廣告寄送出去。

約翰的電腦設定成以下模式：只要有人購買軟體許可證，就會從付款處理器上接到訂單通知。當約翰向董事會介紹危急的現金流狀況時，他的電腦會突然響起購買Keyhole許可證的訂單通知聲，把他正在進行的簡報打斷。我不認為這個小小的伎倆能挽救公司，不過約翰當時苦澀地一笑，然後眨眨眼說：「這又沒破壞房間裡的氣氛。」

董事會決定為公司的每位員工提供一個選擇。對於同意臨時減少薪水的員工，公司會按薪水減少比例給予獎勵股權。比例從10%到100%不等。大部分員工都同意減薪。一些員工，例如近井，願意完全放棄薪水。各項費用仍未支付，羅伯遜和其他眾多供應商打來的無數電話我們也躲著不接。我們制定了再撐一季的計畫，並希望能有一項交易最終達成。在約翰不得不讓Keyhole關門之前，我們還有3個月的時間。

第5章 │ 命運轉捩點：CNN與美伊戰爭

> 「……這顆衛星在巴格達上空約100哩的地方捕捉到一些影像，它們非常有說服力。我們現在一邊用Keyhole的EarthViewer軟體縮放到巴格達上空，一邊顯示所說的內容。我們差不多可以對炸彈破壞情況做大致上的評估。」記者邁爾斯‧奧布萊恩在無意中改變了Keyhole這個加州小地圖公司的財務軌跡。與CNN全天24小時不間斷的曝光相比，報章雜誌的宣傳顯得微不足道。當時在Keyhole裡沒有人意識到，把網址打在螢幕上的小小要求所帶來的價值。

2003年3月27日上午，大衛‧科恩曼是第一個來上班的人。他打開辦公室的門，然後煮了一壺咖啡。經過傳真機時，大衛注意到傳真機收到的一封傳真。這是一份CNN傳來的簽字合約，奇怪的是，這份合約是在凌晨3點由他們在亞特蘭大的律師們簽字並傳過來的。

當天下午，約翰打電話告訴我這個7.5萬美元合約的事。由於這筆交易帶來的收入有限，所以他的興奮已經緩和下來。雖然如此，約翰仍然善用每一點好消息來給筋疲力盡的Keyhole團隊加油打氣。他還提到了在給CNN的最後一份提案中增加的內容。

「我要求他們同意：只要在電視上使用我們的軟體，就把我

們的網址打在螢幕上。」他補充說道。我對約翰為公司爭取的利益感到興奮。約翰在商學院的同學奧馬爾·特列斯說服約翰接受較低的價格，藉此換取在螢幕上署名。奧馬爾和約翰的孩子都還小，兩個家庭經常來往。有一次，奧馬爾在約翰家吃晚飯，聽約翰說起 Keyhole 的堅持以及達成 CNN 交易面臨的挑戰後，他建議不如只爭取電視上的署名權。

當晚，CNN 對美國入侵伊拉克的 24 小時連續報導在 8 點發出一則新消息，CNN 記者沃爾夫·布里澤（Wolf Blitzer）從科威特城向全球成千上萬的電視機螢幕發送現場報導。

「最新一輪的爆炸發生在約 1 小時前，就在我們報導時，仍在發生新的爆炸。但今晚稍早時發生的可能是目前規模最大的爆炸。」布里澤說，「目擊者報告說，炸彈擊中了以前列入目標的幾個地點，包括總統府和城市邊界處的軍事陣地。」

這則報導後，鏡頭轉回亞特蘭大主播艾倫·布朗身上，他正在主持 CNN 的節目《形勢觀察室》（The Situation Room）。布朗轉向記者邁爾斯·奧布萊恩——這位記者將在無意中改變我們這間加州小地圖公司的財務軌跡。

布朗連線給奧布萊恩：「邁爾斯·奧布萊恩現在應該已經打開了地圖，他將向我們詳細解讀他們為什麼要攻擊這些目標。邁爾斯——」

在 CNN 上使用 Keyhole 軟體的步驟是：我們與他們的製圖團隊合作製作動畫，即製作預先處理好的影片在電視上播放，來對新聞報導進行補充。你們應該都看過這樣的地圖動畫。它們通常在一個 30 分鐘新聞節目中占約 3 至 8 秒，為觀眾提供新聞事件的地理背景訊息。

　　而邁爾斯・奧布萊恩有別的想法。他沒有事先製作一整套的短片，而是打算在長時間的特別報導中用EarthViewer隨意查看巴格達的地圖。這樣他差不多把CNN的新聞節目變成一個EarthViewer的展示和說明節目。

　　多年後，奧布萊恩告訴我：「我當時只是很自以為是地認為我可以搞定那些狀況。CNN其他人都不會嘗試這麼做，但我知道這將會引起轟動，因為在報導突發新聞時，新聞編輯室裡肯定會有一群人待在我的電腦前，想讓我用EarthViewer飛到新聞當事人的房子上方。」

　　當布朗把畫面切給奧布萊恩時，奧布萊恩戰戰兢兢地開始了他的EarthViewer高空走鋼絲表演：「艾倫，我們正在查看一些衛星圖像，看起來很令人吃驚。我想先講講我們是如何捕捉到這些圖像的。」

　　CNN的畫面上浮現出一個細節完美呈現的地球，畫面右上角顯示了「EarthViewer.com」。

　　奧布萊恩從太空縮放到巴格達，為全球數百萬CNN觀眾展示我們的EarthViewer軟體。隨著畫面上Digital Globe最新的衛星圖像，顯示出最近被炸彈破壞的地點，奧布萊恩暗示這些圖像顯示出戰場上的最新情況。

　　「你注意到這裡顯示的時間了嗎？是世界時間，也就是格林威治標準時間，今天上午7點35分。這顆衛星在巴格達上空約100哩的地方捕捉到一些巴格達的影像，它們非常有說服力。我們現在一邊用Keyhole的EarthViewer軟體縮放到巴格達上空，一邊向您展示我們所說的內容。我們差不多可以對炸彈破壞的情況做大致上的評估。」

　　與此同時，在我們的辦公室裡，近井從他的辦公桌上跳起來，匆匆走向埃德‧魯賓的座位。身為 Keyhole 伺服器基礎設備的主管，近井在我們打入商業房地產市場之前就已經經受過流量劇增的考驗。最初，Keyhole 團隊購買昂貴的 RAID[1] 存儲陣列，但隨著公司數據和需求的增長以及存儲資源的減少，工程師開始從弗萊斯連鎖電器城（Fry's Electronics）購買適配 Linux 系統的機架、主機板和磁碟驅動器。隨著越來越多的使用者和數據被添加到系統中，公司需要定期前往弗萊斯連鎖電器城購買打折的磁碟驅動器和盒子，來為系統增加容量。近井對低端 Linux 伺服器的修修補補，總能讓伺服器領先需求一步。

　　但此次的流量劇增與以往不同，更像是爆發而不是劇增，它打破了週四下午往往非常安靜的時光。以 15 秒增量為單位，伺服器流量的負載呈現指數增長，然後忽然安靜下來。接著，所有 Keyhole Earth 伺服器都當機了。

　　或者還有一台伺服器倖存。CNN 版的 EarthViewer 被指向一個單獨的伺服器，這個伺服器是 CNN 專用的。奧布萊恩繼續說道：「我們將在巴格達市內繼續放大，向大家展示這個新動畫，這是我們剛剛獲得的新圖像。」

　　回到山景城，埃德和近井不知道發生了什麼事。那天，與 CNN 達成協議的消息在 Keyhole 核心成員中傳遍，不過 CNN 製作動畫的工作還沒有開始。

　　「我試著重啟認證伺服器。」埃德對近井說。埃德之前拖延

---

[1]　RAID 意為獨立硬碟陣列，是把多個較便宜的硬碟組合起來，成為一個硬碟陣列組，使性能可以達到超過單個價格昂貴、容量龐大的硬碟。——譯者注

處理這個問題。雖然他曾提出認證伺服器的程式碼資料庫需要完全重寫，但由於Keyhole資源有限，這件事從來沒有重要到需要完成的程度。

之前只需重啟認證伺服器（有人想訂閱EarthViewer時建置和驗證新用戶帳號的系統）總能解決問題。這個老舊而挑剔的伺服器就像是公司的收銀機和驗票閘門，控制著網站的所有存取。只此一台伺服器能決定誰能進來使用EarthViewer，誰不能進來。

「老兄們，我們當機了。」諾姆·麥克倫登說。他是Keyhole的技術支援主管，一個身材魁梧但說話聲很溫和的人。他也來到狹窄且悶熱的伺服器機房幫助埃德和近井。此處與其說是機房，不如說更像一個壁櫥。當埃德第三次重啟認證伺服器後，諾姆的技術支援熱線馬上響個不停。但是，每次重啟過後，巨大的流量會再次壓垮這台拼湊在一起的機器。

「老兄們，到底是怎麼回事？」約翰在他的座位上喊道。「我們當機了。」毋須贅言，公司的訂閱服務每離線一分鐘對收入的影響都是巨大的。服務中斷常常等同於免費延長訂閱，有時還要退款。

公司裡的電視機沒接有線電視和CNN。辦公室唯一的一台電視放在小會議室裡，它的主要用途是，當某位工程師在等待一個待處理的新圖像數據資料庫時，就會用它來玩Sony PlayStation遊戲機的「GT賽車」。沒人知道導致流量劇增的原因。當約翰走進伺服器機房時，近井低頭看了看他的手機，他紐約的一位朋友傳來一條簡訊：哥們兒！我剛剛在CNN上看到你們公司了！

第二天，約翰興奮地在電話中對我說：「我想你還是趕緊來一趟吧。要不看看能不能趕上最近的班機。」他的語速非常快，

甚至有點喘不上氣。這是我們的財務前景可能突然產生變化的第一個跡象，畢竟最近我被告知不再需要每月去山景城。

在波士頓，我已經搬到由著名影片編輯軟體公司 Avid 創始人比爾・沃納開辦的共享工作空間裡辦公。沃納把精力轉向孵化麻州的新創科技企業，而我非常幸運成為他的辦公大樓裡租用工作間的26人之一。

在 CNN 開始使用 Keyhole 之後的第二天，比爾是第一個對我表示祝賀的人。他把當天早上的報紙《今日美國》（*USA Today*）放在我辦公桌上說：「好了，我想你馬上就能搬到加州了。」這期報紙頭條的標題是「微型科技公司令電視觀眾驚嘆」。記者凱文・曼尼（Kevin Maney）報導了 CNN 如何使用 Keyhole 的 EarthViewer 以及隨後出現勢不可當的需求：「週四，CNN 用這些地圖模擬出巴格達上空的飛行，並放大到街道來查看轟炸目標。每當 CNN 打出公司的網站 EarthViewer.com，用戶就湧向網站，導致伺服器在這天的大部分時間裡都處於當機狀態，網站無法打開，讓 Keyhole 的20名員工倍感困擾。週四晚間，公司 CEO 約翰・漢克接受採訪，聲音顯得非常疲憊，但他指出，還有更糟的問題等在後面。」

幾乎所有主要報紙和雜誌都報導了這一事件，包括《新聞週刊》、《時代》雜誌和《紐約時報》。這些宣傳微不足道，與 CNN 全天24小時不間斷的曝光相比，這些宣傳僅為我們贏得一點點關注。事實上，當時公司沒人意識到把網址打在螢幕上的小小要求所帶給我們的價值。我沒有想到，約翰也沒有。當然，曾努力促成 CNN 協議的戴夫・洛倫齊尼也沒有，在美國率領多國部隊入侵伊拉克之前的幾個星期他才離開公司。我們沒想到邁爾

斯‧奧布萊恩會在電視直播中使用Keyhole的軟體來對轟炸行動進行深入報導。我們更沒有想到，這場戰爭會持續多年，令超過50萬伊拉克人和5,000多名美國士兵喪生。

奧布萊恩繼續在深入報導中使用EarthViewer，即使系統常常在播出時崩潰。「我還想指出的是，我們於此處再放大一點，就可以明顯地看出，在這片樹木非常茂密的區域裡——唐‧謝珀德將軍，請你幫我在那裡指一下——至少有一輛坦克。我想我們還發現了另外幾輛坦克，就在樹叢附近，還看到坦克履帶的印跡。」

我搭乘波士頓最早的航班飛了過來。那天早上，當我走進Keyhole的前門時，德德正站在辦公桌後，她從手中的一疊文件中抬起頭。她的金髮亂蓬蓬，眼裡滿是疲憊。她從眼鏡上方看了看我。當時是上午10點30分，但德德看起來像是過去10個小時裡一直在工作。她桌上的電話響起，但她沒有接。其實聽起來像是辦公室裡所有的電話都響了起來。

「可真會找時間！」她吼道。

電話繼續響。說實話，除非你知道我們的手機號碼，不然你是找不到Keyhole的任何人。撞球桌附近的地板上攤放著特製的板條箱。萊內特拿著一份準備立即送出的物品清單。大部分檔案都在電腦上輸入、列印出來，她一邊列印一邊裝訂使用說明，並將CD光碟放進200頁的使用說明書中。

「這些是什麼啊？」我問萊內特。

「你得問約翰。」她說。旁邊，約翰正朝這個亂攤子走過來。「你怎麼來了！」約翰說。他顯得很高興，而且有點驚訝。在CNN引起的一片手忙腳亂中，他已經忘記是他要我立刻到山

景城來的。

「這些是什麼？」我再次問道，低頭看著那些裝有DVD光碟、硬碟、用戶手冊和機器的箱子，仍然疑惑不解。

「我稍後告訴你。」他聲音輕快、充滿活力。「今天我們一起吃個午飯吧。」

當天下午，約翰告訴我，他與IQT的合夥人羅布・佩因特通過電話。經過數個月拉鋸，IQT的協議終於簽妥。這個150萬美元的合約是迄今為止我們簽訂金額最高的合約，足以讓Keyhole再營運6個月。放棄薪水的員工們拿到了補償，同時所有人的薪水都恢復到原來的水準。隨著產品的逐漸成熟、收入的增長和營運資本的增加，Keyhole終於站穩腳跟。

為了可以交付出成果，這份合約中還提出一個非常緊湊的時間表。整個國務院、每位美國參議員、每位國會議員、每位大使、每一個外國政府、每一位軍事情報司令、國防部長、參謀長聯席會議主席以及整個軍工業，自從他們看到CNN的沃爾夫・布里澤和邁爾斯・奧布萊恩在24小時內不間斷播出EarthViewer軟體，這個與IQT協商的時間表就被縮短了。他們當中很多人都在問同一個關鍵問題：「為什麼我的電腦上沒有這個軟體？」

「誰在問這個問題？」約翰問佩因特。當然，整個團隊都好奇我們EarthViewer的最終目的地。團隊推測，可能是國防部長唐納德・倫斯斐、副總統迪克・錢尼或國務卿科林・鮑威爾。

「你知道我不能告訴你。」佩因特回答，他知道約翰曾在外交部門工作過，「其實，告訴你『誰沒問這個問題』對我來說會更容易些。」佩因特，一個看上去仍像一接到通知就會立即脫掉便服外套、跳上飛往阿富汗的C-130運輸機的前特種部隊士兵，

他向約翰傳達一個簡單的訊息：停下。

停下我們手邊的一切工作，停下所有的開發工作，停下所有的消費者工作，停下CNN的技術支援和圖像更新工作，然後專攻EarthViewer私有版本的開發，包括提供美國政府內部使用的所有數據、軟體和硬體。「政府代表」將於週三下午5點抵達Keyhole辦公室，在此之前，所有的東西都需要裝箱，並準備出貨。佩因特意識到這將表示我們的合約價格會上漲。但他不在乎。價格不是問題。

Keyhole的整個系統都裝箱：伺服器、包裝盒、光碟以及所有必要的檔案。一些控制圖像導入過程的腳本軟體還未寫完就被燒到光碟片上，然後直接裝進包裝箱裡。我們沒有時間進行任何品管測試。中央情報局和國家地理空間情報局，對Keyhole的系統抱有很大期望——他們將把擁有的大量衛星圖像、戰爭區域高空監視照片都導入軟體中，而且這些圖像的解析度遠高於我們所能存取的任何圖像。

整個團隊包括約翰都在忙著包裝、貼膠帶、裝箱、發貨。與此同時，已經裝上有線電視服務的電視機正在播放CNN節目，Keyhole的軟體常常出現在螢幕上。「我們又上電視了。」有人叫道，我們爭先恐後跑到會議室去看使用Keyhole軟體的CNN最新報導。這種事發生得太頻繁，以至於變得不新鮮和令人激動。電話仍然在響，有成百上千人在撥打我們的電話，但由於沒人應答，他們又撥了所有的分機號碼，希望能接通。我們的消費者和商業伺服器經常因為埃德和團隊要重寫認證軟體而被迫離線。布萊恩深夜跑了一趟弗萊斯連鎖電器城，買下23個硬碟，把硬碟塞進他黃色賓士雙門跑車的後行李箱（他得到商店經理的批准才

能買到，因為顧客一次只能買10個硬碟）。

　　所有東西都打包好後，約翰開玩笑說，我們應該把近井也裝在其中一個箱子裡寄過去。過了一陣，他們果真提出這個要求，他們想要近井，先是去蘭利[2]，然後再去美國國家地理空間情報局——位於監視衛星圖像領域重鎮的聖路易斯。如果沒有許可，近井不會被允許碰中情局的鍵盤，但可以在他們使用衛星圖像下載Keyhole軟體時，站在某人後面指導輸入必要的EarthServer指令。萊內特陪近井一同過去，協助對IQT和他們在華盛頓特區的客戶進行培訓。

　　對於政府、軍方和情報界來說，Keyhole被證明是一種非常強大的技術。它能夠讓他們拍攝上萬張即時戰況照片，將照片拼接成一個巨大的鑲嵌圖，然後透過網路將這個數據資料庫傳送給成千上萬的軍事和情報官員。

　　此時，我們聽說某些士兵和他們焦慮的家人不願等待訊息量有限的簡報，自己註冊了Keyhole的免費試用版和標準訂閱版。（但法律禁止我們向位在阿富汗或伊拉克的任何人開放下載，這對於想下載戰區照片的士兵造成不便。）我們收到多名士兵寄來的信件，他們註冊了我們的軟體，想研究一下自己駐紮區域的地形。在一個匿名語音留言中，一名「操作者」（operator）對我們表示感謝。他和他的小隊受到攻擊，需要找出一條前往安全區域的道路。他們深陷敵方區域，於是求助EarthViewer，透過衛星數據連線連上了伺服器，藉此他們能對所在位置和周圍環境有新了解，最後讓他們找到了出路。

---

[2]　蘭利位於維吉尼亞州，是美國中央情報局所在地，這裡指代中央情報局。——譯者注

Keyhole最終將Digital Globe的戰區衛星圖像放進了成千上萬的軍事、行政和政治領袖的電腦裡。讓他們能自己查看圖像和地形，而不用等GIS專家建置圖像地圖。更重要的是，在CNN中的不斷曝光，讓軍事人員以外的一般民眾能透過Keyhole鏡頭看到這場戰事的模樣。各種企業都對我們產生濃厚的興趣，消費者也想使用這項技術。只需80美元，個人就可以為假期預訂計畫，進行房地產搜尋，而在幾年前，只有願意花數百萬美元購買高階電腦和衛星數據資料的機構才有這種權利。

2003年的整個春天，我們一直在應對蜂擁而至的需求。儘管這場戰爭不合情理，但結果顯示，入侵伊拉克成為Keyhole的轉折點——在我們最需要資金的時候為我們注入大筆現金。儘管我堅決反對入侵，但它確實為我工作的公司帶來經濟上的幫助。在星期一上午的員工會議上，我向約翰讀一份近期銷售報告，他評論：「太好了，我想我們能發薪水了。」

在開戰後的前幾週，我們繼續向CNN提供巴格達的最新衛星圖像。奧布萊恩使用一種叫重疊圖像（image overlay）的新功能，可以在電視上看到薩達姆·海珊的眾多宮殿外貌隨時間推移產生的變化，透過來回滑動，改變新圖像的透明度，能顯示哪些地方發生了變化。

CNN用在巴格達的重疊圖像是一個很基本的技術（不過視覺效果驚人），軍事情報圖像分析人員之前就已經可以透過Esri軟體使用這種技術，但一般民眾從未見過。它讓人們能夠很容易看出某地點在事件發生前後的不同，無論是轟炸、颶風還是災難。

2003年夏，CNN繼續使用Keyhole報導對「大規模殺傷性武

器庫」的持續搜尋、以及其他有價值的新聞事件。與戰爭初期不同的是，我們已經能保證伺服器正常運轉，不過近井還是隨身帶著一個呼叫器，以密切監控伺服器。

會議室現在成為我們自己的形勢觀察室。我們在那裡放了兩個螢幕：左邊是一台一直播放CNN節目的電視，右邊是一台電腦顯示器，內有一個控制面板，能顯示多個伺服器指標，例如我們網站上的特殊即時流量、試用版下載量、訪客量和銷售訂單。電視上，奧布萊恩又開始說：「正如你們所看到的，我們剛剛收到消息，你們還可以透過EarthViewer看到這裡。」顯示器上的下載量、頻寬和購買訂單等訊息會每15秒更新一次，還可以顯示這些指標對銷售額的影響。

我們發現，觀看這兩個螢幕非常令人陶醉——我們這樣一家小公司居然站上如此大的舞台，我們經常在會議室待上好長時間。有一天，我們的觀看被約翰打斷。「老兄們，回去工作吧。」他一邊說一邊拍手。他提醒我們，形勢雖然好，但我們還有很多工作要做。

此前，Keyhole正與其他幾家媒體針對合作協議進行商談，而戰爭一開打，他們就立刻打電話給約翰和丹尼爾，希望和我們簽約。美國廣播公司（ABC）旗下的ABC新聞是第二個和我們簽約的媒體，主播彼得·詹寧斯開始在節目上使用EarthViewer。接著，半島電視台和我們簽約，英國廣播公司（BBC）也和我們簽約。哥倫比亞廣播公司（CBS）則擴大軟體的使用範圍，在電視節目《60分鐘》裡使用EarthViewer。廣播電視業還開闢了軟體的其他用途——從娛樂與體育節目電視網（ESPN）的釣鱸魚直播到環法自行車賽，再到全球各地的當地新

聞分支機構。廣播電視業成為我們意料之外的福地。

在2003年春天，廣播電視和消費者為Keyhole創造了寶貴的現金流，但商業房地產客戶仍然是我們最重要的客戶。由於Keyhole是年度訂閱型的業務，客戶往往會續訂服務。來自這些續訂的錢相對來說比較好賺。我還記得有一天收到一封郵件，是一家商業房地產公司寄來的14,000美元支票，向我們購買20個使用者的網站許可證。由於Salesforce（客戶關係管理平台）的數據輸入錯誤，我們沒有注意到他們已經續訂。但他們仍然盡責地寄出支票，甚至都沒有打電話給我們。

回到波士頓，我告訴雪萊，「當你的信箱開始意外地出現一張張14,000美元支票時，這是個好兆頭，說明公司大有可為。」她表示同意。經過反覆考慮，在雪萊和霍莉（她仍抱持謹慎樂觀態度）的一次交談後，我們終於決定邁出約翰4年前就希望邁出的一步。2003年4月，我們收拾好東西，準備搬到加州。我們站在了同一條戰壕裡。

第6章 | 成功後的路

KML 成為世界各地 Keyhole 使用者共享他們的資料和眼中世界的標準。它就好比 Word 檔案的 .doc 格式或 Excel 的 .xls 格式。最終，它將為數百萬人所使用，而它基本上是由約翰‧羅爾夫這名天才工程師完全獨立開發。

「我想請大家停一下，聽我說幾句話。」約翰說一邊挽起藍色扣角領襯衫的袖子，一邊看手上摺起來的手寫字條說，「我會說得簡短些，不過我要做幾個介紹。」約翰看上去很放鬆。2003年6月，一個風和日麗的星期五下午，20人的 Keyhole 團隊慢步走到一塊小草坪上，在一棵巨大桉樹樹蔭下的廉價塑膠椅子上坐下來。馬克‧奧賓用一台生鏽的丙烷燒烤架烤了些波蘭香腸和德國酸菜。韋恩‧蔡拿出一箱冰鎮啤酒，德德‧克特曼在摺疊桌擺上紙碟子、各種調味品、從好市多超市買的薯片和蘸料。摺疊桌是在 Craigslist（大型分類廣告網站）上找到的贈品。（我敢肯定 Keyhole 的所有家具和裝飾品，都是從 Craigslist 上買來的二手貨。）

我開了一瓶 Sierra Nevada 淡啤酒，在埃德‧魯賓旁的草地上躺下來，伸展四肢，然後碰了碰他的啤酒瓶。「這週做得不錯，

埃德。」我話說得有點沒頭沒腦，因為那時值得舉杯慶祝的事情很多。雖然我們並沒有完全擺脫困境，但我們已經能看到出路了。Keyhole 的日子和 4 個月前完全不同。

IQT 的獲利支付方案正在按計畫的完成情況撥款——有人付錢給我們，這讓我們能把軟體做得更好。CNN 及其他廣播電視公司繼續推動 EarthViewer 在消費者中的曝光度。我們的核心客戶——商業房地產商正在以極快的速度與我們簽約，其中許多客戶已經訂閱了第 3 年的服務。

Keyhole 的 EarthViewer 軟體正在不斷改進：更穩定，更多實用的功能，可獲取更多圖像資料。除此之外，就像摩爾定律預測的一樣，公司創立 4 年以來，能運算 EarthViewer 的電腦比例，每年都會翻一番。

約翰用他的車鑰匙敲了敲他的啤酒瓶，想吸引大家的注意。「讓我們開始吧。我們要歡迎幾個新人加入我們的團隊。巴姆，到這兒來。」布萊恩‧麥克倫登（巴姆）現在是 Keyhole 新的工程副總裁。這是個奇怪的角色轉換。畢竟，最初是布萊恩找到約翰帶領 Keyhole 這家拆分出來的新公司，自 Keyhole 創立以來，布萊恩一直是董事會的成員。在 Intrinsic Graphics 關門之後，約翰只好勸布萊恩屈就這一角色。

3 年前，是 Intrinsic Graphics 出錢幫助舉步維艱的 Keyhole。現在反過來，Keyhole 有錢了。Intrinsic Graphics 儘管擁有一批很有才華的工程師，卻始終無法找到屬於它的市場。遊戲開發人員希望能夠更掌控高性能的程式碼，而 Intrinsic Graphics 未能說服他們採用它價格高昂、考究但有限的解決方案。儘管籌集到超過 1,500 萬美元的創投資金，Intrinsic Graphics 還是倒閉了。而

Keyhole還有大量尚未開拓的機會，對Intrinsic Graphics最好、最聰明的員工來說，Keyhole將是一個軟著陸的機會。約翰已經可以贏得Intrinsic Graphics最有才華的工程師。

那年夏天，他還聘請了Intrinsic Graphics的另一位創始人麥可・瓊斯。麥可是3D電腦圖形世界的真正先驅。在矽圖公司工作期間，他協助開發一個用於控制2D和3D圖形的渲染應用程式介面（API）──OpenGL（這套軟體功能是控制輝達等圖形處理器的核心）。技術天賦出眾、擁有20多項專利、具有非凡演說才能的麥可在大學一年後輟學，自學高等數學和電腦科學。當被問及他從哪所大學畢業時，麥可只說加州聖地牙哥的約翰・亞當斯小學。

約翰・約翰遜（John Johnson）也加入了Keyhole，他與馬克・奧賓、小間近井一起重建了整個Keyhole Earthfusion數據資料處理工具集。這個工具整合了所有圖像和地理數據資料存取的中心工廠。總的來說，這個核心系統會將數百萬張單獨的衛星和航拍照拼接成一個無縫、經過色彩平衡的鑲嵌圖，同時優化在網路上瀏覽的圖像。這個伺服器端的創新最初由菲爾・凱斯林創立，是Keyhole真正有專利的獨家祕方，它使我們能為成千上萬的使用者傳送一個單一的巨大圖像數據資料庫。

另外，對Keyhole團隊的每個人而言，非常成功的一件事是，布萊恩和約翰成功將矽圖公司前軟體工程師約翰・羅爾夫（John Rohlf）搶到手。羅爾夫到現在依然被認為是全球最好的3D圖形超級程式工程師。羅爾夫在Keyhole負責開發新的EarthViewer客戶端應用程式。他的技術實力令人敬畏。

我久仰約翰・羅爾夫的大名。他留著落腮鬍，不愛說話，總

穿一雙破舊的勃肯拖鞋在辦公室裡慢悠悠地走，他的棒球帽簷拉得很低，遮住了眼睛，看上去總像在沉思。他總是不知何時來上班或離開，腋下夾著他的筆記型電腦，從我和其他人身邊走過，一句話也不說。我們像玩拼圖遊戲般拼出了他的詳細背景。據說，他來自北卡羅來納州，曾在北卡羅來納大學教堂山分校學習電腦科學。據我觀察，他平時唯一花錢的地方就是：手工打造的直線競速賽車和市場上速度最快、最新的賓士車。無論多貴他都會買，然後繼續穿著他的人字拖、短褲和破舊的T恤開車。

　　野餐結束幾週後，有一次在Keyhole辦公室的廁所裡，我感覺有人在小便池附近停下來，站在我旁邊。我微微向左邊轉了一下眼睛，掃了一眼。沒錯，是羅爾夫。當我們都在水池洗手時，羅爾夫瞥了一眼鏡子裡的我。

　　「你不明白這個東西將會多重要吧？」約翰‧羅爾夫對我說。他真是在跟我說話嗎？

　　「啊？」我有點惶恐地問。

　　「KML。」

　　我當然聽負責管理IQT專案的萊內特說過，我們與IQT的協議裡有這麼一項要求。一種稱為Keyhole標記語言（Keyhole Markup Language，KML）的新軟體標準，將使某個使用者能與其他Keyhole使用者共享他在地圖上標記的點、線和折線。使用者A可以在他的EarthViewer上標記，然後將這些注釋和標記作為KML檔案格式寄送給EarthViewer使用者B，而使用者B在看到完全相同的地球視圖時，還能看到所有相同的注釋和相同的觀看地球視角。這將是一個非常強大的東西。

　　「不，我不知道，羅爾夫。」我回答，抽出一張紙巾。

接著是一陣沉默。我抬頭從鏡子裡看著羅爾夫。那頂無時無刻不在的棒球帽遮住了他的目光。他洗完手，也抽了一張紙巾。他把紙巾揉成一團，從鏡子裡看著我，對於我不理解這個共享地理訊息新標準的潛在影響，他的目光中流露出反感。他用比平時大一點的力氣把揉成團的紙巾扔進垃圾桶裡，然後走了出去。

事實如此。KML無疑將成為我們軟體最重要的改進——把EarthViewer從單一使用者應用程式轉變為可建置共享地理訊息的協作應用程式。

有了EarthViewer，房地產經紀人只要簡單地在倉庫周圍畫一條線，就可以測量競爭對手的位置、地板面積，甚至倉庫面積。他可以用箭頭、點來標記地圖，代表一個位置或房產的輪廓。現在，有了羅爾夫的KML，這些測量和注釋不僅可以儲存在電腦上，而且可以與其他Keyhole使用者共享。KML成為世界各地Keyhole使用者分享他們的資料和他們眼中世界的標準。它就好比Word檔案的.doc格式或Excel的.xls格式。最終，它將為數百萬人所使用，而它基本上是由約翰‧羅爾夫這名天才工程師完全獨立開發的。

麥克倫登、瓊斯、約翰遜和羅爾夫對Intrinsic Graphics未能存活下來感到失望。但對Keyhole來說，大家都很高興能將技術團隊擴大一倍。隨著新資源的加入，Keyhole已經有能力承擔新類型的工作、拓展新的產業，包括使用新的KML數據格式來視覺化和共享來自GPS衛星的數據。

由24顆繞地球運行的衛星所構成的全球定位系統，在20世紀70年代出於軍事目的開始實施，最初的需求是定位潛艇和其他軍事資產。1991年海灣戰爭時，伊拉克戰區便深深依賴使用

GPS，儘管在90年代初，使用GPS系統所需的接收器仍重達50多磅。

1996年，美國總統克林頓指示軍方：對於降低非軍用裝置的GPS數據準確度，這個做法必須全面停止。GPS衛星訊號開始對普通消費者開放。這些訊號由美國向全球免費提供，由此誕生了一種新型消費電子設備，個人導航GPS接收器。儘管消費級設備的價格高達數百美元，但到2000年，接收器的尺寸已大幅減小，重量降到3磅以下。

在新GPS技術中的眾多用途之一是執法。美國各地的警察開始注意到GPS裝置的尺寸逐漸變小，於是廉價的新型GPS追蹤裝置很快的普及了。想知道某個案子裡嫌疑人的下落？你只需偷偷接近他的車，然後在他車子保險桿下、或在他金色福特F-150皮卡車上放一個帶磁性的GPS追蹤設備就可以了。聖克拉郡地方檢察官就是這樣對待史考特・彼得森，他是殺害自己懷孕妻子蕾西的主要犯罪嫌疑人。

彼得森的案子不是在聖克拉郡審理，但該郡的地方檢察官依然對這個案件進行調查。檢察官在透過GPS和地圖繪製技術破案方面成了一位思想領導者。他在2003年夏天來到Keyhole與我們會面。他拿著從史考特・彼得森的皮卡車上收集到的數據資料，而這位地方檢察官的辦公室正是EarthViewer的訂閱戶。在當時，已經有十幾個當地警隊成為Keyhole的客戶，因為他們已經厭倦了在Esri地圖軟體裡等待重新下載地圖視圖。

聖克拉拉地方檢察官辦公室仔細研究了約翰・羅爾夫的新KML標準和早期的地圖注釋。在應用程式中，我們將它

們稱為EarthViewer地名標註。具體來說，這些結構化資料檔案包括緯度和經度、高程設置和視角。這些地名標註檔案會告訴EarthViewer要飛到哪裡以及在螢幕上顯示哪些內容。EarthViewer不再只是一張地圖，在這張地圖上，你可以自由繪製，製作你自己的地圖。

這個KML地名標註數據資料結構，與地方檢察官從安裝在彼得森皮卡車的GPS裝置上所取得的資料，兩者並沒有太大的不同，儘管這些資料還包括了顯示每個緯度和經度位置、抵達時間的時間標記。

約翰同意從中拿出一些樣本數據，看看我們能做些什麼。他把這項任務交給大衛·科恩曼。導入經緯度並將它們變成確切的地名標註，這對大衛來說簡直輕而易舉。他只用了幾個小時就完成這項工作。地方檢察官現在能夠手動點擊標註點來查看路線。但大衛對時間標記產生興趣：GPS數據顯示了每個緯度和經度組合的時間。透過簡單的數學運算，他可以測算出速度（計算兩點之間的距離和時間差，然後用距離差除以時間差）。如果史考特·彼得森開車去過哪裡還不能說明他與謀殺有關的話，他的行車速度肯定可以證明。

在蕾西·彼得森失蹤後的幾週裡，史考特·彼得森成了主要嫌犯。但調查進行了幾個月，仍然沒有發現屍體，這讓案子變得複雜起來。蕾西失蹤後約兩週，莫德斯托警方把GPS追蹤裝置吸在彼得森的皮卡車。在接下來的幾週裡，GPS數據顯示，彼得森已經回到伯克利碼頭。據說聖誕前夜，也就是蕾西失蹤的那一天，他曾在伯克利碼頭釣魚。

GPS數據——以及大衛的神祕力量——使陪審團能夠看到彼

得森返回碼頭後所做的一切。這就是他們看到的：EarthViewer
以傾斜的視角俯瞰伯克利碼頭的鳥瞰圖，並在前景中用紅點標示
彼得森的皮卡車。地方檢察官點擊了播放鍵。在沉痛的靜默中，
彼得森、法官、陪審團以及整個法庭觀看了幾段的重複播放，彼
得森以很慢的平均速度在碼頭邊沿海岸線開開停停持續幾分鐘。

　　幾週後，蕾西和她未出生的兒子康納‧彼得森的屍體被衝上
碼頭附近的岸邊。陪審員們不得不自問：當彼得森以極慢的速度
查看海岸線時，他可能是在尋找什麼？

　　南加州的聖貝納迪諾郡是我們軟體的早期使用者，他們選擇
為森林消防員部署 Keyhole，不光因為串流式 3D 體驗的速度和互
動性，還因為包括 GIS 專家和一般消防員在內的人都能使用它。
消防部門願意為 EarthViewer 的敏捷和簡單易用，放棄 Esri 複雜
的分析和地圖建置功能。

　　關於向聖貝納迪諾郡出售 Keyhole 軟體，有一點需要特別指
出的是，這個郡是 Esri 總部的所在地。這是一個鑽在傑克‧丹傑
蒙德那數十億美元數位地圖巨輪船頭的一個鑰匙孔 [1]，而且約翰並
不介意向團隊提到這一點。作為 Keyhole 的領導者，我感覺約翰
變得越來越自信。

　　約翰不介意透過任何必要的手段來吸引更多 Esri 的客戶。
2003 年夏天，我們申請在聖地牙哥舉行的 Esri 使用者大會上設立
展位（理所當然被拒絕了）。展會將有 25,000 名受過 Esri 培訓的
製圖師、顧問、整合商和銷售代表參加。我們希望能爭取到更多

---

[1]　鑰匙孔的英文是 Keyhole，此處喻指 Keyhole 公司。——譯者注

Esri的核心GIS客戶，但我們也想更多了解Esri為了與Keyhole競爭而開發的新產品。我們的一些客戶和潛在客戶和我們說起一款Esri的新產品Esri ArcGlobe。他們正在推銷的這個新軟體既有Keyhole的速度和互動性，又能使用Esri複雜的數據分析工具。別忘了，Esri仍然具有比Keyhole更為先進的工具：熱點圖、空間影響區域、機隊調度的最小距離計算、以及犯罪事件報告和分析。如果Esri能夠將數據分析功能與簡單快速的視覺化工具結合，那我們的EarthViewer就會遇到大麻煩。

在聽到我們被拒的消息後，約翰決定硬闖Esri使用者大會。這個不合常理的策略讓我們所有人都感到驚訝。這是一個組織鬆散的科技新創公司CEO打算做出的明目張膽舉動。約翰要我陪他一起去聖地牙哥打行銷游擊戰。我帶了兩箱印有諷刺標語的T恤，上面印著「Keyhole，瘋狂的GIS」，還製作並帶上幾盒EarthViewer示範光碟。

我們脖子上戴著用官方掛繩繫著的展會身分牌，不過並不是由Esri展會派發的。在聖地牙哥會議中心，我們發現一個閃神的保全，然後飛快地衝進會議中心。我們進來了。然後呢？約翰和我都沒有具備不速之客的性格。之後的兩個小時裡，我們在參展商的展台前走來走去，難為情地向小心翼翼的Esri忠實使用者發送我們的東西。

儘管我們的游擊行銷力量薄弱，但我們確實設法看到了被大肆宣傳的Esri ArcGlobe。它靈巧，迅速，美觀。約翰沉默了，像石頭一樣僵在那裡。我什麼都沒說，我們驚恐地觀看了約30秒的展示。然後我們偷看到ArcGlobe幕後的祕密：我注意到示範程式是在一台沒有連網路線、也沒有接無線網路的電腦上運算

的。也就是說，它是在一台單機電腦上運算，所有數據都存儲在本機的硬碟！這些數據不在伺服器上，這意味著他們的地球3D模型和所有數據都僅限於那台電腦。當我向Esri銷售代表詢問此事時，他盡職地回答：「伺服器基礎設施仍在優化中。」（我要是他，也會選這句台詞。）事實是這樣：Esri只是做出了容易做的客戶端部分，而不是伺服器部分。Keyhole的伺服器是菲爾・凱斯林真正完成的飛躍工程，使Keyhole能透過網路傳輸大型地圖。ArcGlobe只是Esri又一款單一使用者工具，和其他Esri工具一樣，僅供事務部門的GIS專業人士使用。ArcGlobe永遠無法與Keyhole競爭。

當天傍晚，約翰離開會議中心後，接到一通工作上的電話。我拿著T恤和光碟不斷變少的盒子四處轉了轉，遇到另一家做展示的公司以及一群同樣可疑的商業潛在客戶。這家公司的創始人是個友善的中國人，坐在展廳後方的一張小桌子旁。和會議中心裡大多數的與會者不同，他很高興見到Keyhole的人，還向我展示他正在做的東西。他是Keyhole的使用者，他打開EarthViewer飛到加州的聖荷西。他建了一個KML地名標註的檔案夾，在地圖上顯示出聖荷西市中心一條林蔭道上的一串圓點。

然後他展示給我看，如果點擊地圖上的標註點，就會彈出一個訊息氣泡窗，氣泡窗裡有一張圖片。他告訴我，這張照片是在地圖街道上的某地點所拍攝。我非常驚奇：我從未見過這樣的想法。

在彈出的窗口中，照片旁邊還有一個箭頭圖標指向不同的方向。他解釋說：「你可以點擊箭頭，它會向你展示4個不同方向的街道圖片。」這個體驗能讓你在EarthViewer中飛到街道上，

單擊地圖上的圖標，然後向任何方向轉動來查看該地點的景色。

「你是怎麼獲得這些照片的？」我問。

「我在車上安裝了4個帶GPS的攝影鏡頭。」他從電腦上找出一張他的雪佛蘭SUV照片，車頂上的裝置像是一個被拆過的割草機，模樣有些像突變機器人。

「太酷了。」

他進一步解釋說，他會繼續拍攝聖荷西的街景照片，還和我分享了他拍過的街道哩數、駕車拍照的時數和時段、用過的汽油量和設備、所需的人員和車輛、處理照片的軟體以及這種產品的市場前景。我一邊和他談話，一邊在腦中大概計算了一下。如果他在全球聘僱數百名司機和汽車，那麼需要很多年才能獲得所有這類數據。完成之後，將不得不從頭再做一遍。這在我腦海中馬上變成在經濟上我聽過最可笑的商業創意之一。毫不誇張地說，這將花費數千萬美元。呃，不，更正一下，是數億美元，才能支撐起這樣一個計畫。

我發現自己正試著樂觀看待他的前景，思考能發展這一概念的方法。「或許應該和UPS快遞合作？」我建議。從概念上講，這個想法類似於黃仁勛在Keyhole和輝達正式開始合作的會議上向約翰提出的問題，即放大到街道級別時，採用程式化方法的概念。我祝他計畫順利，接過他的名片後就走了。

雖然我們的游擊式行銷有失妥當，但Esri使用者大會之行卻非常有成效。不久，2003年秋，Esri和傑克·丹傑蒙德意識到Esri ArcGlobe在技術上走入了死胡同，丹傑蒙德與約翰接洽，想與Keyhole合作。他問約翰：Keyhole可以作為Esri建置數據的前端視覺化工具嗎？

Keyhole團隊開始研究與Esri的合作方式，包括支援導入Esri的數據檔案格式。但約翰也擔心，如此會與那些擁有龐大銷售通路、大量系統整合商、部署時間和銷售週期都很長的大型企業軟體公司走得太近。考慮到Keyhole眼前的其他優先事項和需求，約翰並沒有非常重視Esri所需量身訂製的工程支援。他對GIS市場採取的立場從2001年我首次向他提起時就沒有動搖過：「我不想被局限住。」

與此同時，在接下來的幾個月中，約翰將Keyhole工程方面的人才和資源引向新版本Keyhole 2.0的開發上，新版本預計於2004年初發布。在速度、測量、注釋工具和數據方面，新版本將是公司邁出的重要一步。約翰還繼續為Keyhole團隊引進人才：韋斯·蒂里、弗朗索瓦·巴伊以及他孿生兄弟奧利維耶·巴伊。他們將負責處理軟體的分叉，所以他們面對的是不同的程式碼資料庫——一個針對專業人員，一個針對消費者。我聘請了賈森·凱恩來導入全美交通地圖的數位版本。此時，這些地圖已經作為KML檔案格式共享出來，賈森可以將它們導入Keyhole中。市政機構當時正在聯絡我們：「嘿，我們有這些資料。」這是我第一次完全明白那天在廁所與約翰·羅爾夫的短暫交流中，他所說的是什麼。

2004年春，約翰和傑克·丹傑蒙德都參加了在聖安東尼奧舉辦的軍事情報展會。傑克·丹傑蒙德在簡報後找到了約翰。出於策略上的考慮，我打算聽聽他們的談話。整個數位地圖產業的創造者傑克·丹傑蒙德來到我們的展位，這真是個大新聞。我非常激動。他穿著破舊的西裝，背著破爛的皮掛包，儘管看起來像一個衣著邋遢的官僚，但他確實是那位創造了數位地圖的人。

　　「約翰，對於與我們公司的合作，有沒有什麼地方讓你有顧慮？」丹傑蒙德問。他像林登·詹森[2]那樣身子前傾盯著約翰。顯然，他對Keyhole在整合Esri的進展速度感到沮喪。很可能他的許多頂級客戶都在詢問這件事的進度，包括軍事情報界的客戶。與此同時，邁爾斯·奧布萊恩仍然在CNN節目中使用EarthViewer報導中東戰事。

　　「沒有，傑克。」約翰緊張地笑著說，「我們正在努力促成這件事。我保證在未來的2～3週內會再次聯絡你。」

　　傑克不知道的是，他來遲了：牌局中出現了一張未知牌，而且約翰完全是在打另一套牌，一套不包括Esri的牌。

　　當時，我偶爾會騎自行車上班。在加州北部地區，一年中大多時候都風和日麗，氣溫往往保持在完美的華氏72度（約攝氏22度）。從帕羅奧圖開始，我沿著一條有很多指示牌的自行車道騎行6哩，穿過101號公路，途中經過Intuit（一家電腦軟體公司）、Sports Page酒吧、電腦歷史博物館、微軟以及數十家小型科技新創公司。其中一家新創公司位於一座低矮的二層建築中，街邊高大的紅杉樹把這棟建築藏了起來。建築物前方有一個不起眼的小招牌，上面是公司的名字——Google。1999年（Keyhole成立的同一年），Google反常地進入一個大多數人認為已經過度飽和的市場。我每次穿過公司停車場時，都會發現有越來越多的汽車在搶車位。

---

[2]　林登·貝恩斯·詹森（Lyndon Baines Johnson），1963～1969年擔任第36任美國總統。——譯者注

　　記得我當時在想，是不是有另一家公司搬進大樓，但還沒有把他們的招牌立在外面。我最終決定繞過這條捷徑，避開擁擠的停車場，之後再也沒考慮過走這條路。我為什麼要考慮它呢？

　　畢竟，Google 不做地圖。

第7章 | 該選擇誰？

　　梅甘亮出了她手裡的牌：她說Google非常真誠和迫切地希望收購Keyhole。對約翰來說，這個前景非常令人興奮：Google的資本和技術遠超過任何一家潛在創投公司注入的資源。Google會是一個發射台，一個可以推動Keyhole服務無限成長的平台。

　　「我們非要拿那筆錢嗎？」我問，為了追上去，我有點氣喘吁吁。如果在辦公室度過平淡的一天，我和約翰就會去慢跑。一開始跑的時候，通常就能從約翰的速度看出Keyhole的狀況如何。如果錯過了產品的轉捩點、或新圖像數據資料庫的推播被延遲，我們就會飛奔；如果在一些使用者介面的決策上與布萊恩・麥克倫登發生爭執，我們就會全速衝刺。

　　通常，約翰會在一天結束時走到我座位旁說：「我們去跑步吧。」我會停下手頭的工作，去廁所換上運動服，然後我們一起從前門出去。我們會沿著人行道沉默地走著，當我們路過微軟的矽谷園區時，約翰似乎在想事情。走過一個半的街區之後，會到達小道路的路口，就是拉阿韋尼達街的盡頭。我們稍稍伸展一下，然後踏上鋪著碎卵石的小道路，沿著史蒂文斯溪小道向北跑。史蒂文斯溪的右側是能容納2,300人的巨大NASA艾姆斯研

究中心（NASA的太空任務控制軟體就是在這裡完成的），左側是一個家庭拖車的停車場（你可以在這裡買到價值80萬美元的活動房）。

約翰跑得比我快。「如果想先到達那裡，我們必須拿到這筆錢。我是說，我們顯然抓住了機會，一個能發展成大公司的機會。也許是我們今天規模的10倍大。」他說。此時，Keyhole擁有約5萬名付費用戶。「董事會希望我們盡力爭取，而且，很快就會出現對我們劍拔弩張的競爭者。」約翰向海岸線圓形劇場北邊的小山上奔去，繞著一個彎道跑。我追不上他。

2004年春，隨著科技產業3年的萎縮，終於開始出現復甦跡象，創投家甦醒並再次打開他們的錢包。作為一家經得住網路泡沫破裂考驗、且逐步轉型成為收支平衡的企業，Keyhole是一個很有吸引力的投資選擇。101號公路沿路的許多公司都倒閉了，但我們最終掌握住自己的命運。

我還沒有參與過籌資，1,000萬美元的B輪融資將把我們這個小小的地圖軟體新貴的市值推高至3,000萬美元。在整個矽谷，聚集在「Web 2.0」這個含糊不清的大旗下，新一季的創新藍圖注入了資金。約翰知道，現在正是時候。他希望運用這筆新資金購買更多的數據資料、更多的伺服器，招募更多的技術人才，甚至進行更多的市場行銷。

2004年2月和3月，約翰和諾亞來到沙山路尋找Keyhole的投資機會。這段路長4哩，穿過矽谷的心臟地帶，一直延伸到聖克魯斯山，它在創投界的地位與麥迪遜大街在廣告界的地位有得拼。約翰設法從幾家創投公司獲得3份投資意向書，而矽谷歷史最悠久、最受好評的創投公司之一門洛創投公司（Menlo

Ventures），他們提出了最令人滿意的投資條款。一筆交易即將開始。

約翰因快速衝刺而汗流浹背，他站在山頂，一邊等我一邊俯瞰北邊的舊金山灣。「嘿，基爾迪，你明白我們必須兌現在銷售收入做的承諾吧。你知道，如果達不到承諾的數字，我可保不了你的飯碗，甚至是我的飯碗。」

「我知道，我知道，約翰。我明白！」我說。我累得直喘氣，只好朝他揮手示意。

那一週裡他第二次用這件事嚇唬我，我開始緊張起來了。午後的跑步對我來說是一場零和壓力遊戲：當約翰不斷地向我拋出更新狀態、行銷細節之類的問題時，跑一哩減掉的壓力和釋放的多巴胺，就會被下一哩積累起來的腎上腺素抵消掉。

細節無小事。「我記得你說過月通訊會在今天發出，對嗎？」、「兩週前你告訴我，新的展示影片將在10天內發布。」、「我們不是同意把那個按鈕改成藍色嗎？」、「你為什麼還沒按照新的Earthfusion價格方案更新報價表？」、「你能不能看看，如果你把新圖標的成本降到2,000美元以下會如何？」、「我認為我們的最後一版的規格表模樣太浮誇，顯得很廉價。」

跑了幾哩後，他會繼續質問我。約翰的目標是改變世界，但從我的角度看，門洛的錢只會給我這個行銷人員帶來成噸的壓力。

4月21日星期三，門洛創投公司把3份投資意向書原稿交給了Keyhole。這份文件中有列出之前口頭討論過的條款。道格‧卡萊爾和他的合夥人已準備好完成交易，並準備在4月26日（星期一）與Keyhole舉行會議，簽署投資意向書。整個辦公室都非

常興奮。事實上,我不確定那天大家做了多少工作。當天大家開始打撞球和扔飛鏢的時間比往常要早。(公司裡有規矩,下午4點半之前不能打撞球,但那天是例外。)

星期一到了,星期一又結束了,約翰沒宣布任何消息。事實上,約翰與布萊恩、麥可、諾亞一直待在會議室裡。當我去廚房或廁所時,我朝會議室門上的懸窗瞥了一眼,看到他們仍然圍坐在桌旁。晚上7點半下班時,他們依然沒有要開完會的跡象。和公司的很多人一樣,我也開始擔心。這筆交易出問題了嗎?

我第二天來公司時,他們4位看起來似乎一直沒離開公司,因為他們又回到會議室。最後,約翰在那個星期二的下午出現了。他看起來如釋重負。我感覺到有大事發生,很感慨地說「這個會真像跑馬拉松」作為回應,約翰問我想不想下班後喝杯啤酒。我們開車去Sports Page酒吧,把車停在停車場相鄰的車位。對於週二這樣一個日子來說,今天的停車場顯得異常擁擠。看到約翰在停車場等我,我很驚訝,因為我們通常是在酒吧裡碰面的。當我從車裡出來時,約翰正站在我車後保險桿旁,擋住我前往酒吧的路。他的表情很嚴肅。

「嘿,我要告訴你一件事。」

他環顧四周繼續說:「你必須保證不告訴任何人,雪萊也不行。」

「好。」

約翰站在鋪滿黑色柏油的停車場。落日的餘暉映在純淨的藍色天空中。又一群陌生人走過我們身邊,他停了一會兒。一陣涼風吹過附近的一排柳樹和棕櫚樹。酒吧旁邊的沙灘排球場爆出一陣喧鬧的歡呼聲。更多汽車駛入停車場。在檢查3遍確保附近的

人聽不到我們說話的聲音後，約翰轉過來面向我。

「Google想買我們。」

我敢肯定，我當時站在那裡，嘴巴張得很大。約翰轉身向酒吧的入口走去。我站在原地，不確定是否聽清楚他說的話。約翰停下腳步轉過身來。這一次，他詭祕地咧嘴一笑。

「你說什麼？」我一邊搖頭一邊問。

「這就是我們沒有與門洛簽協議的原因。」

「這完全說不通啊。G……Google！？！」

「小聲點，基爾迪。」約翰說，把我引向酒吧去。

我開始往前走，不過走得很慢。Google？就是那個Google嗎？那個正好在當天宣布他們上市日期的Google？那可是當天在世界各地登上頭版的商業新聞，是矽谷一個重要的轉折點。作為科技創業企業界的新寵，Google上市時的估值高達270億美元（而且發行的是B級股）！這向全世界表明，在經歷4年動盪之後，矽谷又回來了。

Google員工開著豐田PRIUS，紛紛來到酒吧慶祝他們的成功上市。實際上，Google距Sports Page酒吧大概距離4個街區，約翰擔心他可能會碰上知道這筆交易的人。雖然他想先等等再告訴我，但他肯定不希望我從別人口中聽到這個消息。

我好不容易在靠牆的地方找到一張空桌子，約翰花了很長時間才買到一大罐啤酒，因為酒吧裡擠滿Google員工。我坐著等約翰時，仍然覺得很震驚，我想了一長串問題，但在我看來最重要的是：Google究竟為什麼想買Keyhole？Google不做地圖，也沒有地圖產品，一個都沒有。

約翰穿過一個又一個人群，來到桌旁坐下，啤酒從罐口上方

溢了出來。他為我倆各倒了一杯啤酒。約翰解釋說，Google 早已迷上 Keyhole 的技術，但沒有透露為我們訂下什麼計畫。

「我們還不知道，但很快就會獲得更多詳細訊息。他們正在安排出價。」約翰悄悄解釋，他不想在一群興奮的 Google 員工間說出「Google」這個詞。「另外那筆交易被擱置了。」

一名 Google 員工穿著帶有 Google 字樣的黑色刷毛夾克，正拿著一台高級的 Nikon D70 在酒吧裡四處為這些即將成為百萬富翁的年輕人拍照。他們當中很多人距離高中畢業也不過六七年的時間。

「上市日期是 8 月 19 日，還有 4 個月的時間。」我回憶了一下當天的新聞說，「你認為我們可以在上市之前完成交易嗎？」

「呃，當然能。」約翰說。「我們會在一兩個月內完成——然後你就可以告訴雪萊了。」

最後，我鼓起勇氣，提出我真正想問的問題。

「那，我不會丟工作吧？」

「不會。」約翰說，「會有你的位置。」

約翰在這個承諾中透露出的自信和鄭重其事令我感到驚訝。眾所周知，行銷人員往往是收購後最先被解雇的人。收購方買的是技術和客戶群，而不是行銷團隊。

當我回到在帕羅奧圖租的房子時，雪萊已經讓 20 個月大的伊莎貝爾上床。「不，媽媽讀。」伊莎貝爾看到我之後說（就她的年齡來說，她非常聰明）。

「今天過得怎麼樣，親愛的？」雪萊問。

「呃，很好。」我說，然後坐在房間裡看著她們母女倆好一會兒。

第二天，約翰和我去海岸線高爾夫球場（山景城的一個公共高爾夫球場）裡的自助餐廳吃午飯，約翰講了剩餘的故事給我聽。從門洛公司的道格・卡萊爾手中拿到投資意向書的前兩天，約翰接到Google企業發展部負責人梅甘・史密斯（Megan Smith）的電話。梅甘在麻省理工學院獲得機械工程碩士學位，並且是PlanetOut的創始人。她是一個容易激動、執行力很強的人，總是面帶微笑，態度積極。「約翰，可以來Google園區展示一下軟體嗎？」她向約翰解釋說，Google聯合創始人謝爾蓋・布林（Sergey Brin）及其他高階主管顯然見過EarthViewer，但希望深入了解這個軟體。她沒有解釋他們的興趣是如何出現的，而我們過了很久才知道其中的來龍去脈。

兩週前，Google的十幾位高階主管在開會，對公司的照片編輯軟體Picasa進行產品評審。會議中，出生於蘇聯、才華橫溢的聯合創始人謝爾蓋・布林穿著人字拖走進會議室，他剛從公司總部Googleplex的沙灘排球場打完球回來。他打開筆記型電腦，很快就被Google工程負責人傑夫・休伯（他和布萊恩・麥克倫登是好朋友）寄給他的一個東西吸引住。Picasa的產品經理簡報沒講多久，就發現其他人也被謝爾蓋筆電螢幕上的東西分散注意力。艾立克・史密特（Eric Emerson Schmidt）中止了會議，問謝爾蓋能不能分享一下究竟是什麼比會議還重要。於是，謝爾蓋跳起來關閉了產品經理的投影，開始放出他電腦上的東西：Keyhole EarthViewer。

黑暗的會議室裡，所有人都著了迷。謝爾蓋在地球上隨意打開一些地點。Picasa的評審已經被遺忘，如同4年前在Intrinsic Graphics做簡報時一樣，這次會議也被EarthViewer給劫持。本

來感覺無聊的高階主管們一下子精神全來了，他們被迷住了，有幾個人甚至站到椅子上，懇求謝爾蓋輸入他們家的地址。

不久，喧鬧平靜下來。謝爾蓋只說，「我們應該買下這家公司」，沒有提到任何商業策略來支持他的結論。

Google 的高階主管們環顧會議室，沒有人不同意。這就是故事的起因。

午飯後，約翰和我走到高爾夫球練習場打了一桶球。當我們輪流看著對方打出斜飛球[1]時，約翰開始繼續講。梅甘・史密斯已經向 Keyhole 敞開大門，交易進展很快。麥可、布萊恩和約翰在週一下午開車去了 6 個街區外的 Google，向一群高階主管簡報 Keyhole。他們會見了傑夫・休伯及其他高階主管，包括梅甘、賴利・佩吉（Larry Page）、謝爾蓋・布林及艾立克・史密特。簡報非常順利，約翰小聲地告訴梅甘，Keyhole 即將從門洛公司獲得一輪融資。

第二天，梅甘打電話給約翰，詢問她是否可以去 Keyhole 的辦公室談談。約翰形容這次會議是一次相當愚蠢且乏味的會談。在會上，梅甘希望「多聽聽我們的計畫」以及「探索合作的可能」。約翰說這很奇怪。畢竟，Google 沒有地圖服務。

「這就好比我們希望馬上結婚，然後地球上最有吸引力的求婚者突然主動找上門來。」約翰告訴我。或者至少他是這麼想的：我們只是被戲弄了？

星期三，門洛公司送來他們的投資意向書。拿到這份文件後，約翰只需要在虛線上簽字就可以完成交易。如果我們拿到這

---

[1] 斜飛球即 shank 球，是使用球桿頸部將球擊出，會嚴重影響成績。——譯者注

筆錢，在接下來的4年裡就可以獨自前行，無須Google的幫助。

約翰顧不上收購前期的協議，在那天下午拿起電話打給梅甘問：「你們那邊是什麼情況？」他告訴梅甘，他收到門洛公司的投資意向書。「我有不簽這份文件的理由嗎？」

梅甘亮出她手裡的牌：她說Google非常真誠和迫切希望收購Keyhole。對約翰來說，這個前景非常令人興奮：Google的資本和技術資源遠超過任何一家潛在創投公司注入的資金。Google是一個發射台，一個可以推動Keyhole服務無限增長的平台。

但事情有點奇怪，Google不做地圖，它對Keyhole有什麼計畫？說實話，約翰和梅甘都不知道答案──這個問題只能被暫時擱置。約翰知道的是，他需要給門洛公司一個答案，因為完成交易的會議已安排在下週一舉行。

約翰告訴梅甘：「你們現在必須拿出點行動，否則收購不太可能實現。」梅甘明白了。她請約翰給Google一週時間。約翰同意在這段時間裡暫緩與門洛公司的交易。

接下來的星期四，Google提出一份收購Keyhole的不具約束力要約。約翰召集了他的核心交易團隊，在會議室裡評估這兩個選項。

布萊恩認為，在確認Google擁有幾十萬台伺服器的傳言為真後，這個抉擇很容易：他全力支持加入Google。麥可也毫不猶豫選擇Google。他知道，整個Keyhole團隊進入科技世界的中心將多麼令人興奮，Keyhole在Google也能更快實現自己的願景。諾亞純粹從錢的角度來看這個問題，他認為Google的報價比門洛公司能給的任何東西都要好得多。他也支持這筆交易。

但是對約翰來說，Google這個選項還是存在幾個問題。它

對Keyhole的願景意味著什麼？Google對這個服務有什麼打算？Google既然不做地圖，那它對Keyhole有什麼計畫？我們被收購後，是不是只把我們的技術轉化為Google的某種服務，而我們的團隊會被拆散，好同化我們？或者Google確實相信這個「能將整個地球轉化為快速且流暢的3D模型」的願景？還有，Keyhole的員工將何去何從呢？Google打算怎麼辦？事實上，麥可和約翰對收購價格沒有意見——Google向Keyhole出價3,000萬美元。約翰更關心的是，Google能不能致力於實現Keyhole的最初願景——提供人們整個地球的高解析度3D模型。

他們都認為約翰需要再去Google開一次會，好好問一問Google的創始人。5月13日星期二，約翰和麥可會見了賴利、謝爾蓋和艾立克，討論Google對Keyhole的計畫。他們先是在兩位創始人共用的辦公室裡見面。骯髒的運動服、曲棍球護具、零散的玩具散落在地毯上，曲棍球球棍靠牆立著。（謝爾蓋是輪滑曲棍球的狂熱愛好者，他經常在Google的停車場上舉辦激烈的輪滑曲棍球比賽。）隔壁是艾立克的辦公室。會談在旁邊一個公用會議室舉行。

「你們認為我們這個地球3D模型的概念，未來會怎麼發展？」約翰問。

「我認為它可能會成為Google的核心。」賴利說，「似乎很多不同類型的數據資料都可以用地圖和地理為中心，整合起來。」

艾立克補充說：「我向你保證，我們會提供你們更多圖像資料，比你們團隊處理過的資料更多。」

會議結束後，在40號樓2樓的零食箱附近，梅甘把約翰拉到

一邊。「嘿，我想給你看點東西。」她說，「一個不該給你看的東西。」到目前為止，約翰和很多人一樣，只能猜測Google到底是不是賺得像人們推測的那麼多。它會不會又是一家財務狀況脆弱的網路公司？有人點擊過那些小小的文字廣告嗎？由於Google是一家私人公司，公司之外沒有人知道真實情況。

梅甘打開她的筆記型電腦，向約翰展示過去3年Google的財務報表。

「天哪！」

他從來沒想到一家私人公司能創造如此高的收入，利潤如此豐厚！約翰驚呆了。

有了Google創始人和CEO的支持，以及對Google前所未有的財務情況的一瞥，做決定就非常容易了。

約翰給門洛公司打了一通很難啟齒的電話。考慮到現在的情況，他盡力表現得很體諒對方。

「我們沒有簽署文件。我們正在朝另一個方向發展。」他告訴卡萊爾。

「能不能讓我們至少看看有沒有可能加到那個價碼呢？」卡萊爾問。

約翰無法告訴他競爭對手是誰，因為Google進入上市前的靜默期。他只能回答：「不能，抱歉，你加不到的，我們已收到收購要約。」幾週後，約翰告訴我，門洛公司和卡萊爾對Keyhole被收購之事表示支持。考慮到門洛公司和Keyhole的交易過程，門洛公司可以很輕易設置談判障礙，但卡萊爾和門洛公司選擇讓步，讓約翰和Keyhole繼續收購交易。

除了麥可、布萊恩和諾亞（很快又加上我），約翰無法告訴

Keyhole團隊其他人這個計畫的重大變化。整個5月，與Google的談判進展迅速，到了月底，約翰對於在Google上市之前完成收購感到樂觀。獲得Google的「原始股」將是Keyhole員工和股東的另一個收穫。

然而，在最後關頭，當雙方正準備簽署交易時，危機卻發生了。危機來自一場訴訟。5月28日，Keyhole鮮為人知的一個競爭對手Skyline軟體公司提告Keyhole侵犯它的專利權。Skyline向波士頓的法院提起訴訟，稱Keyhole侵犯他們擁有的遠端地景顯示和飛行員培訓等相關的大量專利。

我們當然聽說過Skyline，這個位於以色列的團隊勉強和我們屬於同一產業。雖然這麼說，但它的服務僅限於為飛行訓練和其他政府機構（如城市規劃和軍事）提供單個城市的景觀。後來為了贏得更多聯邦政府和軍方的合約，它將總部遷至華盛頓特區。我試用過一次Skyline，它會強制你在各個城市的數據資料庫之間切換，這種比較有限且緩慢的服務讓我非常失望。例如，你不能直接從鳳凰城飛到拉斯維加斯，而是必須在這兩個城市的兩種不同模式間切換。

這個訴訟提出的訴求涉及面很廣，提到的專利就其保護的具體內容而言缺乏針對性。無論Skyline的法律依據為何（或者根本就缺乏依據），這個訴訟讓Google對Keyhole的收購推遲了好幾個月。對Keyhole及所有員工來說，這是一個痛苦的等待。對約翰來說，壓力對他造成很大的影響，他竭盡全力維持公司的日常營運，從增加新數據到更新客戶和修正軟體缺陷，不一而足。與此同時，他只能作為局外人旁觀2004年夏季商界最大的新聞：Google上市。有幾名Keyhole員工還不知道即將到來的

收購。

那個夏天，約翰和我繼續在下班後長跑。8月下旬的一個傍晚，我們跑上一座小山，它將海岸線圓形劇場與占地26英畝的Googleplex裡的41號樓隔開，此處之前是垃圾掩埋場，用來排放甲烷的排氣口散布在貧瘠的山坡上，我們腳下正在腐爛分解的垃圾堆釋放出氣體。當太陽逐漸消失在遠處的聖克魯斯山脈背後時，41號樓開始發出微弱的燈光。最近，在Google上市前的預備期，Google的保全從小山上趕走了不止一名帶著長焦鏡頭的攝影記者。（保全主管指示41號樓的Google員工，將他們的螢幕顯示器從開闊的窗戶附近移開。）

Google於8月19日上市，發行價高達每股85美元。賴利寫給潛在股東一封不同尋常的公開信，這份動員號令宣稱，Google打算為長遠的目標進行大筆押注，公司不會太過關注短期內的季度利潤。儘管有這些警告，股票在上市當天仍然漲到每股100多美元。Keyhole則在努力解決Skyline的訴訟，Google股票每漲1美元，我們的團隊就失去1美元。我們在山頂上沉默地徘徊，看著落日的餘暉灑在41號樓上。最終，我們不情願地轉身返回Keyhole。

超越終點

$\longrightarrow$

Google 歲月

$\longrightarrow$

第8章 | Google 41 號樓

在會面結束時，布雷特問我：「你認為收購後你能做PM（產品經理）呢？還是PMM（產品行銷經理）？」我對Google這兩個角色之間的區別所知甚少，我只好試探性地回答：「呃，我現在是身兼二職。我既管產品的功能，又管產品如何銷售，所以我想我可以兼任這兩個角色。」

「我們會弄死你們的！」暴躁的以色列人對約翰大叫，並使勁捶了律師事務所的桌子。約翰瞞著團隊裡的很多人，包括我在內，獨自飛到波士頓，和Skyline的人坐在一起，希望能透過面對面的談判來解決問題。約翰一開口就先給出一個他認為合理的報價。然後，這麼說吧，Skyline不同意。自8月Google上市以來，這起訴訟進展十分緩慢。雖然Google高階主管一直很支持Keyhole，但他們認為約翰和Keyhole應該承擔責任。這一仗不該由Google來打，而是應該由約翰來打。波士頓之行後，約翰只好聽天由命，為一場曠日持久的法律糾紛做好心理準備。

約翰覺得這場訴訟到來的時機不可思議，很是可疑。是不是他和德德通知股東收購的要約時，Skyline打聽到這個消息？與Skyline的談判印證了他這個懷疑的合理性。

梅甘‧史密斯經常到我們辦公室與約翰見面，維持雙方保持接觸的動能。她總是面帶微笑，態度積極。在等待 Keyhole 的那段時間裡，她用韌性來對抗惰性。和約翰一樣，無論前方有什麼障礙，她都要完成這筆交易。

約翰也想保持樂觀，但這對他和身邊的每個人來說都是一場令人沮喪的等待。我不再詢問他最新進展。公司大部分人以及他們的至親至愛，都迫切希望看到交易的任何一點進展。

最後，Google 的企業發展主管，也就是梅甘‧史密斯的上司大衛‧杜倫孟德（David Drummond）介入了交易。可能是賴利和謝爾蓋對他施壓。9 月下旬，他告訴梅甘：「不管有沒有訴訟，讓我們先完成交易吧。」

9 月底，收購交易的車輪終於又開始轉動，儘管 Skyline 的訴訟仍未解決。為了彌補訴訟費用帶來的風險，Google 在 Keyhole 收購合約中增加一項追回條款，這表示 Google 產生的訴訟費用將從購買價格中扣除，並放入託管帳戶中，直到 Skyline 的事情得到解決。

某個星期五下午，約翰終於準備把收購的事告訴整個團隊。這是我們這家小公司有史以來保守得最差的祕密，不過仍有少數人不知道這筆交易。與公司大多數 TGIF[1] 的慶祝方式不同，約翰通知所有人，本週五的聚會必須參加。馬克‧奧賓架上烤架開始烤香腸。約翰要求所有人端上吃的東西到會議室去。我們一共29 個人，待在一個只有 10 把椅子的房間裡。包括我在內的好幾

---

[1] TGIF 是「Thanks God It's Friday」的縮寫，意思是「感謝上帝，終於星期五了」。——譯者注

個人都注意到，約翰‧羅爾夫坐在靠後牆的地板上。這是約翰‧羅爾夫第一次出現在全公司大會上。

「我知道你們當中的一些人——不，你們當中的好多人——已經知道這個消息，但我還是打算向公司的所有人正式宣布。」約翰笑著說，「我們已經同意被這條街上的一家小公司收購了。」整個團隊立刻爆出熱烈掌聲。韋恩‧蔡喊道：「被誰收購？微軟嗎？」他指了一下街對面。

「不對！Google！」約翰回答，臉上露出一絲詭祕的微笑。又一輪歡呼聲席捲了會議室，大家紛紛互相擊掌慶祝。

約翰告訴大家，我們還需要去 Google 面試。他向我們保證，面試多半是走個形式，重點在於工作「評比」（意思是：決定我們以何種級別進入 Google 工作）。作為一個團隊，我們不會受到 Google 標準面試流程的影響，而眾所周知，只有頂尖大學最優秀的畢業生才不會被 Google 的面試淘汰。

約翰把聘用整個 Keyhole 團隊作為與 Google 進行任何談判的先決條件。在科技收購的世界裡，這是聞所未聞的。普遍的情況是：大量的員工被棄用，新公司只給股權，不給工作。當梅甘‧史密斯第一次告訴約翰 Google 的收購意向時，約翰回答道：「那太好了，但我要先說清楚，你們必須承諾雇用我們整個團隊。如果不行，那我們就不要浪費彼此的時間了。」這不是我第一次——也不是最後一次——認識到約翰‧漢克是值得期待的最忠誠老闆和朋友。當時，Keyhole 一共有 29 名員工，包括想辭職的馬克‧奧賓。約翰只對他說：「現在別辭職。我不能告訴你為什麼，但別辭職。」

在一個微風吹拂的夏日午後，我走過 8 個街區，來到 Google

園區裡的41號樓。我當時很緊張。但是走上通往Google嶄新園區的那條桉樹成蔭的街道後，我感到神清氣爽，心情放鬆。

陪同我們的Google人力資源部員工帶我們進入雙層玻璃門，走入一間設備齊全的會議室。在我的面試中，我見到了4位Google員工：大衛・克蘭（公關主管）、道格・愛德華茲（市場行銷總監）、黛比・賈菲（行銷主管，即將成為我頂頭上司的人）以及克里斯托弗・埃舍爾（首席設計師）。我是一個常年記筆記的人。當我在大衛旁邊坐下，並將筆記本翻到新的一頁時，我跟他開玩笑說，我需要Google掃瞄我不斷增加的舊筆記本，好讓我在電腦上檢索它們。

「哦，有一天會實現的。我們正在使用書本掃瞄機器人掃瞄圖書館裡的書。」他說。我笑了，後來才意識到他不是在開玩笑。

在面試中，道格和克里斯托弗對Keyhole在Google會做什麼更感興趣，問了我很多這方面的問題。整個過程都是友善而非正式的，只有黛比・賈菲把它當成真正的面試。黛比幾乎像講解流程圖一樣，向我非常詳細地介紹了Google的行銷方式。

如果Google有人知道為什麼要收購Keyhole，那麼他一定沒有告訴大衛、道格、黛比和克里斯托弗，他們知道的比我還少！

在Keyhole，大家度過了一個緊張的面試週。每過30分鐘左右，就會有人走進約翰的辦公室報告他們的面試。約翰總是問他們同樣的問題：「是誰面試你？」、「他們問了你什麼？」、「你覺得順利嗎？」每位應試者都放心地回到辦公室。

8月25日，梅甘・史密斯和蘇欣德・辛格來到Keyhole的辦公室，帶來了29封聘用書。我被叫進會議室，梅甘向我表示祝

賀，並把我的聘用書交給我。

所有 29 名 Keyhole 員工都被雇用了，正如約翰所承諾的。

那天我提早下班，去慶祝伊莎貝爾的第二個生日，我們在家的小院子裡舉辦了一個冰淇淋派對。我和雪萊坐在灑滿陽光的台階上，看著伊莎貝爾和與她同齡的小朋友玩耍。我手裡拿著甜筒冰淇淋，牛仔褲後口袋揣著裝在 Google 信封裡的聘用書。我覺得我終於可以享受一下這樣的時刻，終於不用太擔心 Keyhole 和我們的未來了。

那週，一個有抱負的 Google 年輕產品經理布雷特·泰勒（Bret Taylor）來 Keyhole 的辦公室與我會面。他已被分配到一個新的地圖計畫中，正在與丹麥的拉爾斯和延斯·拉斯姆森兄弟密切合作。這對兄弟來自 Where2Tech —— 3 個月前剛被 Google 收購並聘用的小團隊。（這個 4 人團隊在收購時並沒有立即被 Google 聘用。4 個人分別位於丹麥、澳洲和美國。）那天，約翰去 41 號樓參加另一場會議，所以我用投影片向布雷特介紹了 Keyhole 的產品路線圖，以及我們如何處理 Keyhole 到 Google 的行銷轉型。

我們將把 EarthViewer 的產品價格全面下調 50%，這是收購時唯一的重大變化。在近期，該產品仍然叫 Keyhole EarthViewer，但會標有「由 Google 提供支援」的字樣。等我們與 Google 完全整合後，我們會給產品改一個 Google 化的名字。我們約好，可能會在幾個月後改名。

在會面結束時，布雷特問我：「你認為收購後你能做 PM（產品經理）呢？還是 PMM（產品行銷經理）？」我對 Google 這兩個角色之間的區別所知甚少，我只好試探性地答道：「呃，我

現在是身兼二職。我既管產品的功能，又管產品如何銷售，所以我想我可以兼任這兩個角色。」

我說的是實話，在Keyhole，我身兼兩個職位。我協助建立了實際產品，包括排優先順序、繪製介面原理圖、雇用使用者介面（UI）設計師以及管理產品的庫存工作。我還協助行銷產品，包括建立公司網站、撰寫銷售文案、為產品定價、執行商業展會相關事項、撰寫宣傳口號以及製作簡報影片。

布雷特饒有興趣地看著我笑了起來。「嗯，告訴你不可能兩樣都做，不在我的職權範圍之內。」他說，「但我認為這是不可能的。我的意思是，你可以試試看。但最終你會發現，在Google既當產品經理又當行銷經理是不可能的。」

那天傍晚，約翰和我在Sports Page酒吧喝啤酒，他很想聽我講講和布雷特的會面過程。「他還說什麼了？」約翰堅持問道。他一如既往地在棋局中預先多想出幾步棋，而我甚至還沒有意識到這個棋局的存在。

「小心布雷特。」約翰告誡我，「我們還不知道會被安插到Google的什麼部門。有一位高階主管對地圖很感興趣，而布雷特是她手下的眾多新秀之一。我不希望他成為我們的主管。」

這些話對我來說簡直離譜。布雷特儘管聰明能幹，但太年輕了，大概也就24歲吧。誠然，他談吐得體，拿過各種全國比賽冠軍，會說多種語言，還寫得一手好程式碼，但我無法想像讓Keyhole的所有人都向他報告。

就在當週，Google在40號樓開了一次會，著重討論隱私問題。來自一個跨部門工作組的代表出席了會議，他們希望更詳細地了解隱私和航拍照，並討論如何看待IQT的投資。

　　與航拍有關的各種法律判例顯示，Keyhole的營運安全、合法。但是從Google的角度來看，公眾的看法更為重要。我們被明確告知，使用者對Google品牌的信任是最重要的，我們不能把這件事搞砸。

　　在所有這些預備性的會議中，我很驚訝幾乎沒有人談定價、銷售和收入預測。對於Google的許多人來說，產品收費是一個陌生的概念。實際上，在它的各個團隊中，創造收入似乎並不重要。相反，Google員工追求的是「讓使用者快樂」、「用技術改變世界」這一類目標，賺錢這件事很少被提起。

　　在41號樓召開的另一次收購前會議上，我們討論了讓keyhole.com作為Google的一部分重新上線。網站將進行修改，發布有關收購的消息、新的定價以及有關隱私和數據來源的最新訊息。

　　在Keyhole裡做事井井有條的網站管理員和檔案負責人帕特里夏‧沃爾（Patricia Wahl）和我一同會見Google的網站管理員卡倫‧懷特。在查看了我們網站的結構並驚嘆於帕特里夏用在命名和管理文件的方式後，卡倫中斷了會議，轉向帕特里夏說：「哇！你想來我的團隊工作嗎？」

　　我和帕特里夏笑了起來。卡倫說：「不，我是認真的。」她沒開玩笑。這是我第一次體會到Keyhole團隊在Google裡獲得新機會的感覺。

　　我想在由Google提供支援的Keyhole網站上添加一個有趣的設計元素。除了「Google」標誌之外，Google還經常使用5個不同顏色的小球，把它們用作間隔物，或讓人們在視覺上得到放鬆的幽默小元素。這種設計圖形通常被放置在網頁底部或一段行銷

文字中。

　　我想把這些球做一點改變，把藍色球替換成微縮版的「藍色彈珠」地球，然後把它們用在Keyhole網站上。卡倫很喜歡這個想法，但說我需要找瑪麗莎‧梅爾（Marissa Mayer）商量，看這個設計上的小修改是否合適。我不知道這個瑪麗莎是誰。在過去的兩週裡，我遇到了很多人，聽到了很多名字。我曾路過一個裝著玻璃牆的會議室，看到一位衣著時髦的年輕金髮女子正和黛比‧賈菲坐在裡面，於是我就把她當成了黛比手下的Google員工。也許那就是瑪麗莎？

　　兩週過去了，許多準備工作已經完成：更新的定價、已獲批准的新聞稿、限時發布的訪談、常見問題解答、高階主管的發言稿、新的客服中心內容。但我仍未收到瑪麗莎對藍色地球設計的批准。這是一個很小的細節，但我很重視它。宣布收購的日子一天天地近了，我一直在關注卡倫那邊的消息，她也沒有收到這個瑪麗莎的任何批准。

　　我寄信給黛比，直接找瑪麗莎的上司（或者說是我認為瑪麗莎的上司）請求批准。黛比也喜歡這個想法，但重申必須先讓瑪麗莎過目。我把這話理解為，黛比希望賦予她的團隊成員更多自主權。我寄了很多封信卻沒有收到回覆，對此我感到很沮喪，於是決定直接撥打瑪麗莎的手機，一次把這件事處理掉。

　　我的電話直接轉到語音信箱，留下了一則語氣生硬的訊息。我只想要一個簡單的郵件批准。卡倫、黛比以及其他人都對它表示贊同，我只想請求她也點個頭。「我已經寄給你6封信，卻一個回覆也沒收到，我真不明白為什麼會拖這麼久，我需要今天就收到你的回覆，否則我將向你的上級黛比和約翰‧漢克彙報此

事。」我很惱火，這個低層員工、剛出大學校門的小姑娘竟然阻礙我的創意。我的語氣肯定會讓她明白，我覺得這是難以接受的。

諾亞·多伊爾的座位就在我旁邊，他一聽到我寄出的內容後，探出腦袋哈哈大笑，一邊又想控制住他的笑聲。「事實上，那個瑪麗莎，嗯，事實就是，她是個大人物。」

諾亞繼續告訴我說，瑪麗莎其實就是我見過那個和黛比·賈菲在一起的年輕女子，但作為Google的第20號員工以及Google的首位女軟體工程師，她負責Google搜尋所有的事務。我剛訓斥了一個很可能是公司裡權力最大的人。諾亞補充說：「是的，她可以說是整個科技產業中權力最大的女性。我認為超過一半的Google員工都要向她報告。」

德德聽了我們的整個對話，她也在笑，我記得她笑得停不下來。如果我將必須與瑪麗莎一起工作——這事很有可能——我這開局可真是精采呢。最後，我發現我有必要參加瑪麗莎主持的使用者界面團隊每週例會，並親自請求她批准。我等了45分鐘，終於輪到討論我的議程。她只花1分鐘看了我展示的投影片，然後說：「哦，很可愛，你當然應該用它。」它就被批准了。

隨著收購交易接近尾聲，約翰決定組織一個8人的Keyhole團隊，在蒙特雷半島上的阿西羅瑪度假村，對收購後團隊的發展進行異地會議。傍晚，我們到達後，約翰帶領團隊穿越海岸線，走了很長一段路。他談到Keyhole從頭開始的機會，也談到我們如何進入未知領域。在Keyhole一起奮鬥的幾年中，我們可能創造了一個了不起的東西，但現在，我們正在走向一個未知領域。因此，我們需要一個計畫，因為如果我們沒有計畫，很多

Google 員工就會跑來告訴我們該怎麼做，而我們的團隊將會因此四分五裂。

由於害怕走漏風聲，我們不提也不寫「Google」這個字，尤其注意不在各個白板或散落在會議室裡的巨型便利貼上寫「Google」。

在這兩天裡，我們花了很多時間討論一家我們早已決定不與之競爭的公司：MapQuest。諾亞收集了一些關於美國線上（AOL）收購 MapQuest 那讓人大開眼界的市場數據，包括每月造訪量以及 MapQuest 每月從每個使用者身上粗略計算賺到的錢。當時所有網路上的地圖搜尋中，有三分之二是在 MapQuest 上進行的，因此這家公司是這一領域的全球領導者。此前，Keyhole一直有意遠離消費者網路地圖領域，但現在，有了 Google 資源的支持，我們開始思考：我們可以考慮發展一個網路地圖服務來與 MapQuest 競爭嗎？

我們還談了很多 Where2Tech 四人團隊的事。他們的初步技術令人稱奇。拉爾斯和延斯·拉斯姆森使用在瀏覽器中預渲染地圖圖塊的高級 JavaScript 方法，提高了下載速度，而另兩位頂級 Google 工程師布雷特·泰勒和吉姆·莫里斯（Jim Morris）也參與進來，領導團隊將該技術導入 Google 平台。

我們在想，是否能把在網頁瀏覽器中快速平移地圖圖塊的技術，與 Keyhole 的航拍和衛星圖像結合起來呢？是否還可以與 Google 便捷的相關搜尋功能相結合呢？這似乎是一個令人興奮的概念，但也是一個令人傷心的概念。在阿西羅瑪度假村，我們開始意識到，我們可以為 Google 做的最好的事──Keyhole 能為新的所有者和使用者帶來的最大影響──可能意味著 Keyhole

團隊的終結。這表示要把我們的精力和團隊拆分成兩部分：一個Keyhole團隊將致力於開發完全Google化版本的EarthViewer旗艦產品，我和其他人將留在這個團隊中；另一個Keyhole團隊由近井帶領，將專注於剛剛起步的Google地圖計畫。約翰會管理這兩個團隊。所有Keyhole衛星和航拍照會被導入一個即將推出的新網路化產品。這個團隊的一半將偏離我們的3D根基。約翰、丹尼爾和近井將擔負巨大的工作量，他們需要重新建立數據資料庫和基礎設施，把航拍和衛星圖像數據資料整合到一個新的網路化地圖產品中。

當然，這個Keyhole團隊要把自身插入Google已經展開的計畫中。而且，這個新成立的Google地圖團隊在沒有我們的情況下也運作得很好。無論如何，如果沒被問到，這個Keyhole團隊會將Google的網路化地圖開發工作放在首位。可他們的團隊需要我們的幫助嗎？他們的團隊只有4個人，而Keyhole一共有29個人。這就引出下一個顯而易見的問題：誰來帶領開發工作？

我這才開始對Google尚未發布的地圖產品有了一點認識，Google內部為此有了不斷加劇的控制權爭奪，但約翰早已經明白這一點。這就是他提醒我提防布雷特・泰勒的原因。他知道布雷特雄心勃勃，充滿自信，而且他知道布雷特為誰工作、向誰效忠：那個負責Google搜尋所有事務的人。

「等等。」我打斷約翰。「你是說布雷特是向—向—瑪麗莎彙報工作的？」

「是啊，而且Google的高層可能會將地圖搜尋視為一種風格不同的搜尋。」約翰解釋道。「當然，你知道，瑪麗莎負責所有搜尋的事。我認為她也想管地圖。」我癱坐在椅子上。諾亞笑了

出來。

那個星期五，10月15日，收購交易據說已經完成，但會簽的文件還未交給Keyhole。梅甘·史密斯的解釋是，她正在找大衛·杜倫孟德簽字。顯然，他剛從外地出差回來，梅甘不知道他什麼時候回辦公室。我們重新檢查了一些提議，表現得好像這是一個正常的工作日；畢竟，在等待Google派人把最終版合約送來的同時，我們還有很多工作要做。

下午3點，一輛貨車送來一台黃色Google刀鋒伺服器的巨大機架，其容量是我們當前伺服器後端的40倍。對收購知情的Google工程師已經對收購後可能會產生的伺服器負載感到緊張。不到一個小時，沒人假裝還在做著實際工作，連約翰也不耐煩地在辦公室裡閒逛。我們三三兩兩地打撞球、扔飛鏢或者在停車場投籃球。6點，Google公司收購Keyhole的正式文件終於交到約翰手上，上面註明執行日期為2004年10月15日。拿到這份文件後，約翰看起來鬆了一口氣。

約翰打開一瓶冰了一下午的香檳酒，向10幾位守在辦公室的Keyhole員工道賀——他們已正式成為Google員工了。他告訴我們星期一早上9點到Google園區的41號樓報到，參加迎新會。他還提醒我們，雖然交易已經完成，但雙方約定，從收購交易結束到公開宣布收購至少還要間隔兩週。

那天晚上，Keyhole辦了自己的慶祝會。我說服約翰最後一次拿出錢，在帕羅奧圖市中心一家歡樂的新奧爾良主題餐廳NOLA訂了一個包廂。（1,200美元的包廂費用，是從Keyhole企業帳戶中用掉的最後一筆錢。）我在包廂裡放了一台投影儀，用EarthViewer瀏覽世界上幾個我最喜歡的地方，在多個KML地名

標註間切換。靜音的電視上正放著紅襪隊的比賽，但我沒怎麼看季後賽，因為他們就要再次輸給洋基隊，很可能會在7局4勝制的系列賽中連輸3場。

傑夫·休伯、梅甘·史密斯等幾位Google高階主管應邀參加我們的慶祝活動。當晚有許多人敬酒，包括約翰、麥可和布萊恩。萊內特要我帶大家舉杯並說些話，最後乾脆把我推到最前面。我站在椅子上，講了2004年初發生的一件事。

事情是這樣的：那年春天，約翰和我來到Keyhole的停車場，坐上他的速霸陸要去吃午餐。在這種時候，約翰往往焦慮不安，還有點匆忙。當他在我們辦公樓的拐角處轉彎時，近井正好從辦公樓側門衝出來，也是一副急匆匆的樣子。他猛地停下腳步，約翰也猛踩剎車。他們兩個都嚇得屏住了呼吸。

我對約翰說：「天哪，撞誰也不能撞近井啊。」確實如此，近井管理著所有資料的導入、拼接和發布。

後來吃午飯的時候，我繼續和約翰聊這個話題。「說說看，撞了誰是沒問題的？」我開始一個一個分析。「帕特里夏？」啊，不行，沒有帕特里夏，我們的網站就沒人管了。「奧賓？」啊，不行，他做的數據資料處理工具非常重要。「丹尼爾？」不可能，他負責所有的數據資料交易和合作關係。「萊內特？」不行，她負責所有的營運工作。

等到吃完午飯，我們已經把公司的所有人想了好幾遍。確實如此，所有29個人都對公司的成功至關重要，約翰找不出一個缺了他也行的人。這種感覺很奇妙，而且Keyhole的每個人都有這種感覺。這是一種罕見而美妙的領悟，一個會讓人永遠記住的領悟。

　　作為一個團隊，辛勤工作，再加上一點運氣，Keyhole 最終活了下來。我們創造出一種用我們的新地圖來觀察世界的新方式。而現在，2004 年 10 月，在 Google 的大力支持下，這個地圖的強大能量將被源源不斷地釋放出來。

第9章 | 把目標定得再大一些

「如果讓你展望一下我們的前景，也就是 Keyhole 團隊的前景，假如說一年之後吧，你是希望增加 1,000 萬使用者、還是希望多賺 1,000 萬美元呢？」賴利和謝爾蓋互相看了一會，好像在無聲地交流誰應該回應我的問題。賴利露出他標誌性的笑容說：「我認為你們應該把目標定得再大一些。」他盯著約翰以示強調。整個房間都沉默了。

星期一早上，Keyhole 團隊在9點鐘來到樣子古怪的公司總部 Googleplex 報到。這是一個典型的北加州早晨，天空中薄霧狀的雲還未完全消散。保全讓我們先把車停在訪客車位上，直到拿到我們的 Google 工作證。與此同時，無數 Google 員工到達停車場，然後湧入園區的各個建築物裡。Keyhole 團隊和當天到職的另外6名新員工，一起聚集在擺有很多熔岩燈的41號樓大廳裡。在兩位年輕接待員背後的牆上，投影出一個列有多種語言的即時搜尋移動卷軸。（我們了解到，這裡使用一個特殊的過濾器，確保大廳牆上不會顯示任何冒犯人的詞語。）約翰和梅甘·史密斯在大廳裡等候大家。我們從各種糖果、薯片和堅果罐子裡拿東西吃。在41號樓裡的第一站，就是領正式的工作證。之後，我們走進大樓裡多個微型廚房的一間稍事休息，吃點點心，喝杯咖啡。

「在這裡能領到免費的GoogleT恤。」梅甘告訴我們,「我們要求每個人要有Google的做事風格,第一天只拿2到3件,別多拿。」她繼續介紹,這裡是健身房;這裡是游泳池;那邊是謝爾蓋正在裡面打球的沙灘排球場;那邊正在進行一場極限飛盤比賽;這裡有可以在園區裡騎的自行車、滑板車、電動平衡車;在這裡可以搭乘穿越灣區的免費班車,通勤車站裡有一個咖啡果汁吧,當然,班車上有Wi-Fi;這裡是41樓的按摩室。來,吃點M&M巧克力豆吧。

我得說,大概過了11分鐘,我們才忘記拉阿韋尼達街94號的一切,那裡有從Craigslis網站上買來的撞球桌、漏水的屋頂、以及放滿裝簡單午餐的牛皮紙袋,和存放各種吃了一半的好市多蘸料的冰箱。直到德德在3個月後帶著Google的危險品處理小組去清理我們的舊辦公室,我們才想起這些東西。

接下來是41號樓的「科技站」。每棟Google辦公樓都有一個這樣的商店,門口掛著花俏的停車場標誌。店裡有2到3名網路管理員或IT支援專家,他們的唯一任務就是確保Google員工擁有他們所需性能最好的設備。在41號樓的科技站,我們受邀可以為自己裝備任何想要或需要的技術設備。這個小店差不多就是一個免費的微型蘋果零售店。每個人都拿了筆記型電腦包、充電器,以及裝有Google安全軟體、能在家連上Google伺服器的Wi-Fi路由器。(Google會負擔員工家中的網路費用,但員工必須使用裝有特別安全軟體的路由器。)

我注意到工作人員正把一台藍色的Linksys路由器交給員工,型號和我最近家裡新買的一樣。「嘿,我家裡有台一樣的路由器。我可以拿過來讓你們嵌入Google安全軟體嗎?」我想幫

公司節省55美元。科技站的工作人員從他的兩台30吋顯示器後面看了我一眼，又看一眼他的同事，他的同事似乎覺得我的問題太搞笑了。「不了，就拿個新的吧。」這種事需要很長時間才能習慣。

我們走過連接40號和41號樓的一段陽光明媚的通道。約翰提議出去稍微走走，因為他有事想和我討論。「我們正在為你定職位。你的工作內容不會變，但Google希望你在產品經理和行銷經理中選一個。」他也意識到我在Keyhole一直是身兼二職。他問我對此事的想法，而我覺得自己並不適合Google產品經理這個井井有條的職位。也就是說，我沒有電腦科學學位。雖然其他高科技公司通常不會要求這一點，但由工程技術驅動的Google確實有這個要求。那天，約翰和我決定，我的職位將是行銷經理，儘管我的職責和在Keyhole時並無區別。

我是Google的2488號員工。（今天，Google已經有62,000多名員工了。）

當天傍晚，約翰通知我們，Keyhole團隊將參加一個會議。這是一個連梅甘也感到驚訝的會議。它被宣傳為賴利‧佩吉和謝爾蓋‧布林出席的官方迎新會。由於不了解情況，我以為他們會出席任何收購活動，但顯然情況並非如此。

「你們會見到賴利和謝爾蓋嗎？」其他Google員工一早上都在反覆問我們。Google在這次收購中充分展現它在業界的威望，許多高階主管都注意到賴利和謝爾蓋對Keyhole的濃厚興趣。Google到底會如何使用這個小小的地圖團隊？他們也在尋找答案。

6年前，賴利‧佩吉和謝爾蓋‧布林都在史丹佛大學念博

士，他們是同學，儘管一開始並不喜歡對方，但他們還是決定在各種計畫上進行合作，其中一個計畫叫作「BackRub」（Google最原本的名字），旨在研究網際網路的數學原理，這是他們當時研究的五六個計畫之一。為了證明他們提出的概念，他們下載了整個網路（在當時一共有2,400萬個網頁）。下載完成後，他們使用一種自行開發的軟體演算法來過濾網站數據資料庫並對其進行排名，用一種新的方式來理解這些網頁是如何相互關聯的。BackRub演算法決定了在看到一個搜尋詞後會產生給使用者哪一組網頁。

這樣，賴利和謝爾蓋的新演算法就從現有的搜尋引擎中脫穎而出：在對網頁進行排名時，他們不是按照某一關鍵詞在預定網頁上出現的次數來排名，而是根據這個網頁有多少個網頁連結來排名。等於是說，怎麼說你自己不重要，重要的是其他人怎麼說你。

例如，假設你經營一個銷售巴西柚木庭院家具的網站。如果有人在雅虎上搜尋「巴西柚木庭院家具」，雅虎會產生一個網頁分類清單，網頁是按照「巴西」、「柚木」、「庭院」、「家具」這些詞出現在某個網站上的次數來排序。如果你在你的網站上提到更多次這幾個詞，那麼你的網站在雅虎分類中的位置就會靠前一些。結果就是，使用者點擊那些反覆提到關鍵詞的網站，但這些網站不一定是品質最好的。

相比之下，賴利和謝爾蓋的演算法採用了這種方法：你在自己的網站上使用這些關鍵詞的次數，基本上是無關緊要的，重要的是其他關於巴西和柚木庭院家具的網站連結到你網站的次數。如果其他網站認為你的網站品質較差，它們就不會連結你的網

站。只要你確實擁有關於巴西柚木庭院家具的好內容，它們才會連結你的網站。

這裡要澄清的是，BackRub概念並非一種全新的結果排序方式，實際上，它是對權威科學期刊一百多年來用來排列研究論文重要性的創造性詮釋，即透過引用某篇研究論文的次數來確定這篇研究論文的重要性。一篇被其他文章或期刊大量引用的文章被認為具有更高的重要性，來自著名期刊的引用尤其重要。我大膽猜測，賴利·佩吉是從他父親維克托·佩吉博士那裡接觸到這個概念。維克托·佩吉博士是密西根州立大學電腦科學教授，他被視為人工智慧領域的先驅之一。

賴利為他的新演算法取名為「網頁排名」（PageRank，一個聰明的雙關語）[1]，他們還把BackRub計畫重新命名為「Google」，賴利以為表示大數數學的量詞「古戈爾」（googol，指自然數 10^{100}）是這樣拼寫的。

在2004年10月我們到職的第一天，Google已經成為一種文化現象。賴利和謝爾蓋已經成為國際科技名人，儘管從一開始就可以確定，他們對名氣和物質財富之類的東西不感興趣。在Google上市時，股票的發行價達到了85美元，這讓時年30歲的他們有了67億美元的財富。但賴利仍住在帕羅奧圖的一間小公寓裡，而謝爾蓋不久前才買了他的第一輛車（通用汽車的EV1電動車）。

在賴利和謝爾蓋來到會議室之前，Google產品策略副總裁喬納森·羅森伯格（Jonathan Rosenberg）先與我們會面。喬

---

[1] Page是頁面也是佩吉。——譯者注

納森是個非常自信的人，他很愛講笑話。布萊恩和約翰、羅森伯格都很熟，布萊恩在20世紀90年代中期曾與喬納森一起在Excite@Home工作；後來Keyhole在2000年尋找產品和市場行銷主管時（最終是我接了這份工作），布萊恩推薦了喬納森。

約翰‧漢克和喬納森在山景城見面，一邊喝咖啡一邊談Keyhole的行銷工作，最後雙方都認為他們不太適合對方。喬納森最後成了另一家矽谷新創公司的產品管理部主管，這家公司就是Google。

我非常想聽聽Google對Keyhole的計畫。「從現在起一年後，」我問喬納森，「如果展望一下前景，Keyhole是創造1,000萬美元的收入好呢，還是獲得1,000萬使用者好？」

這是一個有點離譜的問題，但我拋出這些大數字，是想從他那裡套出些方向性指導──是賺錢還是獲得使用者。我們的支付條件節點，即作為收購交易的一部分所制定的目標，是Keyhole獲得50萬使用者。我說的數字是支付條件目標的20倍。

「你問賴利和謝爾蓋吧。」他只說了這麼一句，「我猜他們更喜歡1,000萬使用者，但你還是應該問他們本人。」

會議在園區外圍一棟偏僻建築中一個很像大學研討室的房間舉行。這個會議室是專為各種Google培訓課程而設計。謝爾蓋穿著輪滑鞋滑進房間，笨拙地從會議室前面的幾節階梯上走下來。賴利緊隨其後，對謝爾蓋的入場報以微笑（顯然，他之前看過這個特技表演）。約翰上前問候並與他們握手，而我們其他人仍坐在椅子上。然後他們在會議室裡走了一圈，由約翰向他們介紹每一個人。賴利和謝爾蓋對我們在Keyhole所做的工作表示讚賞。從一開始就很明確的是，他們都只關注建立全球地圖數據資

料庫模型背後的技術和數學。

「你們1公尺內的解析度覆蓋的是全球的百分之幾？」、「來源是什麼？」、「解析度是多少？」、「跟我們講講衛星的事吧。」、「衛星是誰造的？」、「他們發射花了多少錢？」、「衛星是對地同步的嗎？」、「感測器的尺寸有多大？」、「每個圖像檔案有多大？」、「你們現在有多少台伺服器？」、「衛星飛行的速度有多快？」

賴利和謝爾蓋辯論一顆衛星需要多長時間來捕捉整個地球的圖像，他們考慮到了光線明暗、雲層覆蓋、大陸塊的百分比、每張照片的大小、衛星的速度、地球的旋轉、引力、燃料、天氣以及其他因素。

「如果你用1公尺解析度的細部覆蓋整個地球，數據資料庫會有多大？」謝爾蓋最後問約翰。

我確信謝爾蓋在開玩笑。這個問題就好比問在西斯廷教堂畫了4年壁畫的米開朗基羅：「你的畫太棒了。為義大利的其他地方都畫上壁畫怎麼樣？」

約翰轉過來看著坐在我旁邊的麥可・瓊斯。「麥可，你想回答這個問題嗎？」麥可回答，「大約會是一個PB吧。」這是我第一次聽到PB這個詞。一個PB等於100萬GB（位元）。

「我覺得不對。」謝爾蓋拿出自己的計算結果反駁道，「應該是500 TB。」

我們快沒時間提問了。謝爾蓋繼續質疑麥可的計算。他不相信這個結果。經過幾分鐘的辯論後，麥可用蓋棺定論的語氣說：「相信我，謝爾蓋，就是一個PB。我稍後去你辦公室演算一遍給你看。」

　　賴利和謝爾蓋準備離開會議室。「賴利、謝爾蓋，1,000萬美元或1,000萬使用者，你們選哪個？」

　　他們轉向我，一臉疑惑。「我不明白你的問題。」賴利冷冷地回答。

　　「如果讓你展望一下我們的前景，也就是Keyhole團隊的前景，假如說一年之後吧，你是希望增加1,000萬使用者還是希望多賺1,000萬美元呢？」

　　賴利和謝爾蓋互相看了一會，好像在無聲地交流誰應該回應我的問題。賴利露出他標誌性的笑容說：「我認為你們應該把目標定得再大一些。」他盯著約翰以示強調。整個房間都沉默了。

　　隨後，賴利和謝爾蓋離開了會議室，謝爾蓋仍穿著他的輪滑鞋。會見結束後，約翰帶領Keyhole團隊回到41號樓。我們開始拆搬家用的紙箱子，並布置我們的新辦公室。坐在色彩鮮艷、配備了赫曼・米勒（Herman Miller）的椅子和兩台30吋顯示器的座位上，大家都顯得很興奮。我找了一個梯子，想掛上我訂製的印有Keyhole和Google標誌的十字路口路標，但我剛一開始掛，Google設施團隊的兩名成員就出現了。他們帶著麻繩、束帶、捲尺和工具箱。掛好後，這兩名工人要我檢查路標，確認高度、位置、角度以及麻繩纏繞方式是否符合我的要求。等我回到辦公桌前，我收到了Google設施問題追蹤系統寄來的一封信，請我為互動情況打分數。

　　一位人體工程學顧問走訪了41號樓，嚴謹地將每個人的桌子、椅子和顯示器的高度校準到最佳位置。我們還獲得了免費現場按摩券，以防這些設備高度設置得不夠完美引起身體不適。我現在和丹尼爾・萊德曼共享一間辦公室，但我並不了解的是，

Google的規矩是總監才有確定的辦公室。我在Keyhole是市場行銷總監，但在大公司Google，我的職位卻降了一級，我現在是產品行銷經理，辦公室緊鄰約翰的辦公室。在辦公室裡，海岸線圓形劇場的景色一覽無遺。我們現在可以待在室內眺望約翰和我經常跑過的荒山。

布萊恩和麥可搬到拐角處的一間辦公室，我們團隊的新部門駐紮在41號樓的一層。這對麥可和布萊恩來說是一個頗具諷刺意味的轉折：大約10年前，Googleplex的41號樓是矽圖公司園區的一部分。布萊恩、麥可、菲爾、近井和馬克曾在同一棟樓開發價值5,000萬美元的飛行模擬器，而現在，這棟樓成了Google地圖計畫的中心。

Keyhole團隊的其他成員則搬到一個由紫色座位組成的區域（這裡也曾屬於矽圖公司）。這個區域裡還有另外4個留給Google新的地圖計畫團隊的座位。雖然我們還不完全清楚我們應該做什麼或如何安排自己，但我們清楚地知道，我們都坐在一起。

當我回想起這個細節的時候，我覺得這是一個令人不安的群體動力。試想一下，有一家剛剛開業的熱門餐廳，據傳它的菜是城裡最美味的。餐廳裡空空蕩蕩，只有4個人圍坐在一張桌子旁享用午餐。然後，請想像這個畫面：一大群人忽然闖進餐廳。他們一共有29個人，而且都互相認識。其實，他們都是老朋友了。他們沉醉於新餐廳帶來的興奮感和期待。現在，一張空桌子擺好了：一張能坐33人的桌子。

已經坐著的那4個人本來非常滿意餐廳的服務，現在卻被告知要挪到大桌子，和另外29個人坐在一起。他們在這件事上沒

什麼選擇權。現在所有人都坐在一起。沒有菜單,不知道該做什麼,該由誰來點菜。但顯然,這是一個開放的標籤。

布雷特·泰勒和吉姆·諾里斯在 Google 時間最長,他們是從另一個團隊中派過來的,這個團隊負責改進 Google 那些包含位置元素的搜尋。布雷特和吉姆的兩人團隊最近又加入兩名新員工——延斯和拉爾斯·拉斯姆森,團隊的目標是重新設計初始的 Google 地圖原型。布雷特是天生的領導者。擁有史丹佛大學電腦科學碩士學位的吉姆則是個不愛誇誇其談、安靜、整天埋頭做事的人,他很少關注某個計畫裡原本就有的政治鬥爭。如果說桌子兩端坐著兩個互相不對付對方的人,約翰坐在一端,那麼在另一端坐著的就是布雷特。

初始的 Google 地圖原型是由 Where2Tech 設計的。它被 Google 收購前的創業之路比較短,團隊的歷史不足一年,卻經歷了不少波折。2003 年秋,延斯和拉爾斯被一家名為 Digital Fountain 的公司解雇,然後搬到了澳洲雪梨生活。藝術家兼軟體工程師的延斯,拾回在 20 世紀 90 年代中期他為丹麥一家黃頁出版商工作時探索過的一些想法。不久,拉爾斯加入進來,和他一起探索這些想法。他們一起在朋友諾爾·戈登(Noel Gordon)的公寓裡進行開發。隨著第 4 位朋友史蒂芬·馬(Stephen Ma)的加入,他們開始開發一款地圖軟體應用程式。

我在這裡有意使用了「地圖軟體應用程式」一詞,而不是「地圖網站」,是因為 Where2Tech 希望與當時領先的「微軟街道和旅行」(Microsoft Streets & Trips)競爭(使用 CD 光碟的地圖軟體)。他們的想法是,使用者在電腦上安裝軟體,但大部分數據透過網路由中央數據資料庫提供。這和 Keyhole 的想法有點

像。雖然如此，但Where2Tech沒有拿到任何數據資料。

　　和Keyhole一樣，因為MapQuest，工程師們有意避開開發用瀏覽器查看的地圖網站。另外，由於有數據資料被竊取（自動下載或竊取網站數據資料的惡意腳本軟體）的安全風險，工程師們幾乎不可能從事網頁地圖的開發。地圖數據資料提供商（如交通路網和商家分類數據資料庫）只同意向延斯和拉爾斯提供寥寥幾個樣本數據資料集。羅伯遜不允許Keyhole建立地圖網站也是出於同樣的原因：擔心使用網路的地圖網站使軟體開發者很容易寫出腳本軟體，自動竊取他們所有寶貴的數據資料。

　　2004年初，Where2Tech開發出可下載應用程式的一個原型。沒有任何資金、商業模式、更沒有與數據資料提供者的合作關係，團隊前景渺茫。3月，延斯回到丹麥尋找其他工作機會。與此同時，拉爾斯前往矽谷，希望運用他們的示範程式為Where2Tech獲得創投。這是一次艱難的銷售。矽谷幾乎所有人都認為，消費者地圖服務已經沒什麼前途。MapQuest已經占領了市場。正如約翰・漢克4年前告訴我的，與MapQuest在消費者地圖市場上的正面交鋒將耗資巨大、艱難且很可能無法成功的。

　　令人驚訝的是，一位據稱願意投資Where2Tech的創投人對拉爾斯的軟體表現出一點點興趣，儘管興趣不大。投資意向書被送交該創投人審核，同時，延斯從丹麥飛到了矽谷。雙方約定在創投公司的辦公室裡開會來完成交易。和Keyhole與創投公司的交易一樣，這次會議也沒開成。但這次卻是因為創投公司在最後關頭取消了會議，他們被消費者網頁地圖領域的第二名——雅虎的一個看似微不足道的市場舉動嚇跑了，儘管雅虎在這個領域的

實力遠遠落後於 Map Quest。

雅虎在4月13日，即 Where2Tech 投資會議的前一天，對他們的雅虎地圖服務做了一個小小的、不那麼重要的更動。雅虎的旅行業務部門雅虎旅遊此前一直在其商家分類搜尋結果中顯示相關地圖，而在那個星期一，雅虎宣布在雅虎地圖首頁的醒目位置提供這些地圖和功能。雖然只是一個小小的更動，但對於 Where2Tech 和變幻莫測的投資者來說，這是一個不合時宜的訊號：雅虎打算在地圖產品上投入重金。於是，投資會議被取消，Where2Tech 還是沒錢。延斯飛回了丹麥，史蒂芬・馬和諾爾・戈登繼續留在雪梨。

拉爾斯則繼續在矽谷發展工作關係。他的一個熟人偶然把他介紹給了賴利・佩吉。在努力數個星期後，拉爾斯與賴利・佩吉的會面終於定在6月4日。延斯在會面前一週才知道這個消息，當時，公司的帳戶只剩下13美元，於是他用信用卡訂了飛往加州的機票，陪同拉爾斯與賴利・佩吉會面。

會議一開始，賴利向兄弟倆提出了質疑。「你們為什麼不把地圖做到瀏覽器裡？」他問。賴利有一套跨越巨大技術障礙去尋求卓越使用者體驗的辦法，並且他總是能巧妙地貶低那些明著暗著講遇到障礙的人。如果你像佩吉一樣，少年時就能用樂高拼出一台功能齊全的印表機，那麼你也可以這麼做。

Where2Tech 的使用者體驗肯定比 MapQuest 或其他網頁地圖提供的服務更好，也就是說，它速度更快。事實上，它比 MapQuest 快得多。在某種程度上，它與 Keyhole 類似：在使用者發出請求之前，預先渲染使用者可能需要的地圖圖塊。如果你正在地圖上查看德州奧斯汀市彭伯頓山莊街區加斯頓街6102號，

你很可能會向左右兩邊拖曳地圖，因此Where2Tech將加斯頓街6100號和6104號的地圖也下載到你的電腦上。和Keyhole一樣，Where2Tech也會預測你接下來需要的地圖數據，並在你請求這些數據資料之前，就將它們下載到你的電腦隨機存取記憶體（RAM）中。但是，預先下載地圖圖塊並將它保存在RAM中，同時還能安全地執行操作，這些只能透過電腦上具有對RAM讀寫權限（還能防止資料被竊取）的應用程式來執行。Keyhole在處理駭客企圖竊取並盜賣我們的數據資料方面積累了很多經驗。例如，週末流量的異常峰值通常與竊取地圖內容的企圖有關。

不過，到了2004年，賴利的「為什麼不做到瀏覽器裡」的問題有了一些道理。Mozilla基金會推出的火狐（Firefox）瀏覽器，推動了網頁瀏覽器的發展，使得瀏覽器能處理更複雜的任務，讓網頁的使用者體驗增速。運用一組被稱為Ajax（即「Asynchronous JavaScript and XML」的縮寫，意為非同步JavaScript＋XML）的新技術，火狐瀏覽器使網站能從後台呼叫數據資料的同時，不中斷使用者螢幕上的內容。在瀏覽器中提供更快的使用者互動，同時保證資料的安全性，這已經不再是不可能的事。

「讓我們試試，回頭和你聯絡。」延斯這樣回覆賴利。兄弟倆把自己關在一個朋友在伯克利丘陵的家裡，把他們的應用程式改成能在瀏覽器中運算。有了明確的目標，他們便不停地寫程式碼，以證明這個概念可行。延斯專注於設計元素，讓配色更符合Google的配色，拉爾斯則專注於提高速度。史蒂芬和諾爾建立了一個ActiveX控制元件。這是一種外掛程式，能讓你在IE瀏覽器中運算應用程式。

多年前，拉爾斯在一家管理 Wi-Fi 熱點網路的公司工作時遇到了一個技術難題，該公司需要遠程監控熱點是否已經啟動。每個熱點都有各自的網頁，但要想知道熱點是否已啟動，以前需要重新下載頁面來重新查詢熱點的狀態。

拉爾斯幫助公司找到一種只獲取一點點數據（即路由器的狀態）而不需要更新頁面的方法。這種方法只有透過最新的網頁瀏覽器，如 IE 6.0 和 Mozilla Firefox，運用 Ajax 技術才能使用。事實證明，這對 Where2Tech，最終對 Google 地圖來說是一個巨大的飛躍。有了這個下載資料的新方法，就可以在使用者請求地圖圖塊之前對其進行提取和暫存。這種對地圖數據的預先下載將為使用者增速，讓使用者感覺速度極快，回應極為敏捷。

3 週後，賴利・佩吉和梅甘・史密斯出席了在 Google 召開的後續會議。Where2Tech 成功將他們的原型轉化為 ActiveX 外掛程式，至少看上去是一個在瀏覽器中運算的服務。賴利對這個概念很感興趣，儘管他知道，一個使用 ActiveX 的解決方案並不是一個長期的解決辦法。2004 年 6 月，Where2Tech 團隊獲得了聘書，並開始在 Google 工作。

這 4 名員工就在 41 號樓上班。他們幾乎沒得到什麼指點，靠著自己繼續完善這個計畫。他們的目標是在 Google 實驗室這個相對隱蔽的新想法、新技術試驗場裡發布一些東西。史蒂芬、諾爾和拉爾斯回到雪梨（但他們繼續為這個計畫工作），延斯則留在 41 號樓。很快，布雷特・泰勒和吉姆・莫里斯加入進來。

Google 幾乎不給他們任何指導。為了消磨時間，他們在 41 號樓的辦公區域裡安裝一盞交通號誌燈，並為它寫程式碼，讓它在諾爾・戈登離開他在雪梨的辦公桌時變紅，在辦公桌前時變

綠。延斯在他的和冠（Wacom）平板電腦上繪製草圖，尋找用什麼樣的圖標來表示地圖上的點：他先是在各種五角星、圓圈和方塊間猶豫不定，最後選定了一個圖釘的圖標，這樣可以在標記一個地點的同時不遮蓋它下面的圖像。他放棄使用 Google 五彩配色的早期地圖設計，為他們的新地圖計畫設計選定了一套較為淡雅的配色。

他們的首次真正任務之一，是完成對 Google 考慮收購的另一家公司的技術盡職調查，這家公司就是 Keyhole。作為確認過程的一部分，他們會見了布萊恩和麥可。

然後，2004 年 10 月，Where2Tech 和 Keyhole 團隊齊聚 Google。我們彼此獨立，沒有人來管理我們，不過兩個團隊同意，將盡快把 Keyhole 的圖像整合到 Google 的新地圖中。

在我們搬到 Google 的第二天，按照計畫，約翰將會見包括韋恩・羅辛（Wayne Rosing）在內的工程高階主管。我深信，這次能從公司高層那裡清楚地了解 Google 對 Keyhole 的計畫。這次會議將成為我們真正的指南針，屆時，所有計畫都將清晰、完整地顯現出來。

羅辛是一位備受尊敬、經驗豐富的軟體經理和工程師。他曾在蘋果、昇陽電腦等矽谷的多家公司擔任工程主管。在昇陽電腦，他是程式設計語言 Java 的創造者之一；在蘋果公司，他是麥金塔電腦（Macintosh）的前身—— Apple Lisa 個人電腦的工程總監。他目前擔任 Google 的工程副總裁。作為產品策略的思想領袖，他在 Google 內部廣受讚譽。所有的 Google 工程師都向羅辛報告，而羅辛直接向賴利・佩吉報告。

認為 10 月 22 日與羅辛的會議能解答有關 Keyhole 在 Google

的角色和功能的問題，這似乎沒有什麼不合理。

那天傍晚，我和約翰一起坐在辦公室外的亮黃色躺椅上。「會開得怎麼樣？計畫是什麼？他說什麼了？」我問。

「唉。」約翰緩緩開口說，「我不太確定。」

「你的意思是？」

「嗯，我跟你講講他都說了些什麼吧。」約翰說，然後停了一會，「他的原話是『我們不要把這些搞砸了』。」

「這話是什麼意思？」

「我跟他講了一遍所有的情況：我們目前的產品報價、我們的產品路線圖、我們的客戶是誰、我們的收入、我們的銷售預測。最後，他問我，『這麼說你們是有客戶的，對吧？而且還有收入，對吧？』我說，『對，我們有客戶，也有收入。』然後他說，『那我覺得計畫應該是，我們不要把這些搞砸了。』」

「我們不要把這些搞砸了。」我重複道。

「他就說了這些。」約翰平淡地說。

就在此時，我開始覺得自己成了 41 號樓某種社會心理學實驗的一部分，而且我感覺那群史丹佛大學心理學博士不久後會從一面鏡牆後面走出來，告訴我他們正在研究認知失調以及模糊策略對團隊的影響。

當我現在再次思考這件事時，我開始明白羅辛的意思了：他那句幽默的話非常有道理。Keyhole 是一個能力很強的團隊，我們很了解我們做的東西，我們有一位擁有多年地圖領域經驗的強大領導者。事實上，約翰在地圖方面的經驗比 Google 的任何人都要多。

我認為在羅辛與約翰會面之前，Google 的其他部門負責人

一直在為Keyhole考慮另一條路徑：將Keyhole拆分到Google的各個部門裡，並讓我們成為瑪麗莎搜尋團隊的一部分。

這是一個簡單的辦法，是收購方常常會採用的策略。確保新收購公司的人員能融入公司並能齊心協力的最好辦法，就是拆分團隊，把人員分配到各自相關的部門裡，如工程、銷售、市場行銷和營運。

以Keyhole為例，我相信羅辛看到了約翰作為領導者的潛力，不僅僅是作為Keyhole的領導者，更是作為Google努力在地圖方面的新領導者。也許Google員工應該與Keyhole齊心協力。

我認為羅辛說「我們不要把這些搞砸了」，是想表達：「我們現在有了一支強大的團隊，他們在公司重要的新領域裡擁有豐富的經驗。我們不要拆散他們，就讓他們在約翰和布萊恩的帶領下，建立一個新的團隊吧。」

約翰在Google的職位是Keyhole總經理。在不久的將來，Keyhole團隊的所有人仍然向約翰報告。而約翰和瑪麗莎一樣，直接向喬納森‧羅森伯格報告。布雷特‧泰勒和地圖團隊將向負責Google搜尋和消費產品（除了基礎架構外的所有Google產品）的瑪麗莎報告。瑪麗莎陣營和約翰‧漢克陣營之間有了一條清晰的組織界線。怎麼可能會出錯呢？

10月21日星期四，在我們進入Google的第4天，Google公布上市後的第一份收益報告。這是金融領域第一次看到Google的財務數據資料，也是Google上市後第一個看到公司財務狀況的機會。我也很想知道Google的收入是不是真的達到華爾街的預期。

Google用一個響亮的「是」，首次輕鬆地回應了華爾街此前

多次表達的期望。背後的原因當然是，即使在2004年不到一年的時間裡，Google神奇的自動取款機，即AdWords（關鍵字廣告，現在更名為Google Ads），也在以驚人的速度產生收入。現在收益公開了，全世界都已看到，Google創造收益的能力在商業史上是無與倫比的。它是歷史上市值成長最快的公司：從零增長到10億美元。自3個月前上市以來，股價已經從85美元漲到140美元。在第一個收益報告發布後，Google股價暴漲至190美元。

Keyhole團隊恰好坐在41號樓的行銷和公關團隊旁邊。熱烈的歡呼聲和掌聲在整個Googleplex裡迴蕩。對於自公司成立以來一直在這裡工作的人來說，這也是他們第一次看到Google的財務狀況。我在這天儘量不去看盤後股價，但還是看了二三十遍。

在Google的第一週快結束時，Keyhole團隊被邀請參加每週一次在查理咖啡廳為全職員工舉辦的TGIF活動。查理咖啡廳是一個形狀不規則的禮堂，禮堂一頭有一個架高的舞台（我了解到最驚人的事實之一就是，Google的38號員工是一位名叫查理·艾爾斯的全職廚師），一面牆掛著一個大大的「Google」霓虹燈。公司當時已經擁有2,500名員工，超出了查理咖啡廳的接待能力，因此，公司設立了一些影片會議室來容納多出的員工。

在這次聚會中，Keyhole團隊坐在Noogler（由「new」和「Googlers」縮合而成，意為「新Google員工」）專屬區域前面最中心的位置。每把椅子上都裝飾著一頂五彩的Noogler小圓帽，帽頂有一個小小的紅色螺旋槳。到處都擺滿了小吃、啤酒和葡萄酒。兩位廚師從廚房裡走出來，將一個衝浪板舉過頭頂——它被當作巨大的托盤使用，上面堆放著矽谷最好的壽司。艾

立克、賴利和謝爾蓋邀請戴著小圓帽的約翰在舞台上為公司示範 EarthViewer。和任何戴著螺旋槳帽的成年男子一樣，約翰顯得很滑稽。對於聚會上的大多數人來說，這是他們第一次體驗 EarthViewer。約翰在軟體上飛往世界各地的時候，現場的驚嘆聲此起彼伏，最後爆發出了雷鳴般的掌聲。

約翰走下舞台時，艾立克‧史密特難以置信地搖搖頭。「這太不可思議了。」艾立克補充道，「而且他是拿一台一般的 Sony Vaio 筆記型電腦做示範。」身為一個在電腦產業做了 30 年的人，艾立克完全理解約翰剛剛示範的技術變革，也明白作為 Google 的一部分，它可能意味著什麼。

TGIF 剛一結束，全體員工就慢慢走到 43 號樓和 41 號樓之間的草坪上，擺好姿勢，準備拍一張特別的照片。酷愛攝影的麥可‧瓊斯爬到 43 號樓的樓頂，在上面拍了全體人員的照片，然後我們很快將照片導入 Keyhole 軟體中。當 Google 員工回到辦公桌前時，他們收到了一封羅森伯格寄給全公司的信。信中對 Keyhole 做了正式介紹，並歡迎 Keyhole 加入 Google，同時通知 Google 員工，他們現在可以免費造訪 Keyhole EarthViewer 了，他們可以直接使用他們的 @google.com 郵件地址登錄 Keyhole。

Google 員工猛增的需求差點讓 Keyhole 的伺服器系統崩潰。這如果不是一個危險訊號，也算得上是一個有用的經驗教訓了。讓服務免費，即使只對 2,500 人免費，也將面臨成倍增長的巨大使用量和需求。

接下來的一週裡，10 月 27 日，即 Google 公布收益報告後的第 5 天，收購 Keyhole 的公告終於獲准發布了。在黎明前的幾個小時裡，Keyhole 和 Google 的一小隊人來到我們的舊辦公室。近

井買來了 Krispy Kreme 甜甜圈，德德煮好一壺新鮮的咖啡。由於Google 的股票已經公開上市交易，收購公告是重大財務消息，因此收購公告發布的時間必須與股票市場開盤的時間一致，即美國東部時間上午9點（或太平洋時間上午6點）。這是一系列需要高度協調的任務。作為行銷主管，我擔任了指揮。

早上5：45，Keyhole 伺服器重新設定到新的 Google 伺服器。5：55，由帕特里夏・沃爾發布新網站（Keyhole's Feeling Lucky）。6點，由卡倫・維克勒推播 Google 部落格文章，同時解除對所有事先知情的媒體消息封鎖令；由諾亞・多伊爾在美國商業資訊網（Businesswire）上發布新聞稿。6：05，由里提向專業客戶寄送電子郵件新聞簡訊。6：10，向消費者客戶寄送電子郵件新聞簡訊；埃德・魯賓將認證伺服器切換為 Google 伺服器，由於預計會出現下載高峰，他還要密切監控伺服器的情況。

最後一項！不用再向朋友和家人保密了，我們可以隨意地談論收購了。我的信箱馬上收到朋友、家人以及商業夥伴寄來的郵件，標題有「基爾迪，怎麼回事？！」、「天啊！打通電話給我吧！」、「哇哦！哇！」

那天我最喜歡的一通電話，也許是約翰・漢克接到拉阿韋尼達街94號的房東打來的。你們應該還記得，這個房東就是4年前我和約翰在聖地牙哥一邊喝啤酒一邊吃墨西哥卷捲餅時，和約翰在電話裡討價還價的那個人。

作為收購的一部分，約翰和德德被要求找擁有 Keyhole 已發行股票60%的投資者，並拿到這些投資者批准收購的簽名。兩週裡，他們一直在找這位房東，想告訴他收購的事，讓他填表格並在上面簽字。

　　發布收購公告那天，約翰接到了房東的電話，他特別著急。「我沒錯過這筆交易，對吧？」他問。「我需要簽什麼名嗎？什麼時候簽字？到哪簽？」接著，他解釋了為什麼一直聯絡不上他。他是從史丹佛大學醫學中心的病床上打來的電話。10天前，他心臟病發作進了醫院，現在還在住院治療。那天早晨，他躺在床上，一邊心不在焉地看著CNBC（美國全國廣播公司財經頻道）晨間財經新聞，一邊吃早飯。

　　牆上掛著的電視機裡，記者說：「搜尋引擎巨頭Google今天公布了上市以來的第一次收購。這家公司是位於山景城的Keyhole，一家開發了EarthViewer的小型地圖軟體公司。大家可能在CNN及其他電視台上見過這個軟體。這也是Keyhole的房東擁有13,000股股票的公司。」

　　好吧，最後一句其實是我插進去的。不過，這個消息差點讓房東再次犯病。他吐出嘴裡的咖啡，從床上跳下來，慌慌張張地找他的手機和約翰的電話號碼。

　　「沒事的，你好著呢，不用擔心。你的股票很安全，它們將被轉換為Google的股票。你好好休息吧，我們會和你保持聯絡，稍後會跟你細說的。」約翰向他保證。房東終於平靜了下來。但是，房東最後還問了約翰一個問題，也是朋友、家人以及媒體和分析人士提出的眾多問題中最常見的一個：「Google？買了Keyhole？你能解釋一下，他們對你們有什麼打算嗎？因為，說實話，我不太明白啊。」

　　「這個嘛，我們得等著瞧了。」約翰說。

第10章 | 革命性產品

在2004年之前，建立和維護準確的商家訊息數據資料庫，是永遠都無法完成的任務。傳統上，地圖公司完全依賴數據資料提供商來建置、更新和交付商家地址的數據資料，要獲得這些數據需要成百上千位的電話銷售員打電話給商家，來驗證訊息的準確度。即便如此，這些數據資料還是出了名的不準確。埃格諾和哈蒙現在正致力於為Google建置最乾淨、最完整、最新的地理數據資料。如果他們能成功，我們就不必只依靠第三方數據資料提供商了。

一天早晨，我們來到41號樓上班，卻發現布雷特團隊的座位空空如也。一開始我們以為他們可能是遲到了，但到了後來，很明顯他們團隊當天不會進辦公室。顯然，布雷特和瑪麗莎在公司外開了一次地圖策略會議，但沒有邀請約翰、布萊恩或Keyhole團隊的其他人參加。

就我的經歷來說，我曾與布雷特一起參加過好幾次會議，他的個性和才智總讓他在會議上出盡風頭。憑藉他深沉的男中音和過分自信的想法，他甚至壓過了約翰·漢克，贏得會議中的關注以及Google地圖計畫的控制權。由於布雷特畢業後一直在Google任職，他的想法很實際，而且是基於對Google如何處理事情的深入理解。

　　Google 內到處都是布雷特這樣 20 多歲的史丹佛畢業生，不僅僅是專案經理和工程師，還有那些在科技站工作的小夥子，或在人力資源部門工作、指導我填寫醫療保險表格的年輕女士。他們都很聰明，隨時都能詳盡地回答你的問題。

　　自 2004 年 10 月我開始在 Google 工作以來，Google 每天都會收到 3,000 份簡歷（一年要收到超過 100 萬份）。結果，我自己也開始面試這些聰明、有創造力的大學畢業生，不過他們中的大多數人未能通過 Google 的面試挑戰。在一次面試中，我遇到一個年輕人，他為 EarthViewer 提了 9 個行銷點子，而且這些點子都很棒。這位求職者沒能參加第二次面試，另一位 Google 員工出於這樣或那樣的原因把他淘汰了（我從未搞清楚原因是什麼）。我很久之前就明白，Google 絕對不會給我面試機會，更不用說工作機會了。

　　雖然布雷特剛剛接觸地圖產業，但他似乎更想靠著自己來尋找方向，而不是運用 Keyhole 的經驗。布雷特和他的團隊與不少數據資料提供商簽訂了合約，其中一些是已經與 Keyhole 建立合作關係的提供商。丹尼爾・萊德曼接到了一些數據資料提供商的電話，詢問這些新的 Google 聯絡人有關安排會議的事。工程師被招募到這兩個獨立的團隊裡；在決定新來的工程師被分到哪些專案時，布萊恩需要與拉爾斯競爭一番。我們很快就踩到了彼此的腳，以及彼此的自尊。

　　由於我屬於 Keyhole 團隊，我要向約翰報告，但我經常被要求為瑪麗莎的專案幫忙，因為她管 Google 的市場行銷。瑪麗莎把 Google 的大部分行銷職權抓在自己手中，繞過行銷傳播團隊的道格・愛德華茲及其他人控制了行銷大權（不包括公關）。

　　瑪麗莎‧梅爾開始成了眾多公眾活動和演講活動中的Google代言人，包括在全國廣播公司（NBC）的《今天》節目和哥倫比亞廣播公司（CBS）的《60分鐘》節目上露面，談論Google，還示範了Keyhole的軟體，讓約翰感到十分惱怒。他知道《60分鐘》上的訪談，因為黛比要求我在40號樓設立一個EarthViewer展示站，而在那個展示站旁，CBS的工作人員和《60分鐘》的主持人萊斯莉‧斯塔爾將會採訪瑪麗莎，詢問有關新技術、Google文化以及公司未來發展的問題。

　　出於很多原因，我儘量與瑪麗莎保持距離。首先，當然是收購公告期間那場藍色彈珠圖標引起的小混亂。擁有史丹佛大學電腦科學碩士學位的她對我來說聰明、尖銳得可怕，而且她身邊都是些史丹佛最優秀、最聰明的畢業生。因為我上的是州立大學，而且是約翰‧漢克陣營的一員，所以我不在她的圈子裡，那個她苦心經營起來、某種程度上是——用《連線》上的話講——她的「祕密武器」圈子。在校期間，她開發了一款旅遊推薦軟體，表明她很早就對包含地理元素的搜尋感興趣。她後來在史丹佛國際研究所（SRI International）和位於瑞士蘇黎世的瑞銀集團Ubilab研究實驗室實習。畢業後，她收到了14份工作機會，其中包括1999年Google提供的工作機會。

　　2002年，瑪麗莎設了一個特殊的大學招募計畫，對40名「天才Google員工」進行精英培訓。這一培訓方案被稱為「儲備產品經理計畫」，簡稱APM。一旦聘用，這些新來的大學畢業生馬上就會被派往全球各地（通常由瑪麗莎掌控），滿腦子都是有關Google和市場行銷的東西。我會閱讀這些畢業生寫來毫無意義的總結報告，裡面有這些滿臉稚氣的年輕人在Nike工廠或

LV 總部參加會議、站在中國長城上或艾菲爾鐵塔下拍的照片。然後，這些新員工會開始在公司的不同領域進行為期 6 個月的輪職，以相互影響並學習 Google 的各方面業務。這批瑪麗莎的忠誠分子後來被派到 Google 的各個領域中，擔任產品主管職位。不出所料，布雷特和黛比都參加過這個計畫。

在那些天裡，我毫不掩飾我對誰效忠：在享受 Google 提供的各種福利時，不論是在查理咖啡廳吃免費午餐，在 Google 籃球聯賽上打籃球，在 TGIF 聚會慶祝，還是在 Google 的健身房健身，約翰和我總是形影不離。不論何時瑪麗莎在 Google 園區裡看到我，不管是在開會還是在別處，我都和約翰在一起。

對瑪麗莎來說，含有位置元素（例如，舊金山的旅館或聖馬刁開放參觀的房產）的搜尋，只不過是另一種搜尋罷了。無論搜尋結果是使用地圖還是使用分類，它依然是個搜尋。因此，她聲稱位置搜尋屬於她管，即便開發出最好的地圖搜尋軟體團隊也是如此。我推測，她想抓住地圖不放的原因還在於，使用位置的搜尋是極少數能提供創造收益機會的搜尋之一。

請想一想：你覺得「紅綠金剛鸚鵡的平均壽命」、「sycophant 這個詞怎麼唸」或「喝醉的大衛・赫索霍夫[1]吃墨西哥捲餅的影片」這類搜尋結果裡，廣告商會急著往裡面投放廣告嗎？嗯，不會。作為一個人，當你知道這類搜尋占了 Google 所有搜尋量約 93% 時（我可沒誇張），你肯定會覺得不好意思（你們這些人哪！）。所有在 Google 的輸入中，只有 7% 的搜尋會返回廣告（在所有搜尋裡只有 7% 讓 Google 有機會賺到錢）。此外，Google

---

[1] 大衛・赫索霍夫是一名美國演員，代表作有《海灘遊俠》。──譯者注

不允許做色情廣告。

巧的是，與旅遊規劃和房地產相關的搜尋（這兩種被列入使用地圖搜尋的條件已經成熟）是Google最有利可圖的兩種搜尋。瑪麗莎本來不想讓別人進入這個有利可圖的領域。

2004年12月，情況對我來講變得更加複雜起來。不知何故，我發現自己需要同時負責Google本地服務和Google地圖的行銷，以及我原先在Keyhole的職責。黛比·賈菲把這些工作視為自然而然且參與度較低的附加職責，因為Google本地服務是一個只對美國開放的實驗性服務，對收入幾乎沒有多少拉抬作用，而Google地圖甚至還沒有推出。還能有多難呢？我很高興我們剛一起工作了幾個月，黛比就要我承擔額外的職責。

在諮詢約翰並獲得他的批准後，我同意了。在Google公司的全球組織結構圖上，有兩位負責Google地圖以及即將發布的Google版EarthViewer的市場行銷：Keyhole的市場協調員里提·魯夫和我。突然間，我又要負責Google地圖和Google地球的行銷。

這意味著我現在要同時向約翰和瑪麗莎（透過黛比·賈菲）報告。約翰批准了此舉，因為他知道只有瑪麗莎有權力決定在Google主頁上推廣哪個產品。他猜測，如果我與瑪麗莎有某種表面上的工作關係，我就可能會讓Keyhole更頻繁地登上Google主頁。他猜對了。

每兩週，Google主頁上的搜尋框下方就會顯示一個一行字的連結。通常，這個連結是用於慈善事業或加強介紹當前的事件（如法國國慶日）。雖然只是一行文字，但它可能是地球上最有價值的廣告，每天都有成千上萬人看到它。而瑪麗莎控制著這行

文字的內容。

加入瑪麗莎的組織後，我便能夠在黛比的幫助下，讓Keyhole在2004年秋季和2005年春季多次登上Google主頁，而每次推廣都能為EarthViewer產生每天上萬次的下載量。

然而，這些雙重任務很快便讓約翰惱火，因為我把我的時間分給了兩個老闆。我每天都要參加無數個會議，我經常要向潛在廣告客戶展示EarthViewer的示範程式，例如百事公司、Travelocity（旅遊城）和戴爾，還要在Google高階主管會議、新員工會議以及其他會議上展示EarthViewer。這表示當約翰來找我時，我常常不在我的辦公桌前。

黛比負責瑪麗莎管轄下所有產品的行銷：Google本地服務，一個名為Froogle的購物服務，照片編輯軟體Picasa、Gmail、Blogger以及其他一些我想不起來的產品。哦，對了，還有Google.com。既然我正在和瑪麗莎的團隊合作，我發誓不要變成Blogger，這個部落格發布服務團隊在一年前被收購，但似乎已經從Google文化中被移除，而且被拒絕轉換為Google的品牌。當我在那個春季更加地融入黛比·賈菲團隊中（因此也是瑪麗莎的組織中）的市場行銷時，近井在產品方面也迅速融入了布雷特·泰勒的團隊中（因此也嵌入了瑪麗莎的組織中）。畢竟，布雷特的團隊需要近井的專業技能——處理和維護全球地圖數據資料庫。

在Where2Tech探索的基礎上，布雷特團隊最初的原型只使用了一些免費的政府數據資料集的小樣本。現在他們坐在Keyhole團隊旁辦公，而我們的團隊在過去5年裡已經建起一個地圖數據資料的資料室。我們還建立了導入和管理所有數據資料

的工具和流程，是使用馬克・奧賓和約翰・約翰遜開發的最新版本Earthfusion工具來完成數據導入任務，我們已經產生一台運轉良好的數據資料處理機器。（事實上，馬克為Google員工開過一個小技術講座，解釋我們軟體中使用圖像拼接工具的機制。這種技術講座是一種在吃午飯時舉行的簡短講座，幾乎每天都有，是公司為促進部門間交流而做的努力之一。）

我想提醒大家的是，地圖本質上是一個數據資料庫，在這個數據資料庫裡，所有的記錄都有一個位置。布雷特、瑪麗莎、延斯和拉爾斯也許正在開發歷史上最偉大的音樂播放應用程式，但約翰和Keyhole團隊卻擁有所有歌曲。這些歌曲是交通路網數據資料、商家訊息數據、邊界數據、公園和建築物等興趣點（point of interest）、航拍照等等。Keyhole團隊現在完全能夠強力助推Google地圖團隊所發起的工作。

在11月和12月的一系列會議中，約翰、瑪麗莎和布雷特開始意識到這一點，並為兩個團隊設立了一個共同目標：在3個月內推出Google地圖。達成這一目標的關鍵在於一個共通點——數據。擁有打開所有數據的鑰匙的人就是小間近井。近井主導了這項工作，並設法讓兩個團隊協調合作。他在這兩方面做出的努力不亞於約翰・漢克或布雷特・泰勒。

從2004年11月開始，許多人都在這段時間裡努力工作，但我可以坦誠地說，我從未見過任何人像小間近井一樣，努力地把Keyhole的圖像整合到Google地圖中。我每天早晨來辦公室以及每天晚上離開時，近井都在辦公室裡寫程式碼、與伺服器工程師或布雷特、拉斯姆森兄弟開會，甚至週末他也不分晝夜地待在辦公室裡。（就在收購Keyhole之前，Google的保全部門制定了不

允許員工在辦公室就寢的政策。當時,一個剛從布朗大學畢業的大學生被發現住在 Google 辦公室,他沒有租房,而是睡在辦公室的沙發上,使用園區裡的自動洗衣店,並在 Google 健身房裡洗澡。)我經常和近井開玩笑說,他是不會被允許住在 Google 的。他的超大號座位下面有個推拉式的沙發床,如果這個規定執行沒那麼嚴格的話,他很可能會睡在上面。

近井的外交努力始於一個由布雷特、吉姆和 Where2Tech 團隊發起的友善挑戰。他們的打賭集中在 Where2Tech 團隊想要創造清晰的使用者體驗上。未來,拉爾斯和布雷特的圖塊預渲染技術加速後,Google 新地圖服務的使用者將獲得流暢的使用體驗。服務裡還會設置一個按鈕,允許使用者查看該地點的航拍或衛星圖像,圖像數據資料庫將與 EarthViewer 背後的數據資料庫完全相同。

在伺服器工程師安德魯·基爾姆澤(Andrew Kirmse)的幫助下,近井建立了一個特殊的伺服器集群,然後讓 Google 地圖團隊能夠使用 Keyhole 的圖像數據資料庫。(約翰其實在 8 年前就與安德魯在一個名為 Meridian 59 的遊戲計畫上合作過,Meridian 59 被普遍認為是第一個 3D 線上角色扮演遊戲)。接著,近井打賭,看 Where2Tech 團隊能不能在一週內將 Keyhole 的圖像數據資料庫整合到使用網路的 Google 地圖體驗中。如果他們能做到,他們可以在矽谷隨便挑一家飯店,近井請他們吃飯;如果他們失敗了,Where2Tech 團隊則要請近井吃晚飯。

近井不知道的是,在 Google 完成了對我們公司的技術盡職調查後,延斯和拉爾斯預計他們會與 Keyhole 的航拍和衛星圖像整合,因此他們一直焦急等待這一天的到來。和 Keyhole 一樣,

他們一直在等待收購交易的結束。雖然近井不知道這件事，但兄弟倆已經對如何整合數據進行了概念上的驗證。

於是，Where2Tech團隊愉快地接受近井的挑戰，並在不到24小時內完成。到了2005年1月，內部的Google地圖計畫已經包含航拍照，同時已經開始定期更新經過展示和測試的內部版本。一天下午，我站在延斯身後，他向我展示了最新版本。我以前從未見過這樣的東西，簡直太神奇了。這是一個在網頁瀏覽器中運算下載速度極快的地圖，你可以隨時切換到衛星和航拍照，並能方便地查看這些圖像。它比任何其他使用網頁瀏覽器的地圖都要快得多。直到此時，我才開始理解賴利的那句話：「你們應該把目標定得再大一些。」一天晚上，在玩Google地圖的預覽版本時，我開始意識到，它將完全超越MapQuest。它的使用者體驗顯然是出類拔萃的。

這一系列最初的成功以及近井的努力，幫助了兩個團隊走在一起。近井請Where2Tech團隊（他自己掏錢，而不是用Google的G卡[2]）在帕羅奧圖的高檔古巴餐廳La Bodeguita del Medio吃飯。

雖然Where2Tech團隊提供了一個在Google地圖添加航拍和衛星圖像的清晰技術路徑，但這一做法並未提供清晰的業務路徑。我們的航拍和衛星圖像提供商，並未授權我們在免費的網路服務上使用這些圖像。Airphoto USA（美國航空攝影公司）、Digital Globe等公司有充足的理由擔心，外部駭客會惡意攻擊並下載整個航拍照資料庫。因此，丹尼爾和約翰還有很多工作要

---

[2] G卡是Google發給員工的信用卡，Google會替員工支付信用卡帳單。──譯者注

做，他們需要和 Google 的律師一起重新就我們的數據資料合約進行談判。這將是一個昂貴且耗時的過程。從法律上講，我們未被允許使用 Google 第一版地圖產品裡的圖像。

不過，不知何故，布雷特、延斯和他的團隊似乎並不理解約翰和丹尼爾面臨的這項艱鉅任務。兩個團隊之間仍然存在著「我們」和「你們」的心態。Google 地圖團隊似乎認為，Keyhole 將最高解析度的圖像留給了 EarthViewer 產品，而沒有拿出來分享。

「對你們來說，獲利付款方案是你們要完成的大事。」幾年後延斯對我說，「所以我們知道你們不希望我們拿到最好的圖像。你們想把最好的留給 EarthViewer。」這個說法毫無事實根據，但最終，Google 地圖團隊相信了我們。

先不說信任問題。41 號樓裡的工程師還為這個殺手級的新地圖創造了第 3 個功能：一個整合的 Google 搜尋框。畢竟，雖然含有航拍、衛星圖像，而且地圖的快速流暢的確令人驚嘆，但地圖只有在搜尋到使用者要找的東西時，才是有用的。

早在 Where2Tech 或 Keyhole 踏進 Google 園區之前，就已經有幾位很有才華的 Google 員工，在思考如何讓使用者方便地搜尋與某一地點相關的結果。這個團隊由一位名叫丹·埃格諾（Dan Egnor）的軟體工程師帶領。

丹是透過比賽進入 Google 的。2002 年 4 月，Google 舉辦名為「第一屆年度程式設計大賽」的挑戰賽。比賽準備了豐厚的獎品（包括 1 萬美元獎金和一次 Google 山景城園區的貴賓之旅），同時它也是一個激發新想法的好方法。比賽的參與者可以讀取90 萬個網頁的數據，並須提出一個企劃案來探索這些數據的創造性用途。

　　5月31日，Google宣布，丹・埃格諾以他的「地理搜尋」計畫贏得了比賽。丹編寫出一個軟體演算法，可以有效抓取這90萬個網頁的訊息，尋找其中的街道地址。然後，他對這些地址進行地理編碼處理。地理編碼就是將地址轉換為經度和緯度訊息，而有了這類訊息，就可以用這個數據資料庫來建立地圖。這意味著，如果某個網頁包含街道地址，就可以把它標在地圖上。

　　如果說在賴利・佩吉眼中，Google的使命是「整理全世界的訊息」，那麼丹・埃格諾的新演算法就是「透過地理整理全世界的訊息」。Google在2002年提供了一份工作給他，但因為不想離開紐約，他沒有立即接受這份工作。一年後，Google成功將埃格諾聘為其在紐約的第一位工程師，而埃格諾也為Google設立了一個美國東岸的前哨，他在那裡與另一位工程師伊麗莎白・哈蒙（Elizabeth Harmon）一起建立了一個名為「透過位置進行Google搜尋」的計畫。

　　哈蒙和埃格諾將抓取網頁並尋找地址，然後對這些網頁進行地理編碼並做成產品。之後，他們將這些數據與InfoUSA、Dun & Bradstreet等第三方數據資料提供商授權的其他數據資料庫相結合。2004年，Google為埃格諾的成果申請專利，專利名稱為「根據地理相關性將檔案編入索引」。

　　在2004年之前，建立和維護一個準確的商家訊息數據資料庫是一項薛西弗斯[3]式的任務：它永遠無法完成。傳統上，所有的地圖公司，從MapQuest和Navteq到TomTom和Keyhole，完全

---

[3]　在希臘神話中，薛西弗斯（Sisyphus）因前生罪惡受懲罰，無休止地將一塊巨石搬到山頂，而巨石總是一再滾落。——譯者注

依賴數據資料提供商來建置、更新和交付商家地址的數據資料。沒有人想自己建置這些數據資料。要獲得這些數據需要成百上千位電話銷售員打電話給商家，來驗證訊息的準確度。即便如此，這些數據資料還是出了名的不準確。僅在美國就有3,000萬個商家營業地點，而且，現有商家會不斷搬遷或倒閉，新商家、新的連鎖店會開張。

數據資料導入的延遲也加劇了不準確性。例如說，Keyhole 每6個月會從InfoUSA收到一次更新（數據燒在幾十張CD光碟上）。根據近井和韋恩的工作量，我們可能會每8個月或9個月更新一次數據資料庫（假設InfoUSA的電話銷售員已經正確發現了地址變更）。因此，眾所周知的是，MapQuest及其他地圖服務，包括Keyhole，常常將使用者引導至已經搬遷或完全倒閉的商家。我記得一天晚上，我按照地圖的指引來到一個聯邦快遞服務據點，想寄一個緊急包裹，卻發現服務據點大門緊閉，門上掛著一個牌子寫著：「已搬遷。」畢竟，地圖只不過是表示地理環境的數據資料。

埃格諾和哈蒙現在正致力於為Google建置最乾淨、最完整、最新的地理數據資料。如果他們能成功，我們就不必只依靠第三方數據資料提供商了。相反，我們會將第三方數據作為基礎，然後將它們與埃格諾和哈蒙為網頁索引建置的數據資料庫進行比對。

想想塔吉特百貨吧。2017年，該公司在美國各地擁有1,792家門市。自2007年以來，公司的門市數量增加了約300家。這等於說，塔吉特百貨每年會新開設大約30家店，而其他很多店也可能會搬遷。塔吉特百貨或任何其他商家在開設新店或關閉舊店

時,首先要做的一件事就是在網站上更新地址。如果你想讓你的顧客找到你,你就必須更新你的網站。

哈蒙和埃格諾的工作使得Google無須等待InfoUSA打電話給塔吉特百貨核實地址,更新其商家訊息數據資料庫,再將更新後的數據資料庫寄給客戶,這些數據也無須和其他數據一起排隊等待更新。由埃格諾和哈蒙的網站抓取生成的新數據資料庫,將與舊數據進行比對,任何無法驗證的舊數據都會被標上「該地點可能已關閉」的警告。

2004年12月,桑尼維爾新開了一家塔吉特百貨,離我嫂子家不遠。當我在預覽版本的Google地圖中搜尋「加州桑尼維爾附近的塔吉特百貨」時,這家新店在搜尋結果中排在第一位;在地圖上,延斯設計的圖釘圖標標在桑尼維爾市中心的一個新地點上。為了比對,我在MapQuest和雅虎地圖上做完全相同的搜尋。它們完全漏掉這家新的塔吉特百貨,而是在埃爾卡米諾雷亞爾路上標出一個地點,而這個地點上的店一年前就關閉了。

「哇,快來看這個。」我從我的辦公室裡喊約翰。他來到我辦公桌旁,我向他展示了塔吉特百貨的搜尋,首先在MapQuest上,然後在Google地圖的預發布版本上。

「我已經知道了,我上週剛見過埃格諾和哈蒙,」約翰說,「他們從紐約過來,向布萊恩、丹尼爾和我報告他們工作的最新進展。這將是對第三方提供舊數據的重大改進。」

布雷特、拉爾斯、近井及團隊正在建置最快、最美麗的基礎地圖,不過最重要的還是數據,也就是在地圖上標出的興趣點(places of interest,POI)。埃格諾和哈蒙的工作將確保Google的興趣點──即我們的地理訊息──是最全面和最新的。

這是Google地圖計畫的一個重要組成部分,而現在,
Keyhole團隊也加入進來。Google的使命是整理全世界的訊息,
現在這些訊息也包括了現實世界中存在的物理位置訊息。埃格諾
和哈蒙的工作將Google搜尋從「為網頁編索引」,擴展為「為整
個世界編索引」。

我還應該指出的是,對於前面提到搜尋塔吉特百貨,我只需
將訊息輸入預覽版本的單個搜尋框中,不需要在多個框中輸入
訊息。而在MapQuest上,我點擊了「商家」單選按鈕,然後在
商家名稱框中輸入「塔吉特百貨」,又在城市名框中輸入「桑尼
維爾」,然後在州名框中輸入「加利福尼亞」。類似地,查找一
個地址時,使用者需要點擊地址單選按鈕,在街道地址框中輸入
「第31街西街806號」,在城市名框中輸入「奧斯汀」,然後在州
名框中輸入「德克薩斯」。與所有Google搜尋一樣,Google地
圖裡也只有一個搜尋框。這是一個完全陌生的概念。(「波基普
西的冰淇淋店」這條搜尋案例在Google地圖搜尋框下面,一直
存在了好多年。)

埃格諾和哈蒙的工作是在Google地圖產品的前身、一個叫
「透過位置進行Google搜尋」的服務中首次面世。這項服務主要
是為了證明這個概念,以及證明地圖解決方案確實有市場需求。
你可以在Google公司網站上的「Google實驗室」中找到「透過
位置進行Google搜尋」條目。

早在收購Keyhole之前,2004年4月,透過位置進行Google
搜尋就已經被瑪麗莎改組為「Google本地服務」,在Where2Tech
和Keyhole來到Google之前,布雷特·泰勒、吉姆·莫里斯和另
一位名叫陳太的產品經理曾在Google本地服務團隊工作。雖然仍

處於測試階段，但Google已經開始向消費者和廣告商推銷這項
服務，把它從一個默默無聞的Google實驗室計畫變成了Google
主頁上的一個連結。作為此次試運行的一部分，透過Google的
Google Ads服務註冊並在Google上投放廣告的企業，可以同時選
擇廣告的投放地點。

到2004年底，3個團隊都在齊心協力地創造一個殺手級地
圖。我們都各自帶來了革命性的東西：布雷特、拉爾斯和他們的
團隊建置了能在瀏覽器中運算的美麗地圖視圖；約翰、近井和
Keyhole團隊帶來了拼接起來的航拍和衛星圖像視圖，現在也能
在瀏覽器中運算；丹・埃格諾和伊麗莎白・哈蒙開發了最好的點
數據，代表著最新、最完整的數據資料庫。

這3個團隊被稱為地圖／本地服務／Keyhole聯合團隊。
聯合團隊的一半人正致力於推出Google地圖，另一半人開發
Google版本的EarthViewer，這個版本還沒有名字。

到了此時，3個團隊已經開始更有效地融合。我特別喜歡內
向的延斯・拉斯姆森。這樣一位高水準的設計師是團隊中非常寶
貴的財富。他開一輛新的紅色法拉利，每週五都帶丹麥糕點給整
個團隊的人吃。拉爾斯則非常聰明，受人尊重，並且很有洞察
力。兄弟倆所做的工作——在布雷特・泰勒和吉姆・莫里斯的幫
助下——不能不令人嘖嘖稱奇。我得承認，我確實開始懷疑這個
地圖服務會阻礙我們的旗艦軟體EarthViewer的市場需求，它實
在是太出色了。

約翰的看法則有所不同：Ajax技術也令他感到興奮，但他
知道，網站要達到本地3D客戶端應用程式那樣的渲染效果還需
要好多年。EarthViewer現在還能查看整個世界的地形、3D建築

物和數百個數據疊加層。而使用 Ajax 的網站只能顯示靜態 2D 地圖圖塊。（這兩項技術最終會合併到一起，但那是差不多 10 年之後的事了。）

2004 年 12 月 19 日，星期五，也就是 2004 年我們正常上班的最後一天，賴利和謝爾蓋出乎意料地在 TGIF 慶祝會上發給全公司 2,500 人每人一個裝有 1,000 美元現金的信封。當晚，公司舉行了年度假日派對。Google 為此次活動租下整個山景城電腦歷史博物館。博物館的裝飾主題是一座荒島，入口處是一架墜毀、露出一大堆金條的塞斯納 172 飛機。在那天晚上的某個時刻，一個康茄舞隊伍伴隨一支熱情的加勒比風樂隊的鋼鼓鼓點在中庭裡蜿蜒前行。草裙舞舞者婀娜地扭動穿著草裙的臀部。畢竟，公司的規模翻了一番，股價在短短 6 個月內從 85 美元暴漲到 192 美元，所以，大家都在開懷暢飲。

傍晚時分，Google 早期的一位高階主管把我拉到一旁。我們站在陽台上俯瞰著熱鬧的慶祝會。「你們要非常小心。」他說，「不要被她的外表欺騙。她是個會吸乾她周圍所有人精力和責任感的黑洞。如果漢克不小心，如果他不提防著，她也會吸乾你們所有人。」他妻子站在一旁，心照不宣地點了點頭。

他沒有說她的名字，但我知道他說的是誰。

「我知道她不贊同約翰不必向她報告的決定。」我說，「但我覺得約翰不會有事的，Keyhole 團隊也不會有事，因為韋恩·羅辛確實看到了我們帶來的價值，我認為他是支持約翰的。」

「喔，我看不一定。」他啜了一口雞尾酒說，然後四處張望了一會，「我聽說羅辛要退休了。」

第11章 ｜ 整個地球的數據

「Google本地服務到底是什麼東西？」當她的信出現在我的收件夾時，我跳了起來，跑進約翰的辦公室，他坐在轉椅上轉來轉去說：「我知道，這個問題問得很好。」他和我一樣討厭這個名字。約翰提醒我，這並不是他的決定。布雷特和整個Google地圖團隊仍然向瑪麗莎彙報，而且她顯然希望將其與Google本地服務這個她創立的產品結合起來。

2005年1月下旬一個寒冷的清晨，Keyhole的41人團隊（我們已經開始擴充我們的團隊了）在5點30分悄悄登上停在41號樓外的漂亮黑色大巴士。我們登上這輛有Wi-Fi的巴士是當天早晨在Googleplex裡排隊等候的45輛巴士之一，這些巴士將把整個公司的員工，從山景城拉到5小時車程外塔霍湖附近的斯闊谷滑雪度假區。從2000年開始，Google每年都會舉辦一次旅行。這一次，Google包下整個滑雪度假區，供全員度假兩天。（這次是公司最後一次全員一同旅行，為了更易於管理，往後的旅行改成分批進行。）

當我們到達山上時，湛藍的天空格外晴朗。入住豪華旅館之後，團隊的大部分人立即衝到山上。約翰和布萊恩買了幾十部螢光綠色的Garmin GPS定位記錄設備。在山腳下靠近滑雪纜車的地方，我們擺了一張桌子，讓Google員工上山滑雪前在GPS設

備上簽到，以記錄下他們的滑雪路線。等他們滑完回來，我們就會下載他們的數據，並把一個 EarthViewer KML 檔案寄給他們，讓他們可以虛擬重溫自己那天在山上的體驗（檔案裡包含了滑行路線和速度）。當時的許多 GPS 記錄設備都已經開始採用約翰‧羅爾夫的 KML 標準，使得 EarthViewer 成為查看設備收集到的數據的首選工具。這可能是消費者第一次能看到他們的位置被標示在「以一個個小圓點在真實航拍和衛星圖像中呈現」的地圖上。

約翰希望運用這項 GPS 特技讓其他 Google 工程師看見他新團隊的創新成果，並希望有機會吸引其他人加入 Google 這個不斷擴張的地圖計畫。

對於許多 Google 員工來說，約翰和 Keyhole 團隊對 GPS 追蹤滑雪路線的展示讓他們首次了解到了 Google 在地圖上的優勢。幾位 Google 員工在滑雪之旅中曾公開質疑我們的策略和計畫，他們對我們團隊平時在 41 號樓裡做些什麼所知甚少。

有人可能會認為，在 Google 地圖推出之前的幾週內，整個公司可能都在為產品的發布忙碌。但事實上，公司中很少有人知道，也不會多想我們正在做什麼。對於其他員工，我們只是另一個做著自己該做的工作、準備推出另一種產品的團隊。而且，不僅 41 號樓之外的人沒有任何期待，我也不認為 41 號樓裡的人都了解我們即將引發的地圖熱。

發布日期定在 2005 年 2 月中旬。產品神奇地將 3 個特點結合在一起：一個快速、流暢、可使用在瀏覽器的地圖，一個龐大的航拍和衛星圖像數據資料庫，以及一個能更全面搜尋最新地理數據資料的 Google 搜尋。在這幾個功能中，航拍和衛星圖像的功能是最難達成的，因為它必須與 Airphoto USA 和 Digital Globe 等

公司重新簽署合作協議。（眾所周知，任何需要律師參與的事都要花費很多時間。）約翰和丹尼爾需要與我們的數據資料供應商就所有的合約重新談判；我們將不得不向 Airphoto USA 和 Digital Globe 支付更多的錢。

在清楚認識到我們需要為整個世界——不僅僅是美國——建置一個地圖服務後，丹尼爾決定倚重 Digital Globe。丹尼爾帶著巨大的需求去找他們談判。Google 希望為地球上 200 個人口最多的城市提供最新的衛星圖像。

Digital Globe 商業銷售負責人麥可・麥卡錫與丹尼爾一同工作了數週，以便仔細確認這筆巨大的數據資料是可協議，並向 Google 報價。經過多輪談判後，丹尼爾和約翰終於對協議條款感到滿意。Digital Globe 衛星圖像在協商後的價格降到每平方公里 1 美元的合理價格，但由於數據資料量龐大，總價依然高得驚人：300 萬美元。

約翰走進我們的辦公室，跟我們講了他對總價的震驚和顧慮。儘管如此，他一直有收到積極的消息，包括有賴利參加為我們舉辦的歡迎會，以及對賴利提出的「把目標定得再大一些」的挑戰，所以他和丹尼爾決定去爭取一下。約翰準備向管理高層報告 Digital Globe 的提案，以獲得對這筆預算的批准。這是他第一次去找賴利和謝爾蓋要錢。

在當時，Google 還沒有一個正式的程序來確認交易。如果你想為了合作、收購或取得大量地圖數據資料尋求資金支持，需要預約時間到 43 號樓與賴利和謝爾蓋面談。事實上，你很可能需要與賴利和謝爾蓋本人約時間，兩位創始人都經歷過沒有行政助理的荒唐階段。顯然，他們這麼做的理由是：他們比自己所希

望的還要忙,如果他們不用行政助理,就不會有那麼多會議要參加。

讓他們鬆一口氣的是,賴利和謝爾蓋終於與丹尼爾和約翰定下了會談時間。他們走進賴利和謝爾蓋共用的昏暗且雜亂的辦公室,這間辦公室位於43號樓3樓的一個夾層,與下面的樓層有聯通。丹尼爾和約翰跨過散落在地上被拆解的小裝置,躲開那台由賴利的電腦控制、有輪子滿處跑的機器人筆記型電腦。

賴利繼續在辦公桌前工作,當丹尼爾打開筆記型電腦要進行簡報時,他才抬頭匆匆看了一眼丹尼爾。在丹尼爾開啟簡報檔案之前,賴利和謝爾蓋就已經開始向約翰和丹尼爾詢問 Digital Globe 的 QuickBird 衛星技術規格的問題:它飛行的速度、高度、感測器的大小、解析度,每個圖像的大小,它在白天可以運行多少小時,裝載儲存量,發射時間以及它的成本。

賴利和謝爾蓋就 Digital Globe 數據資料庫的總體規模辯論了一番,他們考慮到雲量、飛行路徑、發射進入太空的日期等因素。在被謝爾蓋打斷之前,丹尼爾剛放了他準備的5頁簡報投影片中的第2頁。約翰與丹尼爾一同坐在沙發上,默默接受他們眼前發生的一切。

「為什麼這麼少?」謝爾蓋問。

「為什麼這麼少?」丹尼爾不明白他是什麼意思。這筆300萬美元的採購意味著:將現有的地圖航拍和衛星數據資料庫擴大3倍。現有的數據資料庫是 Keyhole 花了5年時間建成的,丹尼爾提議將這個花了5年時間建成的數據資料庫擴大3倍。

「這是他們的全部數據資料嗎?」謝爾蓋問,雖然他自己已經算過,知道並不是。

「可這就是我們需要的全部數據資料。」丹尼爾回答。

「他們的整個資料庫有多大？」賴利問。

「你指的是整個地球的數據嗎？」約翰問。

「他們的整個數據資料庫還包括了大洋中央的一些偏僻島嶼，非洲、澳洲及南極洲的一些人口稀少的地區，撒哈拉沙漠，以及其他許多我們並不需要的東西。總面積大概有8,000萬平方公里。」丹尼爾解釋道，「我們想請你們批准購買其中的300萬平方公里，費用是300萬美元。我們只需要這麼多圖像。」

「你們為什麼不購買整個資料庫呢？」賴利問。

丹尼爾和約翰目瞪口呆地看著對方。只有美國軍方購買過整個 Digital Globe 數據資料庫。

機器人繼續在鋪著地毯的地板上亂跑。

「是啊，你們還是先回去，看看如何購買整個數據資料庫吧。」謝爾蓋也贊成這個意見，「全部8,000萬平方公里。」兩位創始人似乎在互相慫恿，抬高賭注，以使產品盡可能的出色。

那天下午，我與約翰和丹尼爾一起去查理咖啡廳吃午飯。他們都沒有說話。

「喔，有那麼糟糕嗎？」我最後忍不住問。

約翰對我一笑，微微揚眉看了丹尼爾一眼，然後說：「我想我們可能需要改變我們的想法了。」

午飯後，丹尼爾打電話給麥可‧麥卡錫傳達這個消息。「你的提案被拒絕了。」丹尼爾對正在科羅拉多州球場打高爾夫球的麥卡錫說。「你最快可以何時做出整個 Digital Globe 數據資料庫的提案？」

我簡直不敢相信。我仍然沒有完全理解賴利和謝爾蓋對

Keyhole 和 Google 地圖計畫制定的範圍。它似乎並不是建立在我所能理解的經濟現實面之上。他們到底準備把這一切引向何方？他們都瘋了嗎？我們是不是也應該瘋掉？

接下來的週一，約翰向 Keyhole 管理團隊說了賴利和謝爾蓋對 Digital Global 合約的回應。他向我們所有人傳達的主要訊息是：振作起來，做好準備，大變革即將到來。對於布萊恩和近井來說，這無疑為伺服器和人力方面帶來挑戰，甚至引發了擔憂：所有這些資料存儲在哪裡？「我們需要為儲存 Digital Globe 資料的硬碟驅動器買一個更大的機櫃。」近井說。

隨著衛星圖像的交易規模劇增以及談判的時機悄悄溜走，航拍和衛星圖像不可能在2月初推出 Google 地圖時準備就緒。結果，瑪麗莎和布雷特決定仍然在2月份的原定日期發布——但不含 Keyhole 的航拍和衛星圖像數據資料庫。我們對 Keyhole 的圖像不被包含在初版發布的產品中感到失望，但也理解這一決定。

「先發布再說」是當時 Google 一句常見的口頭禪。大家對靈活迅速有著強烈的渴求，不想讓完美成為發展路上的絆腳石。

發布日期和時間定在2005年2月8日星期二早上9點（太平洋時間）。此時，Google 在支持新產品的市場行銷方面做得還很少，而這次發布甚至比 Google 的最低標準還低，完全沒有行銷活動。名義上，我在1月初就已經接任團隊的行銷總監一職，但之後一直沒有行銷計畫，也沒有時間策劃媒體拜訪或發布預告片之類的行銷活動。雖然產品已經在內部使用和測試了2個月，但在美國推出 Google 地圖的發布對公司來說似乎是一件大事。另外，我工作的重點在 Google 版本的 EarthViewer（它是可下載的應用程式），而不是 Google 地圖的網站。

　　布雷特寫的一篇宣布新服務誕生的部落格短文，已經在
Google 伺服器上排隊等候，準備在星期二上午 9 點發布。因為這
個公告發布的時間比較早（Google 工程師是出了名的晚上班），
而且由於部落格文章已連結到新的網域（maps.google.com），延
斯和拉爾斯以及團隊的其他成員，決定星期一晚上就讓網站上
線，在第二天正式發布前，依靠一個隱藏功能來避免走漏消息
（我們指望這 11 個小時裡沒人會找到 maps.google.com 網站）。

　　星期一傍晚大約 6 點鐘，團隊在 41 號樓某層辦公區的角落裡
集合：布雷特、吉姆・莫里斯、延斯和拉爾斯都到了。諾爾・戈
登和史蒂芬・馬也提前幾週從雪梨飛過來，為發布前最後幾個星
期的工作提供支援。儘管航拍和衛星圖像沒有一同發布，近井也
一直在為團隊工作。安德魯・基爾姆澤也到場，成了 Google 地
圖團隊和 Google 伺服器基礎設施團隊間的溝通管道。

　　當時，Google 在全球擁有大約 40 萬台伺服器，比其他任
何公司都要多出許多倍。Google 正在為數據資料的使用方式帶
來一場革命，它可被當成一個提供各種新型網頁服務的高效、
高速、具有異地備援的平台。基爾姆澤就像是 Google 地圖的交
警，他幫我們將 Google 地圖的負載分散到全球各地，使 Google
地圖能有效地處理流量。由於 Google 擁有 10 多個主要資料中
心，他正站在一個即將變得更加擁擠的十字路口。

　　那天晚上，布雷特和安德魯按下了向世界發布 Google 地圖
的按鈕（儘管它只包含美國的地圖）。2 月 7 日星期一，傍晚 6：
50，選這個時間是為了與晚上 7 點的伺服器推播錯開（每小時都
會推播一個新版本的 Google）。

　　雖然我不是他們核心團隊的一員，但我也為計畫的正式上線

而激動。當天晚上，在走出辦公樓的路上，我順路過去他們那裡表示祝賀，還和延斯簡短地聊了幾句。他們低矮的座位上貼著從各種歷史地圖集裡撕下來的地圖，天花板掛著老式的地球儀，帶輪子的白板上寫滿了電腦程式碼和一些數學公式。很明顯，辦公室裡充滿了活力。約翰也在，他為拉爾斯、布雷特、安德魯和近井拍了照片。在按下發布的按鈕後，我們一起觀察顯示網站流量（和預期的差不多）的最初使用情況圖。那天晚上，當我離開41號樓時，謝爾蓋·布林拿著一瓶香檳和一些紅色紙杯從我身邊經過。儘管這是一次低調的發布，但許多Google員工包括謝爾蓋，已經在內部測試新的Google地圖兩個月。謝爾蓋成為這個服務的一名早期測試人員和聲援者。在發布前的幾週裡，他還成了團隊的一名常客。

團隊成員一同在辦公室裡四處閒逛，一邊留意伺服器有沒有出現性能問題，一邊訂了幾個披薩。晚上8點左右，網站流量開始上升。網址已經被發現，而且一些人已經在使用Google奇特的新發明。

第二天早上7：45左右，Google地圖的流量開始激增，這是因為有人在頗有影響力的科技網站slashdot.org發了一則有關Google新地圖服務的貼文。流量進一步增加，到了9點我到達辦公室時，甚至在布雷特的Google部落格文章發布前，Google地圖網站的流量就已經超過整整24小時的流量預測和伺服器配額。基爾姆澤和伺服器基礎設施團隊開始緊張起來。

人們對Google地圖的初步回饋令人驚喜。在像Reddit這樣的論壇上，興奮的使用者熱烈地討論拖曳地圖的功能，以及不必等待地圖更新的順暢體驗。這種體驗比任何其他地圖服務都快得

多，也流暢得多，而且這種驚人的速度引發了更多隨心所欲的探索和發現。

然而，這種探索僅限於美國。國際使用者的抱怨和積極的回饋來得一樣快：他們抱怨，把地圖縮小到一定級別後，只能看到被海洋環繞的美國。團隊甚至懶得把美國以外的其他國家的輪廓渲染出來。它就像《紐約客》封面出現的替代真實地圖中的圖片。在這個地圖上，Google 的意思其實就是，世界的其他地方都不存在。

在公司內部，Google 地圖的成功推出令大家激動，同時也帶來了將服務推向全球的新壓力。儘管新服務頗受歡迎，但最常見的一個評論就是，Google 再次把美國擺在了比任何其他國家都重要的位置上。布雷特、吉姆、延斯和拉爾斯，已經建立了一個進入地圖世界的絕妙前端存取點；而現在，這個工具需要被擴展到全世界。

Google 在各個國家分部的經理開始遊說山景城的高階主管，想在各自的國家推出這項服務。甚至我自己也被黛比團隊裡來自世界各地的市場行銷經理們仔細研究了一番。在她的 Google 行銷組織中，我突然變得特別受歡迎。「吉列爾莫[1]你好，祝賀你們發布了這個神奇的服務！」氣度威嚴的西班牙區經理貝爾納多‧埃爾南德斯在一封信中寫道，「作為 Google 在歐洲的第 3 大市場，西班牙擁有 62% 的市場占有率。我真誠地相信，西班牙應該進入你的候選名單，供約翰‧漢克制訂全球推廣計畫

---

[1] 西班牙語中，吉列爾莫（Guillermo）這個人名相當於威廉（William）。而作者的名字比爾（Bill）是威廉的暱稱。──譯者注

時考慮。你能幫幫我，讓漢克先生考慮一下西班牙嗎？又：如果你和約翰想造訪歐洲，我們很樂意在馬德里接待你們。」接著，他提供了一份數據資料提供商、媒體和潛在廣告商的聯絡人名單，他還表示願意為在西班牙推出 Google 地圖而做出努力。

在由賴利和謝爾蓋主持的 TGIF 慶祝會上，這個話題不止一次被提起。在某個星期五的下午，布萊恩被拉到台上，回答關於我們什麼時候在非洲推出 Google 地圖的問題。他再一次兜起了圈子，講了團隊如何努力擴展 Google 地圖，但沒有直接回答問題。

要知道，在一個新的國家推出 Google 地圖更像是一個「商業提升」，而非「技術提升」。並非要在新的國家應用新的技術，而是應用完全相同的技術，但必須有新的數據資料。它將轉化成：與數據資料提供商和合作夥伴、以及可能會被收購的新公司的多筆交易。預算、交易、談判、時間表、優先次序——Keyhole 在過去的 5 年裡一直在做這樣的工作，但規模要小得多。由於公司打算盡快在其他國家推出 Google 地圖，約翰、丹尼爾、近井的數據資料處理工具以及團隊都坐到了駕駛位上，共同帶領地圖工作。

2005 年 7 月，日本成了第二個推出 Google 地圖的國家。一名來自日本東北名叫川井圭（Kei Kawai）的產品經理與約翰取得了聯絡，並承諾，如果在日本推出 Google 地圖，他會在所需的合作夥伴和資料交易上全力以赴。他最終帶頭達成了一整套與數據資料提供商的交易，幫助 Google 地圖服務成功啟動和運作。Google 地圖接著又在英國推出（由洛蘭·圖希爾，一位充滿活力的新晉歐洲市場行銷負責人帶領），然後是愛爾蘭和法

國。約翰為一系列國家排了優先次序，丹尼爾・萊德曼則開始在
全球招募業務發展人員。在我們共用的辦公室白板上，他列出一
些國家以及每個國家的數據資料提供商。這個名單後來也囊括了
Google可能會買下來、以將其地圖服務推向全世界的公司。

Google地圖在美國的首次發布非常成功，不過我想提醒大
家，由於需要重新簽訂所有的Keyhole合約，我們在發布時沒有
把衛星圖像加進去。近井和Keyhole的圖像團隊，對未能參與
到首次發布的熱潮中而感到失望。我們是不是錯失了良機？近
井更加努力地工作，急切地想把航拍和衛星圖像數據資料庫作
為Google地圖的一項功能推出，共享Google地圖首次發布的成
功。約翰將發布日期定在2005年4月中旬。

丹尼爾最終與Digital Globe達成了價值數百萬美元的衛星圖
像協議，獲得了他們的所有數據資料。不久，Google辦公室的
櫃子裡就裝滿了存著衛星圖像的磁碟驅動器，供韋恩・蔡進行
處理。（雖然當時正在進行一個透過升級後的光纖連線執行數據
資料交付的計畫，但數TB的圖像透過網路傳輸還是太慢。）我
們必須做出讓步，才能緩和Digital Globe對數據資料被竊取的擔
憂。在網頁瀏覽器（即Google地圖）中，我們不能讓使用者一
直縮放，最終得到最高解析度的圖像。Google地圖需要將解析
度限制在比最高解析度低一個縮放級別的水準。此外，我們還需
要將「版權所有：Google，2005年。」這一版權聲明製作成浮
水印加在圖像上。

約翰和丹尼爾對縮放級別幾乎沒有人為控制，但Google地
圖核心團隊卻不這麼認為。延斯、拉爾斯、布雷特以及團隊的其
他人仍然認為丹尼爾、約翰、布萊恩和近井有所保留，認為我

們把最高解析度、最好的圖像留給了即將發布的 Google 版本的 EarthViewer。

我們加快在 Google 地圖中推出航拍和衛星圖像步伐的同時，命名的問題仍未解決。「Aerial」（航拍）已經被否決，因為大部分圖像是衛星圖像。而「Satellite」（衛星）這個名字從技術上講也不準確，因為有很多圖像是從飛機上拍攝的。「Satellite」儘管事實上不準確，但確實有一個優勢：從行銷的角度來看，這是更有吸引力的選擇。使用者更希望他們正在從太空中觀看地球，彷彿他們正在操作一顆監視衛星一樣。

在最後一刻，布雷特出人意料地寄了封信給我，讓我來確定名字。他太忙了，不過我覺得他也太累了，不想為這件事爭來爭去。「你能不能負責這件事，然後把一致意見告訴我？」他寫道。

我高興地走到大廳，收集了一些最終的意見，稍微遊說了一下，然後讓約翰做最終決定。（我確實問過瑪麗莎，但她表示會尊重約翰的決定，因為這是 Keyhole 的數據資料庫。）我高興地將最終決定寄給布雷特，因為這也是他想要的名字，即使它不太正確。最終決定是「Satellite」。

「衛星圖像」（Satellite Imagery）是在 4 月 4 日上午發布的。儘管我們檢查了發布流量預測，但新服務太受歡迎，以至讓我們措手不及。

這個服務的魅力一部分在於偷窺，一部分在於實用。你現在能看到你自己的房子、你鄰居的房子，或者你前女友的房子。實在是令人難以抗拒。在發布當天，Google 地圖的使用率開始逐漸增多。團隊預計，從某個時間點開始，使用率會逐漸減少。但

流量曲線並沒有往下走。事實上，到了晚上，流量反而增加了。

晚上9點，當謝爾蓋和一群伺服器工程師來到近井的辦公室時，他還在他的座位上工作。「衛星圖像」太受歡迎、伺服器流量負載太重，以至於新產品很快就要拖慢Google主頁的整體速度。在Google地圖上推出「衛星圖像」帶來的伺服器流量是首次發布Google地圖時流量負載的3倍。這並不是一個驚喜。儘管我們努力將Google地圖擴展到其他國家，但它仍未涵蓋整個世界。對於世界上的大部分地區而言，數位地圖資料根本就不存在。但Keyhole製作的圖像資料集確實涵蓋了全世界。由於與Digital Globe擴大合作關係，Google地圖的衛星圖像涵蓋了全世界，包括整個非洲和拉丁美洲，以及亞洲和南極洲最偏遠的地區。這是第一個可以在瀏覽器中使用的網路全球地圖，並且這是首次透過網頁瀏覽器免費提供這種使用圖像的全世界視圖。

英國廣播公司報導的標題是「Google地圖提供了全新的視角」，而《連線》報導的標題是「Google地圖正在改變我們看待世界的方式」。《麻省理工科技評論》說道：「即使從表面上看，Google地圖也比舊的互動式地圖網站先進得多。令人驚嘆的衛星視圖，以及無須等待頁面更新就可以向任何方向拖曳地圖的能力，是最明顯的進步。」

對於曾經坐過飛機靠窗座位的人，現在有了一個能重現他們在飛機上體驗的網站：帶「衛星圖像」的Google地圖。而且，它可以在瀏覽器中使用，無須使用EarthViewer帳戶（EarthViewer的售價仍然是29.95美元）。

Keyhole團隊簡直高興得發狂了。我們曾希望Keyhole數據資料庫的衛星圖像在Google地圖上的推出會受到歡迎，作為

Google辦公樓裡的新成員，我們真的很想為達成整個Google公司以及Google地圖的使命做出貢獻，但是沒人能料到它會如此受歡迎。雖然我們與Google地圖在2月的發布沒什麼關係，但在4月的發布中，我們代表了其中的核心功能——衛星圖像。

我們終於清楚Keyhole為什麼會被收購。Google啟動了一項有關地圖的登月計畫，來改變我們在地球上找路的方式，而我們將成為這個登月計畫的核心。

這個發布程序將在全世界重複使用：我們會先在一個國家推出Google地圖，然後幾週後會添加衛星模式。衛星圖像總是會吸引數百萬新使用者，創造巨大的需求。衛星圖像帶來的流量激增會不可避免地逐漸減緩，但即使流量穩定在某一水準，這一流量也是建立在一個非常高的使用水準上。

衛星圖像是Google地圖的一個絕妙行銷手段。這種圖像引起人們的興趣並帶來新的使用者，而且這些新使用者會堅持使用Google地圖，因為這個產品遠比其競爭對手優秀。

發布一週後，瑪麗莎寄給全公司一封信。她高興地宣布，帶衛星圖像的Google地圖是Google短暫的歷史上最成功的產品發布，遠遠超過了之前最成功的發布：Gmail。瑪麗莎讚賞了近井在發布中的表現以及他在發布前數週的辛勤工作。幾週之後，他被叫到她的辦公室，得到了一筆頗為豐厚的獎勵。沒人知道獎勵實際有多少，但他那輛新買的黑色瑪莎拉蒂真皮座椅，確實手感不錯。

一個月後，瑪麗莎又寄了一封信，這封信宣布了一個不被團隊大多數人接受的決定。這個極為成功的新產品要改名了：Google地圖和Google本地服務將合併為一個產品。合併後的產

品將叫作Google本地服務。Google本地服務？

「Google本地服務到底是什麼東西？」當她的信出現在我的收件夾時，我跳了起來，跑進約翰的辦公室。他坐在轉椅上轉來轉去說：「我知道，這個問題問得很好。」他和我一樣討厭這個名字。約翰提醒我，這並不是他的決定。布雷特和整個Google地圖團隊仍然向瑪麗莎彙報，而且她顯然希望將其與Google本地服務這個她創立的產品結合起來。

羅辛已經不再為約翰提供空中掩護了。和許多人一樣，羅辛在Google上市之後於2005年5月離開了Google，用他手頭的數百萬美元尋找工程方面的新「登月計畫」，不久便找到了一項挑戰：在阿塔卡馬沙漠編寫軟體控制衛星防禦雷射，來探測和攔截小行星。

對於改名，瑪麗莎有她自己的理由。首先，她認為Google地圖這個詞多多少少是有限的；使用者會認為它只是用來找路的，而不是用來找當地的商店。「這個產品遠不止是一張地圖。」黛比在一次她所屬每週行銷團隊例會上爭辯道。

黛比和我有一種亦敵亦友的關係：就像我與約翰‧漢克私交深厚一樣，她私下是瑪麗莎‧梅爾的好友。可想而知，她代表了瑪麗莎的立場，而我則會代表約翰。

我辯解說，教Google地圖使用者搜尋商店，會比試圖教使用者去造訪一個叫「Google本地服務」的東西要容易得多。我的立場是基於視覺藝術家、作家溫迪‧里士滿提出的一項規則，我一直認為這個規則道出了一個基本的行銷真理，這個規則是這樣的：「如果你想教別人一些新東西，那麼你應該從他們已經知道的東西教起。」所以，我的考量是：人們知道地圖是什麼，那

麼我們就應該從 Google 地圖開始，從這裡擴展他們的知識。

黛比解釋了瑪麗莎做出這一決定的另一個原因：2004年，Google Ads 推出一個「本地廣告」選項。在推出後的第一年，這一選項就吸引了相當多的業務。廣告商只需在一個複選框前打勾，就能將「本地廣告」選項添加到他們的 Google 廣告宣傳中：你的 Google 本地廣告將立即出現在名為「Google 本地服務」的產品上。

當 Google 地圖逐步在全球推出時，一種模式出現了。我們先在一個國家推出 Google 地圖；這個產品很快就會獲得當地的商家資料以及商家做的廣告，然後產品名就會從 Google 地圖改為 Google 本地服務。

某一天傍晚時分，我們一起在 Google 的健身房裡鍛鍊時，約翰提醒我，雖然他不喜歡這個決定，但這是瑪麗莎做的決定——是她獨自做出的決定。年輕的 Google 員工一個接一個地走進旁邊一個裝著鏡子的教室，去上免費瑜伽課。平板電視上放著伊拉克的最新消息，接著是舊金山巨人隊和奧克蘭運動家隊在奧克蘭競技場的比賽。儘管我有些擔心，但約翰要我讓步。「你要學會選擇什麼時候開戰，什麼時候妥協。」他說，勸我不要追究這個改名的問題。約翰現在並不想就這個問題爭鬥。瑪麗莎正掌控著 Google 地圖團隊——或者應該叫 Google 本地服務團隊。目前，約翰和她保持著距離。

第12章 | 微軟的競爭

　　蓋茲的文章對41號樓裡有些雜亂的地圖開發工作發揮了推進作用。工作信件裡開始出現「加速」和「緊急」甚至「共同努力」之類的字眼。從 Google 地圖最初成功發布之後就已經增加的預算又翻了一番，然後再翻一番。招募計畫和新修訂的招募計畫也得到了批准。Keyhole 團隊開始時是29人，6個月後變成200人。

　　2005年春，我被 Google 圖書搜尋團隊負責人丹·克蘭西（Dan Clancy）招募，擔任了一個非常重要的角色：他的 Google 籃球聯盟球隊的中鋒。球隊在45號樓外一個鋪著黑色柏油的停車場上安裝了一套籃架，丹和我下班後在這個場地上打了很多場臨時籃球賽。

　　我還在波士頓的時候就知道籃球球技和學術血統是負相關的。那些年裡，每當我要出門去哈佛的球場打球時，我常常會向雪萊說出電影《心靈捕手》（*Good Will Hunting*）裡麥特·戴蒙的一句台詞，「我要去哈佛痛毆聰明小孩了」。這個習慣一直跟隨著我，而現在在 Google，我也屬於球技比較好的。

　　克蘭西是德州大學的電腦科學博士，2004年加入 Google 之前，他在 NASA 艾姆斯研究中心帶領一支有500名軟體工程師的團隊。在 Google，他現在主導著一個雄心勃勃的圖書計畫，目

標是掃瞄世界上所有的書籍，並為它們編索引，讓它們可被搜尋。在NASA，他的軟體可以控制5,400萬哩之外的機器人。現在，他的軟體正控制機器人翻頁、掃瞄、排除扭曲以及讀取整個圖書館的內容。

我說服約翰也加入球隊（他在高中時打籃球，而且打得很不錯）；我們為球隊選了「Longhorns」（長角牛）這個名字。丹還邀請了喬納森·羅森伯格和一位名叫傑夫·迪安的身材瘦長的軟體工程師和我們一起玩。為第一場比賽熱身時，我問傑夫他來Google多久了。羅森伯格停下了拍球的動作，其他人也都停下來盯著我。羅森伯格說：「你是真的不怎麼了解Google啊，基爾迪，我們都是因為傑夫·迪安才來這兒的。」喬納森、丹和球場上的其他人開始細數迪安做過的貢獻：作為所有Google服務基礎的Bigtable、MapReduce、Spanner等分布式運算架構工具。如果說賴利和謝爾蓋造出T型車，那麼傑夫就是那個建立福特汽車公司的人。正是傑夫的程式碼使得Google以及Gmail、現在的Google地圖之類服務，能夠擴張得越來越快。

我們熱身時的聊天內容，大多是向羅森伯格彙報Google地圖的最新進展。在Google地圖發布之前，我記得有一天在等待球賽開始的時候，羅森伯格展望了一下未來。

「我很喜歡這個新地圖，」他說，「我覺得它肯定很棒，但我真正想要的，是一張能顯示本週末矽谷所有開放參觀的房產地圖。然後我希望可以把這張地圖傳到我的某個設備上，好讓我把設備放在車上，指引我去那些房產的所在地。」要知道，這是iPhone推出前兩年的事。

不過，這些在球場上進行的地圖策略對話，約翰並沒有堅持

多久。在我們的第3場比賽中，當我要從場外傳球時，約翰擺脫防守，迅速切入。就在這時，我們聽到啪的一聲，他的阿基里斯腱撕裂了，像橡皮筋一樣縮回到他的小腿上。他一瘸一拐地走到41樓裡的Google醫務室，最後諾亞‧多伊爾開車把他送回東灣。約翰在接下來的幾個月裡只能拄著拐杖去開會，好一些後穿上了一個行走輔具。我便經常跟著他去查理咖啡廳，幫他端餐盤。那年夏天我還把一個獎盃頒給約翰，獎盃上寫著：「2005年Google籃球賽冠軍：長角牛。」

Google地圖發布後，布雷特和吉姆‧莫里斯將精力轉向一個新產品的開發工作，這個產品最終將成為Google地圖大受歡迎的最重要原因之一。有人可能會認為它是有史以來針對Google地圖開展的最好的行銷計畫。儘管它基本上就是羅森伯格所希望的東西，但我卻沒有意識到它的到來。

在它短暫的歷史中，Google一直在努力與軟體開發社群建立良好的關係。由於賴利和謝爾蓋本身就是軟體開發人員，他們很欣賞那些進行原創開發，同時會透過一系列API開放它們數據資料和工具來鼓勵創新的公司。因此，Google公布了它的搜尋API，允許開發者在其他網站上建置自定義的搜尋服務。

當Google地圖在2月8日星期二發布時，除了那些大名鼎鼎的出版物和使用者的讚譽外，它還受到了網站開發人員和希望修改地圖的軟體工程師的熱烈歡迎。換句話說，他們想用自己的數據資料創造他們自己的Google地圖。正如喬納森‧羅森伯格在籃球場上所預測的，這類地圖的首例，也是最受歡迎的例子，就是由夢工廠動畫公司（DreamWorks）的動畫師保羅‧拉德馬赫製作與房地產有關的地圖。

2004年底到2005年初，拉德馬赫一直想在舊金山灣區找一間他能負擔得起房租的房子，但這在大多數人看來是不可能的。他搜尋了好幾個月——先在Craigslis上讀了無數則貼文，列印出了出租房的分類以及房子所在地的地圖，然後週末出門找房。他的搜尋效率不高，也不成功。當他帶著幾十張不同的地圖、開著車在舊金山四處找房卻數週未果之後，他想：如果有那麼一張地圖能顯示所有可租的公寓，那麼找房效率就會大大提高，這樣我就可以在地理上縮小搜尋範圍了。

Google地圖的推出及其對Ajax等先進技術的使用，為拉德馬赫開闢了一條道路。在地圖上線後的數小時內，他便研究了Google地圖的程式碼，試圖逆向工程（把軟體或硬體分解）其Ajax。他的目標是把他的數據資料，即從Craigslis網站上搜尋到可租住房的地理編碼分類，疊加到地圖上。在星期四，也就是Google地圖發布僅3天後，拉德馬赫就在他註冊的housingmaps.com上發布他的Google地圖版本。

到了晚上，拉德馬赫的地圖已經迅速傳播開來，成千上萬的舊金山人帶著他的新混搭地圖housingmaps.com出門兜風。週五，這個網站在Google內部也傳開了，Google地圖團隊中不止一個人在郵件討論中表示，我們應該讓拉德馬赫來Google工作。實際上，Google也確實請他來工作了（不過他花了將近一年的時間才接受這份工作）。全美各地很快出現了幾十個模仿housingmaps.com的找房地圖網站。

那個週五Google地圖團隊中傳閱的第二封信是關於另一個混搭地圖，這個地圖疊加了芝加哥的犯罪統計數據。一位名叫阿德里安·霍洛瓦季的網站開發者和音樂家將庫克郡的公開犯罪統

計數據與Google地圖混合在一起，建置了Chicagocrime.org。這個網站也迅速傳播開來。全美各地馬上又出現了幾十個類似的犯罪統計網站。

布雷特和吉姆立即認出，這兩個網站已經引發了一場網頁地圖製作的平民運動，但這場運動正在不受控制地蔓延。他們意識到，這將為Google的基礎設施和資料帶來巨大的風險。這些混搭地圖已經闖進了Google地圖的後門，幾十個急切拿著GIS數據資料的網站開發人員，正在湧進來。Google無法控制讓誰或不讓誰進來，也沒有能力清除他們中間的「壞人」。最重要的是，這些混搭地圖很容易會因為Google地圖的更新而中斷服務。

布雷特和吉姆於是關閉了後門，並迅速開發出一項Google官方服務，為網站開發人員提供可預測、有檔案記錄的工具，用以建置更多混搭地圖。對Google地圖API的存取將受到控制：開發人員可以註冊並獲得一個Google地圖API密鑰，該密鑰類似於一張令牌或票證，可以讓你有序地從前門進入，從而將Google地圖用作你的混搭地圖的基礎地圖。官方的Google地圖API於2005年6月發布，使得任何人都可以把Google地圖整合到他們的網站上。

我說過它是免費的嗎？

現在，我必須承認，我想不通為什麼這個東西是完全免費的。建置一個像Google地圖這樣的網頁服務並免費推出，這個想法是合理的。這種策略是一種行之有效的矽谷商業計畫的一部分：建置一個產品，吸引目標客群，然後趁機出售廣告給這些瞭解公司的目標客群。這並非難事。

但是布雷特和吉姆建置了地圖，還允許其他人用我們的地

圖創造他們自己的產品。然後，這些地圖被放在他們自己的網站上，他們用網站賣廣告賺錢。在我看來，人們似乎普遍對 Google 地圖和其他 Google 服務的任何賺錢想法持否定態度，尤其是那些級別較低的工程師。

不僅如此，Google 也沒有收集和使用那些因 Google 地圖 API 而解鎖的數據資料。一天下午，我靠在布雷特座位的隔板上，向他抱怨這件事。「我們能否至少在 Google 地圖 API 的服務條款中加入一些規定，允許我們在自己的地圖上使用他們的數據資料？」我問。在註冊 Google 地圖 API 密鑰時，所有開發者都必須同意 Google 地圖 API 服務條款。我已經可以看到社群的創造性，以及那些把我們地圖用作基礎地圖的創意方式。讓我們在自己的地圖上使用這些數據資料也是合理的。這樣，你就可以在 Google 地圖上搜尋舊金山的公寓、芝加哥的犯罪率、奧斯汀的小學或是波特蘭的餐廳評價。Google 地圖能成為一個集中的地圖樞紐（即使對隱藏的數據資料來說，也是如此）。

賴利·佩吉和謝爾蓋·布林也有類似的想法，並與布雷特和瑪麗莎反覆討論過索取使用這些資料、將這些資料放在我們地圖上的某種權利的可能性。但在 Google，較低級別的工程師似乎是以一種自由至上主義的方式看待所有的資料，因此這個想法遭到抵制。他們普遍認為，我們的訊息，包括我們的地圖數據資料庫，應該從後台的數據資料豎井中發出，並由能夠讀取這些迅速成長的地理數據的網路開發人員們來發布。布雷特接受了這種自由至上的精神，於是 Google 地圖 API 發布時，Google 沒有使用這些資料的能力。許多人認為，如果破壞這一認識就等於阻礙了 Google「整理全世界的訊息，使人人皆可使用並從中受益」這一

使命的實踐。

　　無數使用Google地圖的混搭地圖最終確實讓地理的光芒照亮了各種資料，出現各種以前從未在一個容易使用、互動式、快速、流暢的地圖上顯現的數據。這樣的例子比比皆是：顯示德州新「清潔煤」擬議計畫的地圖、顯示洛杉磯警察施暴事件的地圖、顯示聖克魯斯山區伐木作業地點的地圖、顯示西維吉尼亞州露天採礦地點的地圖、顯示俄勒岡州波特蘭市的自行車交通事故地圖。布雷特和吉姆引發了地圖製作創造力的大爆炸和GIS數據的民主化。

　　每天都有太多新使用Google地圖的混搭地圖冒出來，所以我很快便放棄對它們的關注。甚至有一些網站專門追蹤這些快速湧現的地圖，例如邁克・佩格的「Google地圖愛好者」網站就記錄了這一熱潮，每天都會發布數百個混搭地圖中最受歡迎的4到5個。

　　除了成千上萬的個人API混搭地圖之外，另一類Google地圖API開發人員很快也出現了，而這些人意味著生意。他們並不是希望闡明具體的問題、社會因素或數據資料庫的年輕、獨立的網站開發人員，而是真正在做生意、賺真錢的開發人員。於是，依賴於我們免費Google地圖API的純粹商業企業誕生了。我們做完了所有繁重的工作，創造了世界上最好的基礎地圖，然後把所有這些工作的成果免費提供給所有人。它產生了幾十個成熟的、價值數百萬美元（甚至數十億美元）的企業。這些企業你可能也知道，可能正在使用它們的產品，或許有些還是你非常喜愛的。

　　它們包括Yelp、Zillow、Trulia（美國房地產搜尋引擎）、

Hotels.com（好訂網），以及後來的 Uber（優步）和 Lyft（來福車，交通網路公司）等等。2005～2006年間發布的一系列使用位置的新 Web2.0 服務都是使用 Google 地圖作為它們的基礎層。突然間，地圖成了一個熱門的創新領域，一種由創投資助、被稱為「使用位置的服務」的新型新創企業迅速崛起。布雷特和吉姆的 Google 地圖 API，使得這些新創公司都能在經濟上可行。Google 地圖 API 成了一個巨大的科技企業孵化器，而且我們沒有要求這些公司給我們股份。哎，我們甚至連租金都沒讓他們付呢。要錢可不是 Google 的風格。

最終，Google 地圖 API 在幾年後成了一項付費服務。這其實是位置服務這個產業要求的。雖然他們也喜歡免費獲得最終基礎地圖的想法，但他們不喜歡 Google 可以隨時更改服務或在他們的混搭地圖中打廣告的概念。例如，美國航空在其網站上推出了由 Google 地圖支援的航班追蹤系統（Flight Tracker），但他們無法阻止 Google 在這個 Google 地圖 API 支援的混搭地圖上，打出聯合航空的廣告。

在 Google 地圖、Google 地圖 API 以及它所支援的幾十種使用位置的服務獲得成功之後，地圖突然成了 2005 年一個極度熱門的科技趨勢。不過，成功總會引來競爭。在 4 月下旬，《華爾街日報》的一則報導在 Googleplex 中傳播開來：微軟正打算登上地圖的舞台。

《華爾街日報》3 月 28 日文章的標題是：「在祕密的隱居地，比爾‧蓋茲思考著微軟的未來」。記者羅伯特‧古思被獲准自由採訪蓋茲的「思考週」。這段時間裡，蓋茲遁入華盛頓州的一片森林裡，思考未來的科技趨勢和微軟的產品發展藍圖。

這篇文章稱，在7天退隱期間，蓋茲可能讀過300篇報導，他向記者鄭重介紹了自己的一個想法——一個名為「Virtual Earth」（虛擬地球）的產品提案。

蓋茲先生站在辦公桌前，用沾了墨漬的手翻閱一篇有62頁的論文，題目是《虛擬地球》，他在上面寫滿了筆記。這篇論文描述了一個提供即時圖像的旅行路線指引、交通狀況的詳細訊息及其他訊息的未來地圖服務……「我很喜歡這個設想！」

為了防止Google還有人沒完全明白他的意思，文章繼續寫道：

在《虛擬地球》論文的來源地MapPoint部門，總經理勞勒先生召集大家開會，討論蓋茲的評論……但蓋茲對論文總體願景的認同已經傳遍了微軟，包括微軟研究機構在內的其他幾個小組，也參與了該計畫。

好吧。謝謝你的提醒，比爾。

這個故事讓約翰感到困擾，因為在被Google收購之前，Keyhole與微軟有過短暫的往來。微軟開發者關係團隊負責人，一位名叫維克・岡多特拉（Vic Gundotra）的高階主管（他後來在Google擔任要職）發現了Keyhole。他已經在微軟內部展示了EarthViewer，甚至還在微軟開發者大會上吹捧過它。Keyhole的工程師還被派到位於雷德蒙德的微軟總部為Windows操作系統優化EarthViewer的程式碼，Keyhole還向微軟展示了其覆蓋數據

資料「地球瀏覽器」的設想。

兩週後，蓋茲在《華爾街日報》的沃爾特‧莫斯伯格組織的全數位化大會（All Things Digital conference）上展示了微軟的「虛擬地球」。展示結束後，莫斯伯格讓觀眾提問。前3個問題都不是關於微軟的「虛擬地球」，而是關於Google地圖的。到第3個問題時，蓋茲已經被激怒了。「是啊，Google很完美，美麗的肥皂泡依舊在空中飛，他們無所不能。你應該去買他們的股票，不管股價是多少。」他語帶譏諷地回答道。

結果，蓋茲的文章和展示對41號樓裡有些雜亂的地圖開發工作發揮了推進作用。工作信件裡開始出現「加速」和「緊急」甚至「共同努力」之類的字眼。從Google地圖最初成功發布之後就已經增加的預算又翻了一番，然後再翻一番。招募計畫和新修訂的招募計畫也得到了批准。（Keyhole團隊開始時是29人，6個月後變成200人。）

Google的許多高階主管先前在網景、Novell等網路公司就職時就曾被蓋茲和微軟超越。2005年，蓋茲再次出手，地圖領域突然變成了戰場。微軟的3D客戶端應用程式與我們即將發布的更名後的EarthViewer，進行正面交鋒的可能性越來越大。於是，新軟體的開發速度加快，功能被削減。約翰和布萊恩將發布日期提前了一個月。

在Google的最初幾個月裡，我覺得約翰主要做的是在公司的高階主管層中尋找自己的立足點。他是Keyhole團隊的領導者，所以他留在屬於他的位置上。但蓋茲的文章引發了Google內部的恐慌。我認為，很可能就是在這個時候，約翰抓住了Google地圖開發工作的控制權。作為對《華爾街日報》那篇文

章的回應，約翰和團隊中的許多人一起起草了一封信，並寄發給賴利、謝爾蓋和艾立克，為Google的所有地圖服務制訂了策略和實行計畫。信中還對微軟的威脅進行分析，詳細闡述了微軟可能採取的行動及其可能的供應商合作夥伴。根據蓋茲的展示，約翰甚至對已經與微軟建立合作關係的航拍和衛星圖像數據資料提供商進行猜測，還對這些航拍和衛星圖像公司的能力和定價進行了說明。約翰為Google提出了一個加速發布更名後的EarthViewer計畫。他呼籲將Google本地服務、地圖、Keyhole團隊聯合起來，建議Google對於地圖開發的數據資料採集和伺服器基礎設施投入重金。此外，他還列出一些可以考慮收購的目標：重要市場中的區域地圖公司。他認為Google應該收購這些公司，來加強數據資料採集，吸納科技人才。

初夏，Google高階主管團隊獲得了一致意見：Google將全力以赴，以期在地圖領域的競爭中獲得勝利。賴利透過信件向全公司宣布他的決定：他正在建立一個名為「Google地理」的全新產品線。Google所有的地圖工作都將隸屬於這個新的Google地理團隊。地圖、本地服務、Keyhole的區分將不再存在。這個新的團隊將由一位負責人主導，他就是Google新成立的地理部門的產品總監約翰・漢克。所有的Google地理工程師將向布萊恩・麥克倫登彙報。

我和其他人一樣是從賴利的信裡得知這一變動。而約翰對於他的晉升沒有提前透露一點消息。約翰告訴我，我們公司發展史上的功臣梅甘・史密斯，她在這個過程中，一直在勸賴利和謝爾蓋選約翰。

「他們本可以選布雷特的。」他在幾年後對我說，「我的意

思是，我相信他能做到。他當然有那個能力。但他當時還很年輕，所以，我也不知道啊。不管出於什麼原因，賴利和管理團隊的其他人決定把這份工作交給我。」

布雷特以及 Google 地圖和本地服務團隊現在都向約翰彙報，約翰將直接向喬納森・羅森伯格彙報，瑪麗莎正式退出地圖團隊（不過是暫時的）。布雷特、延斯、拉爾斯以及其他許多人卻不同意這一決定。從他們的角度來看，是他們建置了 Google 地圖，因此也應該由他們帶領它在全球的推廣。

拉爾斯留在 Google 地圖團隊，但搬到了澳洲，他在那裡建立 Google 的工程團隊，並為一個新計畫打下了基礎。延斯繼續在 Google 地圖中負責設計和前端工程工作。諾爾・戈登和史蒂芬・馬也留在地圖計畫中。諾爾在一個行銷計畫中給了我很多幫助，這個計畫把 Google 地圖放到了捷藍航空所有飛機座椅背的顯示幕上。接下來，我們又把 Google 地圖放到了維珍航空、邊疆航空以及許多其他航空公司的飛機座椅背上。

諾爾和史蒂芬是拉爾斯建立的新 Google 雪梨辦公室的第一批工程師，而一年之後，他們都離開了地圖團隊。Where2Tech 團隊聚在一起還不到兩年，而他們分開的速度同樣很快。

在雪梨那間小小的公寓裡，4 個半失業的軟體工程師曾經拼湊出一個地圖示範程式，向賴利・佩吉和 Google 證明了網頁瀏覽器具有什麼樣的潛力。他們的概念最終啟發了 Google 的地圖團隊，使其在競爭中超越其他對手。Where2Tech 的 4 人團隊僅共同做了 18 個月的地圖開發，但他們的成果卻成了整個 Google 地圖革命的基礎。

第13章 | 你好，Google 地球

　　隨著 Google 地圖在世界各地的推出，我們繪製了很多國家的邊界線。丹尼爾的團隊很快獲得了幾十家不同數據資料提供商的數據，還運用以前 Keyhole 時代的一些數據來源。Google 地圖和 Google 地球正在成為最全面的地圖集，並且擁有這個星球最大的地圖瀏覽量。而這個星球則希望 Google 保證所有地圖的準確性。這並不容易。共有 30 多個國家和地區積極參與地圖邊界的主權爭端。

　　Google 地圖就像一道閃電，擊中了 41 號樓。Google 再次證明自己是一個自由、大膽的創新之地，而股東們也注意到了這一點。Google 的股價從 2 月的每股 185 美元漲到了 6 月的每股 285 美元。Google 地圖對於使用網頁瀏覽器的地圖而言，是一個令人難以置信的改變，但它無法和專門的應用程式帶給使用者的體驗相媲美。這在今天也是一樣的：行動裝置版網站的體驗肯定比不上可下載的行動裝置應用軟體。

　　一些功能，如流體速度，3D 地形和建築物，快速、直通的體驗，測量、注釋地圖等 GIS 工具以及導入和導出數據資料等，都是 EarthViewer 所獨有的。

　　新的Google版EarthViewer將具有全新介面、單個Google搜尋框（而不是分地址搜尋和商家搜尋的多個搜尋框）、以及用於注釋和測量地圖的新工具；它還能快速讀取10倍於舊數據的衛星圖像數據資料，解析度為我們能達到的最高水準。這些數據資料還將被複製為幾份，分別保存在世界各地6個大型數據資料中心的數千台伺服器中。舉個例子，倫敦的使用者將讀取最近的愛爾蘭都柏林數據資料中心提供的數據，而且新產品也更便宜。

　　雖然所有這些工作都已在2005年春季完成，但我們仍然無法在產品名字上達成一致。

　　一天下午，我靠在約翰辦公室的一張皮椅上，和其他人爭論應該取什麼名字。

　　「我還是認為應該叫Google環球（Google Globe）。」

　　「你瞧！」約翰說，坐在他的轉椅上一滑，離開了他的顯示器。他抓住我。我們正在進行一場持續的爭論——已經持續了兩個月，討論給更名後的EarthViewer取什麼名字：它將被重新命名為「Google×××」或「×××」。

　　Google市場行銷方面的泰斗，包括打造了Google品牌卓越的行銷高階主管道格‧愛德華茲和克里斯托弗‧埃舍爾，都認為任何被Google收購、提供符合Google核心使命——整理全世界的訊息，使人人皆可使用——的服務，都應該重新命名為「Google×××」或「×××」。Keyhole團隊很樂意改名。我們不希望和Picasa或Blogger一樣，被Google收購卻沒有改名。

　　至於給Keyhole的EarthViewer取什麼新名字，我們分成了兩個陣營。

　　「Google環球！」我重複道。這一次變成朝著約翰大喊，他

則堅定地站在「Google地球」（Google Earth）的陣營中。但我擔心這個名字會讓我們被限制在環境和地球科學方面的使用上。並不是說我反對地球科學方面的使用，只是我不想將其定位為給科學家使用的非商業工具而限制了這個產品，我希望這個產品能夠立足於一般的消費者，例如尋找旅館、研究房產和挑選餐廳等。

在我和Google市場行銷總監道格·愛德華茲看來，「Google環球」也有一點異想天開的氣質，還容易讓人聯想起小學教室裡轉動著地球儀的形象。這是一個可以讓我們少說大話、多做實事的名字，一個很Google的名字。

「好，那你試試快速念10遍。」約翰說。我再一次念到第4遍時結巴了。

其實，這兩個陣營中只有一個人是真正說了算的。約翰提出，「Google地球」是對最初想法的最簡單、最優雅的表達。畢竟，尼爾·史蒂芬森的小說《潰雪》裡的應用程式就叫「地球」，而前美國副總統艾爾·高爾也曾與一些著名科學家共同提出「數位地球」的構想。「Google地球」是約翰唯一能接受的名字。

Keyhole EarthViewer將重生為Google地球。

當時，我主要在為發布做好4方面的準備：為產品取名，為應用程式換上新的外觀，為新產品建立網站，以及確定定價。（EarthViewer的訂閱價格仍為每年29.95美元，不到原價格的一半；針對專業GIS使用者的價格為400美元。）

我聘請了幾位外部介面設計師，其中包括像菲爾·梅利托這樣我信任的朋友，他們將EarthViewer的專業、平滑、有些暗淡的介面轉變成更符合Google設計風格的介面：輕巧、明亮、通

透、有趣。

　　儘管在到職第一天我就接受了產品行銷經理的職位，但我仍然在履行產品經理的職責。我不止一次回憶起布雷特說過的話——這在 Google 中是不可能的。隨著 Google 地球的發布日期越來越近，我開始對這句話有了切身體會。太瘋狂了。5 月初的一個下午，我參加了 40 號樓裡一場人滿為患的會議，參加者多為各種創意人員，例如設計師和廣告文案，他們拿著 Google 地球的介面設計等待上級審核。我等了 40 分鐘，才輪到我向多位行銷高階主管展示我的設計並獲得批准。我剛放到第 2 張投影片就被叫停了。「暫停。」黛比說，她把雙手舉過頭頂揮舞著，就像裁判員舉手示意我擊球犯規一樣（如果她有哨子，她肯定會吹的），「你不應該參加這個會議，你應該參加瑪麗莎的產品使用者介面審核會議。」

　　我是產品經理還是產品行銷經理？我甚至不知道應該參加哪個會議。但實際上我仍然在兼任這兩個角色，這可能就是我常常加班的原因。當時雪萊正懷著我們的第二個孩子，同時還要照顧兩歲的任性老大，所以經常加班讓我很苦惱。

　　在為 Google 地球的發布做準備的同時，我還在負責原 EarthViewer 產品的市場行銷以及 Google 地圖的市場行銷，而 Google 地圖正受到消費者和廣告商的熱捧。

　　作為重新發布的一部分，我們同意大幅度改變 Google 地球的定價結構。多年來，Keyhole 一直在微調其產品種類和定價，以最大限度地賺取利潤，針對政府機構的企業級產品的售價是 10 幾萬美元，專業版許可證的售價是每年 600 美元，消費版的售價是每年 79 美元。在 2004 年 10 月宣布被收購後，我們將這些價

格降低了一半。

現在，在2005年夏季，我們又打算降價了。

丹尼爾·萊德曼與Digital Globe簽訂新的圖像採集協議，使得即將誕生的Google地球可以讀取10倍於EarthViewer的衛星圖像。41號樓有一個超大的數據資料儲存室，裡面裝滿了Digital Globe寄來給近井和韋恩團隊的硬碟。最近儲存室還直接連上了光纖寬頻，方便Digital Globe將圖像傳送過來。Google地球的下載速度會比EarthViewer快得多，因為數據資料現在分布在數以萬計而不是區區10幾台伺服器上。它將擁有更強大的工具，例如注釋和測量。它還會內置強大的Google搜尋功能。價格呢？

免費。

免費？這個想法對Keyhole團隊來說簡直太離譜了，但來自賴利和謝爾蓋的指示很明確。與多賺幾千萬美元相比，他們寧願為使用者和世界做一件了不起的事。

在Google地球發布之前，明顯的興奮感充斥著整個團隊。在整個公司裡，沒有比在這裡工作更令人興奮，也沒有什麼產品比我們正在開發的這一個更具創新了。約翰甚至在Google裡出了名，人們都把他看作一個成長中的明星。「它真的會免費嗎？」埃德·魯賓有一天問我，想到他的作品很快就要和成千上萬的人見面，他很是困惑。

我們計畫繼續向企業和Keyhole的房地產客戶出售專業版的Google地球。Google地球專業版將繼續提供更好的地圖繪製和測量工具、更好的列印輸出以及導入其他GIS數據資料集（如Esri文件）的能力。

解決定價結構的問題後，我把注意力轉向了阻礙大規模普

及的最後一道障礙：使用者註冊過程。儘管 Google 地球將會免費，但約翰和布萊恩堅持要求使用者註冊後才能使用產品，而我知道，這樣的立場會對大規模普及產生不利影響。

以前 Keyhole 的情況是，如果有 100 個人造訪 Keyhole 的網站，那麼其中只有 8 到 9 個使用者會成功下載並安裝 EarthViewer。這是在提供 14 天的免費試用，並需要用電子信箱帳號進行註冊的前提下的轉化率。我估計，一旦提供免費產品（而不僅僅是免費試用），Google 地球的安裝數量可能會翻一倍（達到 16%～18%）。

相比之下，同樣是免費服務的 Google 照片管理軟體 Picasa 能讓 35% 的網站訪客下載和安裝這一服務，而使用者無須註冊就可以使用 Picasa。

布萊恩是註冊的堅定支持者。在 Keyhole 的各種造訪量激增和伺服器當機事件中，他一直在最前線奮戰。儘管伺服器從 8 台增加到了 800 百台，但服務常常受 Google 主頁的促銷活動和各種新聞文章的影響而斷線。

為了讓新的 Google 地球服務保持正常運作狀態，布萊恩有點提心吊膽：畢竟現在數據資料量是以前的 10 倍，打上了 Google 的標籤，而且還是完全免費。使用者註冊過程是攔截洶湧潛在需求的最後一道閘門。現在，我要求他拆除這道閘門。

約翰則非常不希望省略電子信箱帳號驗證這一步驟，因為他擔心這樣會導致我們寶貴的圖像數據資料遭到盜取。

儘管布萊恩和約翰強烈抵制，我還是決定做最後一搏。我知道，我們最順利的會議往往是在快下班時開的，因為這時候大家不會趕著要去做別的事，而且已經完成一天中的大部分工作。一

個星期二傍晚時分，我召集了一些關鍵的決策者，包括約翰和布萊恩，最後一次向他們解釋一個不需要註冊的下載過程。基於Picasa的經驗，我列出了多種預想情況，以及各情況下預計可獲得的使用者數量。我還邀請了埃德‧魯賓參加這次會議，因為正是他開發「臭名昭著」的認證伺服器系統，以控制所有的造訪。以前，這個系統是一台愛挑剔的收銀機，現在，它是一個噴水的水龍頭。它會生成所有註冊所需的許可證密鑰，寄送給正在註冊的使用者。

我想說服他們接受一個類似於現在下載行動裝置應用軟體的下載過程：下載完成後，點擊安裝按鈕，安裝完成後就能打開應用程式。

在我示範了不需要註冊的商業案例後，埃德的意見扭轉了會議室裡大部分人的看法。他建議我們取消強制使用者註冊，如果伺服器無法處理太多的新使用者，我們可以建立一個功能，不開通某些新使用者——在伺服器端設置一個關閉開關，這樣就能解決布萊恩最擔憂的問題。

「這件事由你決定，布萊恩。」約翰在會議結束時說，「你好好考慮一下，明天早上告訴我們你的決定吧。」

布萊恩當天深夜寄給埃德和我一封信，告訴我們他同意取消使用者註冊。到2005年6月初，我們已經準備好發布Google地球了。產品已被命名為「Google地球」，它將是免費的。它的介面已經煥然一新，符合Google的風格，且對使用者十分友善。它的功能也已經過調整和改進，其中包括了Google搜尋功能。所有註冊上的分歧已經消除了。圖像數據資料庫是原Keyhole數據資料庫的10倍。該數據資料庫還被複製到世界各地的800個伺

服器上。約翰已經向媒體通報了情況。Google部落格的文章已經寫好並獲得批准。

產品已經呈遞給賴利。為在TGIF上發布內部公告而準備的3,500件T恤已經印製出來。在營運和支援方面，萊內特的團隊負責通報情況和進行控制。Google的合法審批已經完成。使用預測的頻寬和下載量的伺服器工程已獲批准。產品網站已在earth.google.com的網域下搭建完成，並準備上線。

「那你拿到瑪麗莎和使用者介面審核團隊的批准了嗎？」賴利・施維默（Larry Schwimmer）問我。我們正站在41號樓的網路團隊區裡。

「拿到了，我在兩週前就拿著Google地球參加瑪麗莎的使用者介面審核團隊的會議。我們拿到了批准，網站已經準備好上線了。」我答道。

此時距離6月27日星期一午夜零點（東部時間）或晚上9點（太平洋時間）的發布還有12個小時，而我最後要做的一系列工作之一就是將Google地球的首頁earth.google.com發布上線。

「不，我問的不是Google地球的軟體，我問的是網站，earth.google.com這個網站，你已經拿到瑪麗莎的書面批准了，對吧？」施維默問。賴利・施維默，員工編號17號，是Google名人堂裡一個聞名遐邇的人物。他是一個典型的Google工程師和網站開發者。他超級聰明，滿身極客氣質卻很為此自豪，做事很有效率；他時常害羞，有時有點調皮，還有一種扭曲的幽默感。在每次全公司參加的TGIF大會上，當賴利和謝爾蓋宣布完消息讓大家提問時，賴利・施維默每次都是第一個提問的人，而且提的問題常常是尖銳卻又特別好玩。這已經成了公司文化的一部

分，成為令每個人都非常開心的一項公司傳統。

但這一次賴利並沒有和我開玩笑。「沒有使用者介面審核團隊和瑪麗莎・梅爾的明確批准，任何Google產品的公開網站都不能上線，一個都不行，沒有例外。」

我已經與Google的網站開發團隊一起工作過；我已經與Google的首席廣告文案麥可・克蘭茨一起審核了所有的副本；我已經與網站開發者，透過網路開發人員賈羅德・拉姆一起仔細檢查，並將earth.google.com建成一個迎接所有對Google地球感興趣者進入的大門。

所有的媒體文章、部落格文章、新聞稿連結和Google首頁促銷活動都被設定在新聞禁令解除的晚上9點整（太平洋時間）指向同一頁面——Google地球的首頁。而賴利・施維默拒絕將這一個小小的頁面發布上線。

「你要是拿到了瑪麗莎的批准就告訴我。」他臨走時說。

我需要瑪麗莎的批准。雖然Google地球不在她的掌控之下，但所有的Google網站卻都要受她的掌控。我寄給她的所有信件無人回覆，打給她的所有電話無人接聽，儘管她的行政助理告訴我她在辦公室。

在施維默離開了垂頭喪氣的我之後，我的黑莓手機接到了約翰的電話。他正在紐約接受採訪。他打籃球受的傷還沒痊癒，還穿著行走輔具，在紐約一瘸一拐地與Google公關團隊的艾琳・羅德里格斯一起拜訪各大媒體。幾天來，他們會見了《華爾街日報》、《新聞週刊》、《時代》等多家媒體的編輯和記者。「比爾，你必須要找到她，拿到她的批准。」他要求，「你明白了嗎？快去找她吧，馬上！」約翰像這樣命令我是很少見的。「好

吧。」我說，「我馬上就去。」

上午11點，我很不情願地從座位的椅子上慢慢站起身，從41號樓走了很長一段路來到43號樓，然後上樓梯，路過賴利懸掛在天花板上的SpaceX飛船。我只能硬著頭皮去瑪麗莎的辦公室了。

瑪麗莎的辦公室位於賴利和謝爾蓋的夾層辦公室樓下。她的玻璃牆辦公室外坐著她的行政助理，但這位助理有意無視我，我便直接從他面前走過。在我開口之前，我看到她正被3名產品經理圍著，他們都在盯著她的電腦螢幕看，另外還有5名Google員工坐在門外的沙發上等待。「瑪麗莎。」我說。她正與坐在她旁邊的幾個產品經理交談。「瑪麗莎。」我又說了一遍。她抬起頭看著我，一臉懷疑的神色。「我很抱歉打斷你們，但我們明天要發布Google地球，我必須得到你的批准才能將earth.google.com這個網站發布上線，而沒有你的批准，賴利·施維默是不會把它推播上線的。我今天上午一直試著聯絡你，但聯絡不上。我必須得到你的批准。」

「哦，使用者介面審查定在週四。」她生硬地說，「你和約翰·漢克必須試著把你們的工作添加到會議議程裡，然後等到開會時獲得批准，就和公司裡的其他產品行銷經理一樣。」她朝在辦公室外耐心等待的6～7個產品行銷經理揮了揮手。「這是Google的工作流程。」很明顯，她仍然把我看作一個來自Keyhole的外人，而且是約翰的一名部下。

「可我們等不到週四了，我現在就需要你的批准。」我爭辯道，「今晚9點我們需要解除8個以上的新聞禁令。約翰正與艾琳·羅德里格斯在紐約拜訪媒體。公關部門已經準備好了部落格

文章。產品數據資料已經複製分發到6個數據資料中心。一切都準備就緒了。」

「你什麼意思？準備就緒了？顯然沒有啊！」她打斷我的話，「你們還有一個網站未經批准，所以，你還沒有準備好發布啊！為什麼不把它帶到使用者介面審核會上審核？你們Keyhole的人老是這麼做！」

「你們老是這麼做！」瑪麗莎提高嗓門重複一遍，同時為了增強效果，她咚的一聲捶了一下桌子。其他幾個產品經理悄悄地走到一邊。

我什麼都沒說。也許是因為我都不敢喘氣了。我愛Google，我不想被當場解雇，但我也沒有動。我只是呆呆地站在那裡盯著她，不知道該怎麼辦。我沒有回應，因為我不知道她在說什麼。是不是Google地圖發布的時候有什麼事沒找她商量？或者她在發洩對約翰的一些怨恨，因為約翰篡奪了她那突然大熱的Google地理產品的主控權？

還好，在對約翰和Keyhole團隊又溫和地抱怨了幾句之後，她冷靜了下來。「好吧，讓我看看。」她說，示意我上前來。

我打開我的筆記型電腦，坐在我剛進來時正和她交談的產品經理座位上，向她展示了Google地球的網站。我知道網站做得很好。其實，與其他產品首頁相比，應該說非常棒。她當場批准了網站，並向施維默寄送了一個簡短的通知，告訴他網站可以發布了。

「但是你必須保證發布後，星期四要再來向我和使用者介面審核團隊展示網站。」她說。

「當然，我很樂意。」我說。

賴利‧施維默收到瑪麗莎的放行通知後，我們終於可以開始發布了。星期一晚上，我與賴利、賈羅德在41號樓的網站團隊區域裡集合。在這個審核的最後關頭，仍然有不少事情需要解決。即使是最小的變化（例如一個按鈕或一個新的輪廓線顏色），也需要與每小時一次的全球Google服務更新中的一項掛鉤。首先要做的是把Google地球軟體的下載檔案（大約28MB）推播到世界各地數以千計的Google伺服器上。一旦這些軟體被推播到位，我們就會在晚上9點（太平洋時間）打開前門，Google地球就可以從earth.google.com網站上下載。

在測試earth.google.com網站並確保網站能正常運作後，我寄了一封信給整個Google地球團隊，並在10點多下班回家。當我回到家時，所有人都睡了。我悄悄爬上床，低聲對雪萊說：「哎，我們終於上線了。」我不知道Google地球發布後的回響如何，但我已經成功協調了一款Google產品的發布。由於腎上腺素遲遲不肯下降，那晚我幾乎沒睡著。

當我第二天早上到達公司時，埃德、布萊恩和近井正聚在41號樓近井的超大座位裡。清晨明亮的陽光透過附近幾扇寬大的窗戶照進來，他們3人正注視著顯示數千台Google地球伺服器頻寬變化的儀表板，3個人的情緒在驚喜和恐懼之間來回波動。

每次安裝就要下載一個28MB的檔案，Google地球的下載和使用率對Google的基礎設施造成嚴重的負面影響。在發布後的第一天，Google地球被下載了45萬次，41號樓裡充滿了興奮，大家在這一天裡常常擊掌慶祝。終於挺過了發布這一關，我們感到如釋重負。埃德、布萊恩和近井繼續監視伺服器，期待著在東海岸太陽落山後，流量也許能夠回落並恢復到可控的水準。通常

情況下，晚上人們入睡後（一般在 9 點左右或更晚），下載和使用率會減少。

但一件奇怪的事發生了。晚上 9 點後，Google 地球的下載和使用率不但沒有下降，反而不斷上升：Google 地球正在如病毒般迅速傳播。在最初的 28 小時內，Keyhole 團隊已經達到 50 萬次下載的獲利能力付款方案的里程碑。

Google 地球也得到媒體的極高評價。大多數媒體都模仿了《個人電腦世界》（*Personal Computer World*）雜誌的態度。《個人電腦世界》那篇報導的標題是「Google 令人驚嘆的地球」，記者在報導中寫道：「它已經做到了極致，真的是一個奇蹟。它是如此令人著迷，是軟體歷史上最好的免費下載軟體之一。」但是，到了週三早上，布萊恩、近井和安德魯陷入全面危機。前一天晚上他們與謝爾蓋以及伺服器工程師們開會，就是因為他們擔心 Google 地球的需求，威脅到所有 Google.com 服務的性能。那天早晨，布萊恩與剛剛從紐約回來的約翰商量了一下，決定切斷 Google 地球的下載。即使是擁有數十萬台伺服器的 Google 也無法處理這些負載。

我和賈羅德一起草草做了一個網頁，上面寫著如下消息：「非常抱歉，Google 地球暫時無法使用。」我請賈羅德在網頁上放了一張夜晚時分的地球衛星照片，當作一種特殊時期的行銷手段。Google 地球熄燈了。那天，大部分該參加的會議我都沒有參加，但我會及時向黛比和瑪麗莎通報最新的消息。整個週末，負載一直處於時漲時跌的狀態。安德魯和伺服器工程師將 Google 地球分發到更多的伺服器上，然後重啟下載。接著，在每天幾十萬新使用者的衝擊下，下載被再次關閉。

在發布後的第7天，布萊恩、近井和安德魯終於制訂了一個可以滿足需求的方案，包括將Google地球分發到更多的數據資料中心以及另外數千台伺服器上。然而，對Google地球的需求並沒有和典型的軟體發布一樣逐漸減少，相反，在第一個月內它被下載了1,000萬次，而且在隨後的幾個月裡仍然保持著很高的下載量。我們每天平均會獲得30萬～50萬個新使用者，有時甚至更多。10月的某一天，Google地球甚至被安裝了90多萬次。我想起我們前一年與賴利和謝爾蓋的首次會面，以及我提出的那個「第一年是獲得1,000萬使用者還是賺1,000萬美元」的荒謬問題。我們在第一個月裡就超越了所有這些可能的期望，我開始親身體會到賴利說的「把目標定得再大一些」的意思了。

在2月初的時候，我們還沒有任何地圖產品；到了6月底，我們已經發布兩款最具變革性、與世界互動和瀏覽世界各地景觀的工具。一夜之間，數百萬人改用Google地圖和Google地球，來找到他們在世界之中的位置。我太不確定我們是否已經準備好擔負起伴隨這種大範圍流行而來的責任。對Google品牌不可侵犯的信任——是過去5年中在Google創始人精心維護下逐漸建立起來——現在對約翰的Google地理團隊產生了新的期待。我們的數百萬使用者認為（如果不算要求的話），我們必須保證地圖準確，而衛星圖像使他們更加確信我們提供的地理數據資料的準確性。我們以往確實做到了準確無誤，但我們不是總能如此。

一個悠閒的星期五下午，午飯後，我向德德詢問已經確定好但我還不知道的週末計畫。德德的座位在約翰的辦公室外面，窗外就是海岸線圓形劇場林蔭大道。正當我們交談時，我聽見窗外有什麼聲音。

「你聽到外面的聲音了嗎？」我問德德。

「可能今天要開音樂會吧。」她說，一邊把椅子轉過來，向窗外望去。當天晚些時候，我們聽到一支樂隊在為晚上的演出做準備，但在那個時間，為演出排練還太早了點。我們往窗外望了望，喧鬧變得更大了。然後，我便看到製造喧鬧聲的人群。

他們是抗議者，一共有幾十，不，有幾百個抗議者。好幾個記者跟著他們。Google 的保全人員密切關注著這個不斷壯大的人群。一名手持擴音器的男子正在帶領示威隊伍。天空中，北加州的陽光十分燦爛。「他們在抗議什麼？」我大聲問。

「啊，那個標語上有一個 Google 地圖的圖標。」德德議論道。

在窗外喧鬧但有序的人群中，有不少人舉著帶有手寫口號的海報。「中華人民共和國」、「台灣是一個主權國家」、「Google 地圖和 Google 地球可恥！」、「台灣不是中國的一部分」、「台灣就是台灣……」抗議者停在 41 號樓外的人行道上，距離約翰的辦公室大概 30 碼（約 27 公尺）。兩名電視台的記者——分別來自聖荷西和舊金山——已經架好了採訪設備。

約翰還在吃午飯；而我剛才和他以及麥可、布萊恩和丹尼爾一起在查理咖啡廳吃午飯，我先吃完出來。我決定打電話給他。

「怎麼了？」他很快就接起了電話。

「嘿，我只是想告訴你，你的一點鐘抗議到了。」我說，看著窗外聚集的人群。

「什麼？」

「你的抗議，一點鐘抗議。他們來了，就在你辦公室外面。我該告訴他們稍等一下，等你吃完午飯嗎？」外面的呼喊聲越來

越響。「你能聽到他們的喊聲嗎？」我把我的手機舉到窗前。

這次邊界爭端是多次爭端中的第一次。示威者認為他們完全獨立於中國。台灣的一些人視台灣為主權國家，而中國大陸則認為台灣是中國的一個省。

當我們發布包括台灣在內的Google地圖時，我們將這片領土標註為「中華人民共和國台灣省」，如此一來，我們實際上在一場國際爭端中選邊站了。台灣駐美國代表處呼籲在美國的台灣人向Google表示抗議，並要求Google更改名稱。

我們完全陷入困境。更改名稱會產生一個新問題：我們可能會激起中國政府的不滿，而Google與中國政府的關係已經非常複雜了。

又例如尼加拉瓜和哥斯大黎加之間的領土爭端，它已經上了國際版的頭條。甚至有報導稱，Google地圖差點在中美洲挑起一場戰爭。在韋恩完成的一項數據資料推播中，我們團隊將邊界線畫到了沿聖胡安河的公認地理分界線的南邊。結果，Google似乎無意中把哥斯大黎加幾平方哩的國土送給了尼加拉瓜。

和台灣駐美國代表處一樣，哥斯大黎加外交部部長也向Google提出抗議。幾個月後，在一次數據資料庫更新中，我們更正了這一邊界線。在我們看似幫助尼加拉瓜「吞併」這片土地的那幾個月裡，尼加拉瓜將50名士兵派駐到一個叫「波蒂略島」的小島上，聲稱對其擁有主權，並且有理有據地解釋說，「Google地圖說這是我們的領土」。

我們的錯誤並非完全主觀，我們的邊界數據資料庫裡含有這種地理差異，是有特殊原因的。事實上，這片領土在19世紀曾有爭議，起因是1824年哥斯大黎加的咖啡種植者投票，使得兩

個邊境城鎮脫離了尼加拉瓜。人們起草了7個條約，但全都沒有得到兩國的批准。這一邊界爭端最終在1858年通過一項條約解決，但聖胡安河的主權歸屬仍然備受爭議，因為在這條河上可能要修一條可連通大西洋和太平洋的運河。

這一邊界引發的爭議如此之大，以至於在1888年，時任美國總統格羅弗・克里夫蘭派了一位測量員作為仲裁人來澄清條約。多年來，聖胡安河是天然向北流的，因而會流進尼加拉瓜，這就使問題更加複雜。為了維持官方的邊界劃分，尼加拉瓜疏濬了原本的河道。我們在這個複雜的背景之上繪製了我們地圖上的邊界線，結果重新點燃長達數百年的邊界爭端。

隨著Google地圖在世界各地的推出，我們繪製了很多邊界線。丹尼爾的團隊很快獲得幾十家不同數據資料提供商的數據，還運用以前Keyhole時代的一些數據來源。Google地圖和Google地球正在成為最全面的地圖集，並且擁有這個星球最大的地圖瀏覽量。而這個星球則希望Google保證所有地圖的準確性。

這並不容易。

我們似乎將一個叫多拉特灣的一處船運通道給了荷蘭，這個船運通道正好在荷蘭與德國的分界線上，因而將德國一個重要的海上入境口岸送給了荷蘭，這讓德國港口城市埃姆登（大眾汽車出口的所在地）感到十分憤怒。我們在一個北愛爾蘭城市到底該叫「倫敦德里」還是叫「德里」的問題上，遭受了來自爭議雙方的抗議。韓國反對Google地圖將其稱為「東海」的海域標為日本的領海（「日本海」）。巴勒斯坦人發起了超過26,000人簽名的網路請願，以回應Google對約旦河西岸地區和迦薩地帶的標註。在克里米亞半島的主權問題上，我們在烏克蘭和俄羅斯都遭

到了審查。在印度，政府起草了一項關於如何繪製印度與巴基斯坦之間邊界的法律，按照該法，不承認印度對克什米爾地區主權的地圖製作者，將被處以監禁。

總之，一共有30多個國家或地區一直在積極參與邊界爭端，其中一些爭端持續了數百年，且邊界線也重畫了幾十次。

作為Google地圖工作的領導者，約翰負責監督和解決這些問題。他被迫成了這方面的專家：幾十個國際命名和邊界爭端的最終仲裁人。幸運的是，他大學畢業後在國務院工作的那段日子，給了他和公司很多幫助。約翰和地圖團隊確立了3個地圖繪製標準：經過深入研究、有明確記錄並進行公布。團隊先提出一項建議，醞釀過程中往往要與有領土爭議地區的Google區域經理進行合作，然後約翰就Google的地圖產品如何處理爭議做出最終決定。對於邊界爭端，這兩種邊界都將用黃色虛線（而不是通常用來表示邊界的實線）畫在地圖上。對於命名上的分歧，我們默認將聯合國決議作為我們的指導方針，有時我們也會把兩個名字都放在地圖上。在Keyhole時代將Keyhole軟體賣給聯合國的安德里亞‧魯賓，幫助確定了這一解決方案。

在某些情況下，使用者看到的是不同版本的Google地圖，這取決於使用者在何處造訪Google地圖。（這種做法沒有被廣泛宣傳。）例如，日本的使用者看到的Google地圖上，日本西邊的海域被標註為「日本海」，而韓國的使用者看到的Google地圖上，同一片海域會被標註為「東海」。

在那個陽光明媚的星期五下午，那些台灣抗議者的激憤幫助我開闊了眼界。對我而言，這是第一次意識到自己是一個偉大產

品的一部分，意識到整個Google地圖和Google地球計畫不僅僅
是一種消費者網路服務。

　　人們喜愛Google和我們的新地圖產品。他們信任Google。
他們希望我們把它做準確。不，他們要求我們把它做準確。

第14章 | 自誇不是Google的風格

　　Google公關主管克蘭說，「雖然這件事很棒，但那不是我們的風格，不是賴利和謝爾蓋的風格。作為一家公司，我們並不喜歡炫耀我們做過的事。」像Google的許多其他事情一樣，它有悖於我之前學到的每一個行銷知識。在其他公司做行銷時，我習慣於尋找任何一個可能的優點，把它歸功於自己，然後在公開場合中宣揚。而現在我為一個據稱挽救了數百條生命的產品做行銷，我卻被告知，「不，我們其實不想公開談論這件事」。

　　Google地球的發布原本可以是這個故事的最後一章。那一刻，所有促使它誕生而做的工作，已經遠遠超越了創始人創立Keyhole時最初的夢想和願景。僅僅兩年前，公司幾乎走投無路，離倒閉只剩幾週時間，而現在，我們的數百萬使用者遍布全球各地，他們以各種意想不到、有時甚至是謙卑的方式使用我們的產品。故事本可以就此結束，但在很多方面，它才剛剛開始。

　　卡崔娜颶風於2005年8月29日星期一襲擊了路易斯安那州東南部的沿海地區。雪萊（當時正懷著6個月的身孕）和我密切關注著颶風，因為我們計畫在下個週末飛往新奧爾良，然後和朋友一起開車到佛羅里達狹長地帶未經開發的海灘，度過勞動節的週末假期。卡崔娜在墨西哥灣增強為5級颶風，在登陸時減弱為

3級颶風。儘管颶風肆虐，但新奧爾良似乎躲過了災難。星期一晚上，我們和朋友仍舊在海灘上度假。

星期二早上，我接到約翰·拉爾沙伊德的電話。他與我以及約翰·漢克在大學時就是朋友，他是新奧爾良人，也住在這裡，不過他現在已經疏散到位於德州博蒙特的岳父母家。「打開CNN。」他說，「堤壩已經被沖毀，現在整座城市就像一碗牛奶麥片。我們完了，整座城市都完了。」我打開CNN，看到一名記者正站在新奧爾良的法語區，水已經快淹過他的雙腿。我還看到波旁街上有一小群人還沒有撤離，這讓我既驚訝又擔心。

「我需要你聯絡約翰，讓他用Google衛星拍一下我家。」拉爾沙伊德說。「我們沒有自己的衛星。」我告訴他。我心想，「世人是不是以為我們擁有自己的衛星啊？這想法可真離譜。Google還能擁有自己的衛星？」

整個上午，新奧爾良的情況越來越嚴峻。隨著Google地圖和Google地球的突然流行，我的朋友約翰·拉爾沙伊德並不是唯一一個呼籲Google採取行動、施以援手的人。隨著CNN繼續在電視節目中使用Google地球來報導洪水，人們的呼聲越來越大，也越來越緊迫。難道我們就不能做點什麼來拿到新奧爾良的最新衛星圖像嗎？

那天晚上，約翰已經確定我們可以做的事，並在他辦公室外的沙發上與近井、韋恩、布萊恩和我開了個臨時會議。他與來自聖路易斯的一名航拍照飛行員凱文·里斯（Kevin Reece）取得聯絡。NASA和美國國家海洋和大氣管理局（NOAA）已經與里斯及其團隊簽訂合約，要求里斯及其團隊飛越新奧爾良，並拍攝這座被洪水淹沒的城市的最新航拍照。約翰要求近井和韋恩找

到一種方法，為獲取這些新數據資料建立管道，以便里斯拍攝的最新圖像能夠在Google地圖和Google地球中顯示。（實際上，將這些數據資料先發布為Google地球，可以導入的單個KML圖像疊加層會更快一些。）為了處理圖像以及更新Google地圖和Google地球，韋恩和團隊中的許多人一直工作到凌晨3點。這次高解析度的圖像更新讓新奧爾良已經被疏散的居民們，第一次看到他們城市和家園遭受重創後的樣子，而數週以來，他們一直被禁止返家。

大約10天後，一通電話打到了Google的總機，然後被轉到我的分機。由於我當時不在辦公桌旁，來電者便留了一封語音留言。來電者叫羅恩·施羅德，是在新奧爾良出任務的海岸警衛隊直升機隊，是緊急醫療運送小組中的一名中士。這則留言讓我震驚得差點把電話聽筒掉在地上。我轉向在同一間辦公室的丹尼爾說：「快來聽聽這個。」我打開擴音器，重播了這則語音留言。施羅德的內容是：海岸警衛隊正在運用Google地球拯救新奧爾良數百人的生命。

我馬上打電話給他。施羅德向我解釋了兩個月前才發布的Google地球，幫助了那些被困在屋頂和閣樓上的沮喪居民，讓他們能聯絡上盤旋在城市上空幾十架海岸警衛隊救援直升機。它是這樣運作的：打電話給911的人被總機轉給海岸警衛隊的無線電調度員。調度員會請打電話的人說明他們的確切位置，而打電話的人自然會回覆所在的街道或十字路口的地址，例如，「托勒丹諾街4130號，在聖查爾斯大街往南兩個街區的托勒丹諾街上」。

這等於是給海岸警衛隊的導航系統出了難題：該系統沒有設

置街道地址。這個海上救援隊的成員和船隻幾乎都是部署在遠離海岸的地方，因為他們通常要救援的是傾覆的船隻、裝著可疑貨物的貨船以及海上石油鑽井平台。換句話說，都是些沒有街道地址的位置。在卡崔娜颶風到來之前，海岸警衛隊只接收包含緯度和經度訊息的求救訊號，直升機飛行員會使用這些坐標飛往遇險地點。你能想像打電話給911，調度員居然會詢問你所處地點的經緯度嗎？施羅德解釋說，這就是正在發生的情況，直到他們下載了 Google 地球。

在 Google 地球中，海岸警衛隊的直升機調度員可以輸入一個街道地址，例如托勒丹諾街4130號。然後，他只要把光標移動到房子上，就可以獲得屋頂的確切緯度和經度，然後透過無線電將這些訊息傳送給距離該救援地點最近的直升機。這是一個 Google 地球常見且非常有用的功能：將光標移動到螢幕上的任意位置，軟體會重新產生這一位置的緯度、經度和海拔。

打電話的人還可以說明他們處在屋頂的哪一部分，或者他們站在獨立式車庫或他家院子裡的其他建築物上。透過這種方式，調度員可以獲得直升機飛行所需的精確緯度和經度，可以精確到公尺。另外，幸虧有了里斯傳給韋恩的最新航拍照，調度員還能向飛行員提供其他有用的訊息，例如傾倒的樹木、斷落的電線以及其他可能的障礙物。

「你們絕對是在拯救生命，我認為我應該把這件事告訴你們，你們應該為此感到自豪。」施羅德告訴我，「我的保守估計是，我們在這裡完成的幾千次救援中，有400人的獲救要直接歸功於 Google 地球。」說實話，我以前從來沒有因為成為某個團隊的一員而感到如此自豪。

施羅德非常感激這個軟體，尤其感激我們為更新新奧爾良的航拍照所做的工作。我們更新圖像，但完全不知道施羅德會操作和使用Google地球。他還進一步對我說：「我認為這件事應該讓更多的人知道，我也很樂意幫助Google公開這件事。」我感謝他為營救做出的傑出貢獻，並答應稍後再與他聯絡。

我馬上去了Google公關主管大衛·克蘭的辦公室。我跟他們講了這件事，並向大衛以及公關團隊的另一名成員梅甘·奎因播放了語音留言。我詢問他們對此有何想法：「我們是否要聯絡施羅德，再聯絡一名記者報導這件事？」

奎因和克蘭互相看了一眼。「不，我們不會這樣做。」克蘭說，「雖然這件事很棒，但，比爾，那麼做並不是我們的風格，不是賴利和謝爾蓋的風格。作為一家公司，我們並不喜歡炫耀我們做過的事。對於這種事，自誇可不是我們的風格。」梅甘也表示同意。

像Google的許多其他事情一樣，它有悖於我之前學到的每一個行銷知識。在其他公司做行銷時，我習慣於尋找任何一個可能的優點，把它歸功於自己，然後在公開場合中宣揚。而現在我為一個據稱挽救了數百條生命的產品做行銷，我卻被告知，「不，我們其實不想公開談論這件事」。

當我打電話給施羅德，拒絕他的提議時，他和我一樣驚訝。但我敢說，這次經歷之後，他和我一樣也對Google和Google地球有了更多的欣賞。

克蘭和奎因允許將這封語音留言做些曝光——雖然只是在公司內部。在隨後一週的TGIF上，賴利微笑著向全公司的人播放了這則語音留言，而後，會場上爆發出熱烈的歡呼聲。關於這件

事，我們既沒有發新聞稿，也沒有發部落格文章，但我認為，每一個參加了那次 TGIF 的人都會為他們工作的這家公司感到無比自豪。我便是如此。

卡崔娜颶風是 Google 地圖和 Google 地球首次應對的自然災害。在這次協作行動之後，Google 建立了一個危機應急團隊，團隊裝備了運用 Google 地圖 API 的特殊地圖，在發生自然災害時為社區和城市提供援助和支持。這些經過更新的特殊地圖還被嵌入了多個媒體網站，並被國務院採用，以便向更多人提供訊息。在 2010 年海地地震期間，一群軟體工程師志願者運用 Google 地圖 API 開發一個找人應用程式，幫助人們尋找失散的親友（即使當地沒有行動網路）。這個工具提供了登記表和留言板，倖存者可以發布和搜尋彼此的狀態和確切行蹤。（在災難性的大地震發生後 3 天，這個應用程式就以英語、法語和海地克里奧爾語 3 個版本推出。）

救災是 Google 地球許多意料之外的第一個新用途。10 月，約翰轉發了一封信給我：「能請你見見這個女人嗎？」會面的請求來自麗貝卡・摩爾，她是一名環保活動家，正在使用 Google 地球對抗在聖克魯斯山上採伐森林的有權有勢企業。

在 Google 地球推出僅僅 3 個月之後，我們就已經聽說，有幾十個大大小小的環保團體採用 Google 地球把各種環保活動視覺化，例如把砍伐亞馬遜雨林視覺化，發現非法商業捕魚活動並將其標註在地圖上等等。Google 地球使得人們有機會徹底改變環境監測的方式，並有效地讓更多人參與監測，密切關注我們的星球。麗貝卡・摩爾反對的聖克魯斯山砍伐計畫就在我們的後院：那裡離 Google 只有約一小時車程。

我以為這次會面只需要和一位友善的社會改良家喝喝咖啡，而她的目標可能是讓我們參加一項募捐活動。對這次會面，我沒有多想，也沒有研究麗貝卡的背景。

我決定在約翰辦公室外面的沙發上與摩爾見面，這樣約翰路過的話他們可以打個招呼。然而，這個畢業於布朗大學和史丹佛大學電腦和數據資料挖掘方面的專家，與我想像中的樣子大相逕庭。她穿著牛仔褲、西裝外套和勃肯鞋，金髮及肩，說話言簡意賅，渾身散發著北加州的氣息。她用她的筆記型電腦向我簡報了一個用 Google 地球建置的 KML 檔案，她曾用這個檔案的簡報阻止了對聖克魯斯山上一千英畝的紅杉樹砍伐。（雖然產品名已經改成 Google 地球，但布萊恩決定保留 KML 這一數據資料標準的名字，以表達對 Keyhole 的敬意。）

她向我展示了伐木公司寄給她所在社區 2,000 名居民一張小得可憐的公告傳單。傳單上有一張很小的黑白地圖，其目的顯然是想降低伐木作業的影響。這張圖片讓我想起了我讀過的馬克‧蒙莫尼爾的書《如何用地圖說謊》（*How to Lie with Maps*），書中著重在幾種用地圖選擇性重現事實的方法。

2005 年 8 月的一個週末，摩爾在 Google 地球中重新把擬議的伐木作業區繪製為 KML 檔案後，她發現計畫的實際情況令人震驚：擬議砍伐的紅杉樹林帶有近六哩長，伐木作業區甚至一直延伸到了當地的托兒所旁。而向社區發出的公告裡完全沒有強調這一點。為了達到更生動的效果，摩爾甚至為可能在社區上空盤旋的原木運輸直升機建立 3D 模型。由於摩爾的 Google 地球簡報，在市政廳會議上，該代木計畫被立即否決。

摩爾所做的一切讓我很驚訝，但我知道，Google 不想參與

任何與她的獲勝有關的新聞報導。當我詢問 Google 可以怎樣進一步幫助她時，摩爾再一次讓我感到驚訝。她不希望 Google 參與任何形式的媒體宣傳活動，也沒有要求 Google 捐助 2,500 美元、成為他們這個團體的年會贊助商。相反，她講了一個關於如何運用 Google 地球來拯救地球的設想。在談了二個多小時之後，我終於明白摩爾確實是在嚴肅地對待這件事，而且她比我、約翰或布萊恩更了解這個主題。

她解釋了 Google 地球數據資料處理工作流程中缺失的主要因素。也就是說，我們需要建置一個工具或網站，讓環保和地球科學團體可以透過這個工具或網站以結構化的方式上傳他們的數據資料，使數據重組為一個 Google 地球圖層。這個工具將負責處理和託管數據資料，從而清除在 Google 地球中視覺化各種環境數據資料時遇到的兩個技術障礙。「我不知道你們是否真的明白你們做出了怎樣的一個東西。」在會面結束時，麗貝卡說道，「你們明不明白你們已經為環保界創造了一個夢幻般的工具？因為 Google 地球，現在有太多令人振奮的目標可以去實現。」

那天晚些時候，約翰問我會面進行得怎麼樣。

「是這樣的。」我說，「你必須雇用她。最好馬上。」約翰便這麼做了。麗貝卡・摩爾將向布萊恩彙報，並負責 Google 地球外展計畫，運用 Google 地球解決各種環境問題。截至撰寫本書時，麗貝卡仍然在 Google，她正在與 Google 海洋計畫經理珍妮弗・奧斯汀・福克斯合作，為一個她稱之為「活生生的地球控制面板」的下一代 Google 地球而努力。

並非只有環保組織看到了 Google 地球的價值。像聯合國和美國政府這樣的組織早已是 Keyhole 的客戶，而現在，這些數據

資料圖層可能已經讓它們有了上百萬新的潛在觀眾，正如摩爾所預測的那樣。

連當時的美國總統喬治‧布希也是Google地圖的使用者。在一次接受CNBC採訪時，當被問及是否使用Google時，他說他喜歡用「Google的那個東西」飛越到他的農場上。後來，他對一個名為「光明大地」（Bright Earth）的團體所做的工作發表了評論。這個團體使蘇丹達爾富爾被燒燬的村莊受到了人們的關注。「我還看到了一種使用Google地球進行的有趣冒險。這種合作使得全球數百萬的網路使用者，可以放大並查看被燒燬的村莊、清真寺和學校的衛星圖像。」布希說，「看到這些照片的人不會懷疑，達爾富爾發生的事正是種族滅絕，而且我們有道義上的義務去阻止它。」2007年，國際社會做出回應，向該地區部署了26,000名維和部隊的官兵，以制止暴力以及保障人道主義援助的安全。

Google地球意料之外的用途還包括無數新發現：新的動物物種、新的島嶼、新的堡礁、捷克共和國裡遷徙的牛鹿（它們會本能地根據地球的磁極調整路線）等等。

還有一則在Google內部廣泛傳閱的消息，說一個名叫薩魯‧布賴爾利的印度人，透過在Google地球上回憶他5歲時與親人走散後乘火車穿越印度的路線，最終找到了回到他家鄉的路。他透過Google地球與母親團聚的故事，讓團隊倍感自豪。2016年，派拉蒙影業發行的影片《雄獅》（Lion）就是根據布賴爾利的暢銷回憶錄《漫漫回家路》（A Long Way Home）改編的，這部電影還獲得奧斯卡獎提名。

在Google地球所有出人意料的用途中，最吸引約翰的是用

它來繪製海底地圖。有一次，約翰應邀在馬德里舉行的西班牙國家地理學會年會上簡報Google地球。在他的演講結束後，西爾維婭·厄爾博士起身發表談話。厄爾是海洋學家、潛水員，她是海洋生物學和水下探索領域的先驅。她曾連續數週在水下工作艙中進行研究。1979年，厄爾下潛到瓦胡島附近1,250呎深的海底，創造了世界紀錄。後來，她成為美國國家海洋和大氣管理局的第一位女性首席科學家，她還是《時代》雜誌評選出的第一位「地球英雄」。自1998年以來，厄爾一直擔任《國家地理》雜誌的駐站探險家。

在她的演講中，厄爾感謝約翰展示了Google地球，但接著又在觀眾面前向他提出質疑。「但是，約翰，你們難道不應該叫它『Google泥土』（Google Dirt）嗎？」她問，「畢竟，在Google地球仍然無法探索超過三分之二的地球啊。」雖然事實證明，使用KML檔案共享數據資料對地球科學界來說非常有幫助，但海洋學家們公開表示，對Google地球不允許使用者和研究人員在海平面以下進行探索感到沮喪。約翰表示同意，她說的當然有道理。

我與約翰交談後發現，厄爾顯然深深觸動了他的神經。在賴利·佩吉的支持以及麗貝卡·摩爾和珍妮弗的組織下，一個新的地圖計畫誕生了。Google海洋建立於2011年，是一個繪製海底地圖的計畫，它將能讓Google地球使用者潛入海平面以下，探索水下世界。Google海洋最終拓寬了厄爾創建海洋保護區（她稱之為「希望之地」）的努力範圍。厄爾創立「藍色行動」（Mission Blue）的宗旨就是將這些海底的「希望之地」專門保護起來，就像國家公園一樣。她已經使用Google地球以及Google

海洋的數據資料幫助在海底建立了50個官方指定的保護區域。現在，你既可以穿上經過加壓的常壓潛水服親自造訪這些區域，也可以在 Google 地球中打開一個 KML 圖層查看它們。

除了這些影響深遠的環保努力之外，各形各色的名人和政治家也常常造訪41號樓。音樂家彼得‧加布里埃爾與約翰會面，討論錄製來自全球各地的環境音，並將它們製作成一個展示層放在 Google 地球裡。演員伍迪‧哈勒爾森來和我們談論他的家鄉西維吉尼亞州露天採礦的現狀。前國務卿科林‧鮑威爾也來過 Google，我本來懷著激動的心情打算為他展示 Google 地球，但一件更令我激動的事讓我不得不離開公司——我的第二個孩子卡米爾出生了（老大伊莎貝爾當時已經3歲）。演員麥可‧瓊斯來找過我。U2樂隊主唱波諾要求我們為 U2 的「暈眩」巡演製作一個使用地圖的動畫。我們很樂意幫忙。當樂隊在奧克蘭演出時，約翰和我覺得很有必要去現場親自檢驗一下這個計畫。

前副總統艾爾‧高爾在一個星期五來 Google 觀看 Google 地球的展示，並在當天下午參加了全公司的 TGIF 聚會。我與約翰和丹尼爾一起站在查理咖啡廳後面常站的地方，手裡拿著冰啤酒，聽賴利和謝爾蓋播報本週的新消息。忽然，在我身後傳來一陣騷動。幾個隨行人員和我們公關團隊一些成員陪同高爾走進咖啡廳。他走到我旁邊站住，我低聲和他打了個招呼。他可能是我在每週 TGIF 見過的唯一一位非 Google 員工，因為通常 TGIF 僅限 Google 的全職員工參加。但高爾是 Google 顧問委員會的成員，因此可以為他破例。所以，真的很酷，是吧？艾爾‧高爾就站在我旁邊。

很酷。但接下來賴利‧佩吉的下一張投影片出現了一個超級

尷尬的巧合。

賴利經常會在TGIF上介紹當週雇用的一些重要新員工。螢幕上出現了一個人的照片，他將出任Google的首席科技顧問，這個人就是文頓·瑟夫（Vinton Gray Cerf）。

你知道文頓·瑟夫發明了什麼嗎？聽過一個叫「網際網路」的東西嗎？

沒錯。在20世紀70年代中期，在美國國防部高級研究計畫局（DARPA）工作期間，瑟夫與他人合作設計了一種協議，這種協議可以將數據資料包分解成更小的數據資料包，透過網路傳輸到目的地（即某一IP地址）後，還能神奇地重新組合起來。傳輸控制協定／網際協定（TCP／IP）是當今所有流動的數據資料基礎。

作為補充，賴利切到下一張投影片，上面有瑟夫的照片以及一行文字「網路之父」──這一稱號是工程界公認的。但這就讓情況更加尷尬了。我立刻放聲狂笑起來，並用胳膊肘推了推高爾，喊道：「嘿，老兄，我還以為要說的是你呢！」

我當然沒有那麼做啦。但如果我想被當場解雇，然後迅速被送出這棟樓的話，那麼做會是個不錯的選擇。相反，我一句話都沒說，並屏住呼吸，附近的所有其他Google員工也和我一樣。當賴利切到下一張投影片時，我感到非常高興。

幾個月後，我有機會參加了瑟夫的一個技術講座。在講座中，他很感激高爾在網路商業化中發揮的關鍵作用，並且大度地表示，高爾在代表田納西州擔任聯邦參議員期間，實際上在將網際網路推向非軍事用途開放上發揮了重要作用。

大量電影、電視節目和體育賽事周邊產品的大門也向

Google 地球敞開。Google 地球出現在電影《神鬼認證》(*The Bourne Identity*)裡。電視劇《24反恐任務》和《CSI犯罪現場》裡使用了它。在一位名叫迪倫‧凱西的 Google 員工(他曾是一名專業自行車運動員,效力於藍斯‧阿姆斯壯所在的美國郵政自行車隊)的努力下,它被用於報導自行車比賽,例如環加州自行車賽和環法自行車賽。它被 NBC 用於報導在義大利杜林舉辦的冬奧會。

在我辦公室的白板上,我列著一個不斷擴大的 Google 廣告商和合作夥伴的名單,它們都希望與我們合作一些聯合行銷推廣活動,它們是:塔吉特百貨(該公司開始把它的標誌噴塗在門市的屋頂上)、迪士尼樂園、奧迪、維珍美國航空、戴爾電腦、馬自達汽車、百事可樂、智遊網(Expedia)、塞拉俱樂部、飛雅特汽車、捷藍航空、Sony、《神鬼奇航》(*Pirates of the Caribbean*)系列電影以及聖誕老人(美國國家海洋和大氣管理局想建置一個「聖誕老人追蹤系統」)。此外,似乎 Google 的每一位銷售代表手上,都至少有一位廣告客戶對使用 Google 地圖和 Google 地球混搭地圖的特別促銷活動感興趣。

Google 地球所有的合作夥伴和娛樂周邊產品中,有一個令我尤為印象深刻。這個合作的詢問是喬納森‧羅森伯格收到的。喬納森是南加州大學克萊爾蒙特麥克納學院的校友,學院的另一位校友約翰‧科里寫信給羅森伯格詢問:「我正在籌備帕薩迪納的玫瑰盃[1]。Google 地球團隊中是否有人可以幫我製作一部能在體

---

[1] 玫瑰盃(Rose Bowl Game)是年度性的美國大學美式足球比賽,因比賽通常在帕薩迪納的玫瑰盃球場舉行而得名。——編者注

育場超大螢幕上播放的動畫電影？」

「嘿，比爾，過來一下。」12月初的一個傍晚，約翰叫住了我，「把門關上。」

我照做了，但很有些擔心，不過他那滿臉得意又極力克制的樣子給了我希望。「我想給你看封信。」他說，同時站起身把椅子讓出來給我坐。

「我的天啊！」看完那封信後，我興奮地跳了起來，和約翰擊掌慶祝。「我這就把它轉寄給你，但你別聲張，好嗎？」他說。

一個多星期以來，約翰和我一直想買這一年玫瑰盃的門票，這是我們一輩子（差不多吧）夢寐以求如史詩般的對決。35年來，德州長角牛隊首次打進全美冠軍賽，對抗全勝的南加州大學特洛伊人隊，而後者則希望連續第三次贏得美國大學體育協會（NCAA）大學橄欖球賽的全國冠軍。

第二天，我回信給科里，告訴他我很樂意幫助他製作他所需要的Google地球電影，並在信件落款處留了個不那麼隱蔽的暗示：「比爾‧基爾迪，德州大學1990級畢業生。」

那週，我們在辦公室會面，討論這個案子。說實話，我認為自己在使用Google地球的電影製作方面非常專業。畢竟，在軟體工程師弗朗索瓦‧巴伊建立這個工具時，我就坐在他旁邊，向他建議這個工具在用於行銷時需要展現哪些功能。有了我的幫助，科里十分高興。他的設想是為每個球隊製作一個影片，把球隊每場比賽的精采部分放進去，並製作一個Google地球動畫，帶觀眾飛到每場比賽所在的體育場。就要走出41號樓時，科里忽然轉過來對我說：「原來你是德州大學畢業的，你想去看比

賽嗎？」

「嗯，是啊。既然你提到，我也不瞞你，我想去看比賽。」
我還隨口提到，我的老闆約翰‧漢克也是德州大學的校友。

「讓我來想想辦法吧。」科里答道。

第二天早上，科里寄來的信再次讓我們不敢相信自己的眼
睛。科里奉上4張VIP入場券，VIP的意思是，除了50碼線[2]旁的
座位外，還可以在比賽前後進入球場。我們邀請丹‧克蘭西和另
外一位長角牛隊球迷觀看比賽。（我們邀請了羅森伯格，但他很
貼心地拒絕了，建議找一位德州大學校友去。）

當約翰和我在比賽前站在球場上，觀看在超過10萬名球迷
面前循環播放的Google地球動畫時，約翰用他的黑莓手機寫了
一封信給喬納森‧羅森伯格、黛比及其他市場行銷主管，盛讚我
為Google地球精心策劃的這一出色的免費廣告[3]。黛比將他的電子
郵件轉寄給整個Google行銷團隊。

可以毫不誇張地說，2005年德州大學對南加州大學玫瑰盃
全國冠軍賽，被公認為歷史上最激動人心的大學橄欖球賽之一。
長角牛隊在扣人心弦的比賽中原本勝利無望，但在比賽結束前
19秒，文斯‧揚在對手底線前19碼最後一次推進，神奇般地跑
陣得分，幫助長角牛隊以41比38擊敗了兩屆冠軍。

當倒計時牌歸零時，約翰和我衝出看台，像高興得忘記一切
的學生一樣衝進氣氛瘋狂的球場裡，與球員以及麥可‧戴爾、馬
修‧麥康納和藍斯‧阿姆斯壯等熱愛長角牛隊的名人擊掌慶祝。

---

[2] 50碼線即美式足球球場的中心線。——譯者注
[3] 約翰沒有附上照片，因為他的旗艦黑莓手機沒有拍照功能。——譯者注

在長角牛樂隊前，我與一群進攻線前鋒手臂相挽，高歌一曲《德克薩斯的眼睛》[4]。然後，我發現約翰正繞著得分區跑，一邊用他的相機拍照。當玫瑰盃現場的觀眾高聲歡呼的時候，約翰又拍起了再次在體育場超大螢幕上循環播放的 Google 地球動畫。空中飄灑的五彩紙屑可能也是在為約翰和我表示祝賀。

這是一本截至 2005 年的故事書。這一年是非凡的一年，在這一年裡，我參與了兩個歷史上最成功的產品發布：Google 地圖和 Google 地球。兩個產品都極為受歡迎，都有幾百萬使用者，並且齊力將 Google 股票的價格從 1 月初的 200 美元推高至 12 月底的 436 美元。我的好朋友現在已經穩坐這兩個產品的領導者位置，而且所有跡象都表明公司將擴大對地理部門的投資：我很快就會成立起一個包括我和里提在內的行銷團隊。

我完全沉浸在五彩紙屑、頒獎儀式、循環播放的 Google 地球動畫帶來的興奮中，雖然我不得不用萊爾・拉維特的那首《此後就都是下坡路了》（All Downhill from Here）來提醒我自己。這是一段極為精采的旅程，但到了 2005 年底，我開始懷疑自己還能跟著公司跑多遠。我已經連續數月超負荷工作，而且，在有了兩個年幼的女兒之後，我發現這樣工作已經開始對家人造成傷害。在那次旅行中，我還遇到了很多從奧斯汀來的朋友，我發現自己開始想我的德州老家了。

我還能緊跟約翰・漢克多久呢？我很了解他。是啊，當我們站在得勝的賽場上時，約翰可能會暫時滿足，但等第二天早上醒來，他就又回到時刻準備衝刺的狀態了。

---

[4] 這是德州大學的校歌。──譯者注

第15章 | 藍點

在 Google 地圖和 Google 地球的路線指引和搜尋功能的幫助下，導航將變得更智慧，訊息更新，更個性化。距 iPhone 的誕生還有一年，但賴利已經向我們展示了安裝在聯網智慧設備上的第一版 Google 地圖是什麼樣子。世界從此將以一個小小的藍點為中心，這個藍點也就是你。在這個世界裡，我們似乎永遠不會迷路了。

當我和其他興奮的旅客在拉斯維加斯的麥卡倫國際機場裡穿行時，幾十台不同主題的老虎機向我們不停地喊著「命運之輪！」、「三倍鑽石獎金！」、「價格合理！」而離開拉斯維加斯的人們雙眼昏花，拖著沉重的腳步，像一群牛一樣緩緩通過安檢。在那個陽光明媚而寒冷的星期四早上，出了行李提取處，至少要等上 1 小時 15 分鐘才能搭上車。抵達的大隊人馬的頭頂上懸掛著一個橫幅：「歡迎參加 2006 年消費者電子產品展（CES，以下簡稱電子產品展）！」參加這個展覽的 17 萬名與會者大多是用公費出差、衣著講究的亞洲和德國商人。

在電子產品展上，電子產品製造商將與潛在的分銷商和零售商建立合作關係，發布新產品，並保住他們的零售和網路銷售的市場占有率。在接下來的 4 天裡，一瓶瓶的清酒、伏特加和威士忌將幫助人們簽下合約，從 2,130 億美元的電子產品市場中分一

杯羹。在身著商務裝的人群中，穿著鮮綠色長袖GoogleT恤的我顯得格外醒目，這是我的其中一件展台制服。那天是2006年1月5日，也就是德州大學長角牛隊擊敗南加州大學特洛伊人隊贏得全國冠軍之後的第二天。我從帕薩迪納前往拉斯維加斯，與里提一起在電子產品展上的Google地圖和Google地球展示站工作。

如果我還在Keyhole工作的話，我勢必得錯過比賽，至少提前二天抵達拉斯維加斯，帶著電腦、顯示器，背著大包小包來到電子產品展的場地。電子產品展的展區面積約為185萬平方呎，相當於393個籃球場。三星、LG和微軟等公司使用的最大展位需要18天時間才能搭建完成。在Keyhole時代，我不得不親自布置一個10平方呎的展位，用膠帶把電源插座黏牢，設置Wi-Fi和網路線，還得求展會主辦方給我們位置更好的展位。而現在，跟著Google，我只需要走進電子產品展的場地，找到通往4萬平方呎大、鋪著黃色地毯、上方飄著被點亮的Google巨大氣象氣球和樂高主題的展台走就好了。一切都已為我們布置妥當。Google地圖的展示台裝在一塊4呎高的綠色樂高積木上，Google地球的展示台則是裝在藍色樂高積木上。事實上，所有的Google產品展示台都裝在樂高積木上。我們的展位以及休息室裡還放置了很多五顏六色的懶人沙發。

我把背包放在樂高桌下方一個隱蔽的工作間裡，然後開始工作，向人們展示並回答問題。無數製造商代表來到我們的展位，向我簡報他們新的連接型手持設備，都希望能將某個版本的Google地圖嵌入他們的設備裡。許多次展示都以詢問如何進Google工作而告終，有為自己問的，也有為正在讀大學、非常聰明的兒子或女兒問。大多數與會者從未見過在這家有6年歷

史、擁有5,000名員工的公司工作的人。

這是Google第一次（也是唯一一次）在電子產品展上設展位。我們參展主要是因為賴利・佩吉第二天早上要在大會上發表主題演講。我很清楚賴利主題演講的內容。他的演講中有幾個部分是關於地圖，而我曾與Google的公關團隊合作，確認他演講中的這些部分。

電子產品展主題演講被認為是技術世界大事紀上里程碑的時刻。整個電子產品產業和科技媒體都將目光投向這一場演講，既把它視為一年的開端，又視為一個了解未來創新趨勢的機會。賴利的演講經過精心的編排和排練。Google希望避免比爾・蓋茲2005年主題演講時遇到的尷尬——他在介紹新的Windows Media Center產品時，產品突然系統崩潰，藍幕當機。

第二天早上9點，拉斯維加斯會議中心可容納5,000人的大廳燈光暗了下來。連分會場也擠滿了人，很多與會者站在外面等待，希望能進入會場。看到會場外排的長隊後，我決定待在CES場地內我們的展台裡，觀看透過閉路電視傳輸過來的影片。這時，黑暗中響起了心臟怦怦跳動聲。Google地球被投影到舞台上、大廳裡以及分會場的幾十塊大螢幕上，同時還有一個動畫顯示全球的Google搜尋流量。

為了平衡賴利慢條斯理的演講風格，主題演講還請了喜劇演員羅賓・威廉斯（他演出一個非常政治不正確的展望，描繪一個用傳真機來輸出搜尋結果的未來，嵌入Google大腦。由於他講的笑話有點粗俗，這部分在閉路電視影片裡被剪掉了）和NBA球星肯尼・史密斯來擔任配角。賴利不認識這個拿了兩屆NBA總冠軍的球星，但他非常了解他的第一位嘉賓：「史坦利」。

當燈光亮起時，賴利走上舞台，站在那輛量身訂製的藍、紅色相間的大眾福斯途銳車保險桿上。這輛車就是「史坦利」，是史丹佛大學開發的一輛自動駕駛越野車，最近贏得了美國國防部高級研究計畫局2005年度挑戰賽的冠軍。賴利目睹了「史坦利」在總長132哩的比賽中轉了100多個急轉彎，穿越莫哈維沙漠，最終贏得勝利。3個月前，「史坦利」在挑戰賽中擊敗了195名自動駕駛對手，贏得200萬美元的大獎。史丹佛大學的50人團隊是由研究機器人繪圖的德國電腦科學家塞巴斯蒂安・特龍（Sebastian Thrun）教授主導。

賴利穿著一件白色的Google實驗室工作服。接著，他從「史坦利」的保險桿上跳下來，有點像一個在實驗室裡放飛自我的瘋狂技術專家。他解釋「史坦利」是如何自動駕駛。這輛車在車頂安裝了5個雷射雷達（用於光探測和測距）感測器，來建置車身周圍環境的3D地圖，為GPS提供補充，同時將這些數據資料輸入其內部引導系統，來控制汽車的速度和方向。「史坦利」靠著可靠的3D地圖來穿越浩瀚的沙漠。包含3D結構的優質地圖是自動駕駛汽車的基礎，這一點也不奇怪。

幾個月後，在電子產品展之後的春季，Google收購了位於科羅拉多州波德一家名為@Last Software的公司。這家公司旨在建置地球上所有城市的3D景觀，而這對自動駕駛汽車的進步和成功至關重要。公司的軟體產品叫SketchUp，可用於繪製今天在Google地圖和Google地球中看到的逼真3D模型。

Keyhole很了解SketchUp。和Keyhole一樣，@Last Software也獲得過IQT的投資。他們這個簡單易用的視覺化工具，能讓使用者快速繪製建築物和城市的3D模型。@Last Software對CAD

（電腦輔助設計）繪圖所做的工作就相當於Keyhole對GIS所做的
工作：讓以前使用難度較大的工具變得易用。這款軟體本來是
針對建築師的，但由於使用起來非常簡單，在很多意想不到的產
業中也很受歡迎，例如電影和戲劇產業裡的舞台設計、木工和
DIY（自己動手製作）市場等等。和Keyhole一樣，美國士兵也
開始使用SketchUp來建置他們可能進入的敵對區3D模型，這就
是IQT對它產生興趣的原因。

在2006年初，由於需要為Google地球尋找整個地球的逼真
3D模型，SketchUp的名字再次浮現。約翰和布萊恩開始考慮群
眾外包（crowdsourcing）的可能性，即全世界的人一起來繪製全
世界的3D模型。

@Last Software的CEO布拉德·斯坦來到山景城，與
Google地球團隊開了一系列會議，最後在43號樓會見賴利和
謝爾蓋。我記得在那個昏暗的房間裡，布拉德先為賴利展示了
SketchUp，然後又為謝爾蓋示範一遍。據說，約翰希望建立合作
關係，但據我推測，他邀請賴利和謝爾蓋參加會議，說明他的要
求不止於此。在布拉德的第一次簡報結束時，賴利說：「也許我
們應該買你的公司吧？」布拉德緊張地笑了笑，他以為賴利在開
玩笑。

布拉德·斯坦的簡報最終成為對SketchUp的易用性和可用
性測試。在情人節前大約一個星期，謝爾蓋要求布拉德幫他完
成一個他煞費苦心的計畫。他想做一個禮物給他的女朋友。他
想用3D列印技術印出兩個相連的紅心，但是找不到一款足夠簡
單、能讓他畫出模型的軟體工具。布拉德使用SketchUp在5分鐘
內畫出了相連的紅心，並寄給謝爾蓋一個3D印表機可以使用的

檔案。現在想到謝爾蓋的女朋友在打開億萬富翁男友送的這個情人節禮物時可能會有什麼反應，我仍然會哈哈大笑。「哦，謝爾蓋，讓你破費了。」

然而，這次展示達到了目的。幾週後，約翰打算在賴利、謝爾蓋和艾立克出席的員工會議上做簡報，請求他們批准收購 @Last Software。他剛開始簡報，賴利就打斷他。「我記得我好像告訴過你要買這家公司吧，」賴利說，「我不明白你為什麼還要來這裡。」

「是這樣的，收購需要很多錢，我覺得我應該來請求批准。」約翰說。

「只管買就好了。」賴利說。

約翰回到41號樓對我說：「還真容易呢。」@Last Software 的收購於2006年3月完成，隨後，這個團隊便開始朝著 Google 繪製世界3D地圖的目標努力。（現在，3D模型是從安裝在 Google 飛機上的感測器中擷取的。）

自2006年以來，我經常去參加電子產品展。這些年來，展會貢獻給自動駕駛汽車的部分開始成倍增加。賴利・佩吉那次有「史坦利」幫助的主題演講，可以說為科技企業研製自動駕駛汽車的競賽開了起跑槍響。

在主題演講中，賴利的第二項產品發布是關於一個 Google 與大眾汽車的聯合計畫，即透過 Google 地圖和 Google 地球將 Google 搜尋功能嵌入汽車儀表板中。在這個計畫中，Google 對這種使用者體驗推出了第一個模擬——一個全尺寸的原型儀表板（不含汽車的其他部分）被推到舞台上。過去6週以來，這個儀表板一直放在約翰的辦公室外，時刻提醒他不要忘記這個開發時

間緊迫的計畫。為了趕在電子產品展前，完成一個使用Google
地球的車載導航系統的原型，Google和大眾汽車的工程師成了
造訪這個儀表板的常客。布萊恩‧麥克倫登和麥可‧瓊斯在賴利
演講的前一天就已飛到拉斯維加斯，與賴利一起排練他這部分的
演講，並與大眾一起監督最終示範程式碼的完成和測試。當賴利
控制著儀表板，在全美以及全球各地的3D城市中穿行時，安靜
的人群被迷住了。

　　大眾汽車並不是唯一致力於將Google技術導入汽車的廠
商。最近幾個月，至少有8家汽車製造商——如福特、通用汽
車、戴姆勒克萊斯勒、豐田——造訪了41號樓，提出類似的車
載導航計畫。幾乎所有這些公司都在帕羅奧圖開設了導航開發辦
事處，為這項重要且有利可圖的工作發掘世界上最好的軟體工程
師。大眾的行動速度最快，約翰便選擇了大眾來製造賴利在電子
產品展演講中使用的原型。

　　由於汽車製造商和個人導航設備製造商都對此非常感興趣，
Google指派了卡倫‧羅特‧戴維斯這位業務發展高階主管負責
與這些公司進行談判。有一天，她邀請我、約翰和布萊恩參加與
來自堪薩斯州的知名個人導航設備製造商Garmin的會議。身為
堪薩斯人的布萊恩特別希望與他們進行合作。Garmin的代表把
一個特殊的原型帶到41號樓，供我們試驗。這是一個外部GPS
設備，是個藍灰相間的塑膠盒，有一副撲克牌那麼大，沒有螢
幕（它現在還在我手上）。你不是在Garmin的設備上查看你的
位置，而是透過藍芽把它和你的手機配對，然後在你的手機上查
看這個設備的位置。

　　這很難想像，但那天與Garmin開會時，我在手機上看到一

個以前從未見過的東西：我的位置。我是螢幕上的一個藍點。當然，這個藍點我在個人導航設備上見過很多次，例如Garmin非常受歡迎的Nuvi，但從沒在我的手機上見過。在此之前，如果你想在手機上看到你的確切位置的地圖，需要輸入你所在地的地址，沒有藍點可以把你的位置自動告訴應用程式。

現在，有了Garmin的這個外設小盒子，我就不需要告訴我的手機我在Google園區41號樓了，我的手機知道我在哪裡，甚至知道我處於樓上的哪個位置。我覺得我在那天還沒有完全認識到這個技術將產生的影響──這個會移動的藍點將很快啟動一個全新的產業。對我而言，這只是一個新穎而複雜的樣機，需要一整套獨立技術才能使用：它是一個連線到電源的外部設備，需要透過藍芽配對，且需要在我的黑莓手機上安裝一個特殊版本的Google地圖，才能在Google地圖裡開通它。在知道如何操作的情況下，你也需要花20分鐘才能把它設置好並讓它運作起來。

諷刺的是，我的2006年新款黑莓手機其實已經內置一個與Garmin外置小盒相同能力的GPS晶片，但黑莓手機不允許應用程式開通它。要開通手機中這個專門的GPS晶片，需要耗費太多電量。我手機中的GPS晶片是專為緊急情況預備的。在手機中安裝GPS晶片是一項新發明。20世紀90年代初期，隨著行動電話的廣泛使用，911呼叫中心開始被不知自己身在何處者打來的電話所淹沒：被困的自駕旅行者、受傷的徒步旅行者、迷路的騎行愛好者等各式各樣打來的求救電話，而打來電話的人──許多人處於極度危險之中──無法告訴調度員他們在哪裡。根據美國聯邦通信委員會（FCC）1996年的一項強制要求，從2000年起，無線設備營運商必須確定撥打911者的緯度和經度，並能

夠寄送他們的位置[1]。為了遵守這項法律，2000年，手機製造商開始發售帶有GPS晶片的設備。截至2006年，還沒有一家設備製造商允許第三方應用程式（如Google本地服務）打開他們製造的手機中的GPS晶片，以進行導航或位置搜尋。這種將GPS設備和手機搭配在一起的體驗可能是Garmin團隊在2006年初參訪Google地理團隊時心裡所想的。當然，加州的庫比蒂諾有一個團隊也在探索類似的想法，而Garmin和我們都還不知道這件事。

為了在不消耗手機電量的同時實現無縫對接的使用者體驗，Garmin做了這款外置GPS接收器。當然，這種方法的廣泛應用仍面臨一些巨大的障礙，但是一旦開始使用，這個藍點就像魔法般讓人無法自拔。

無論你走到哪裡，藍點都會跟著你。2006年4月，我帶著這個Garmin原型設備回了一趟德州，並在它的指引下開車250哩，從奧斯汀來到我姐姐在阿蘭瑟斯港的海濱別墅。雪萊開著車，我在副駕駛座玩我的新Garmin玩具，我們的兩個女兒坐在後排。看著藍點自動跟著我實在是一件令人陶醉的事，尤其是當地圖處於衛星模式時。

這是一種極佳的使用者體驗，不過需要用一些數位的「膠帶」把這些技術黏在一起，讓它們協同工作。那個單獨的Garmin GPS設備放在我的儀表板上，由點菸器供電，然後透過藍芽與我的手機配對。同時，我的黑莓手機要運作一個特殊版本的Google地圖。「如果有一天這些東西都能被塞進一個設備裡

---

[1] 在卡崔娜颶風期間，911調度員會將接到的電話轉給海岸警衛隊，但他們的位置信訊息卻沒有被一起轉發，這迫使海岸警衛隊想到了將Google地球作為應變的方法。

就好了。」我對雪萊說,「要能把它放進口袋裡的話,那就太棒了。」我驚奇地看著藍點沿著德州沿海平原上寬闊的高速公路加速前進,然後提前看到下一個轉彎處周圍被綠草覆蓋的沼澤和沙灘。

而現在,在寫這本書時,我發現自己已經很難想像一個沒有無處不在的藍點世界。事實上,為了能夠在所有情況下(包括在室內)顯示你的位置,開發者們做了大量工作。今天,藍點仍然是一個可供研究和想像的領域:很多工程師都在致力於在多種環境中極為精確地確定你的即時位置,最高可精確到公分,同時消耗最少的電量。現在,蘋果就有一個團隊,在他們內部被稱為藍點團隊。Google 也有一個類似的工程師團隊,專注於為各種第三方應用程式提供低功耗使用 GPS 的方法,並回饋為藍點量身打造的訊息和服務。當你不移動時,它會關閉 GPS 感測器;當你手機上的加速計檢測到移動時,它會被喚醒,並根據你所在地附近的 Wi-Fi 以及附近手機訊號塔的相對訊號強度來確定你的位置,補充位置訊息。

賴利在電子產品展上的第三個展示是關於 Google 地圖和 Google 地球,這次他直接與觀眾進行對話。「我知道台下的很多人都有黑莓手機。」他說,「請有黑莓手機的人舉一下手。」超過一半的觀眾舉起他們的黑莓設備。「下面要說的這個東西,現在能在你們的手機上使用了……你們可以用它找路……我最近就用過它。我當時在某個地方迷路了,然後我就用它找到了路。它非常有用,在上面可以看到衛星地圖,還可以像在 maps.google.com 上面那樣放大和縮小地圖。我覺得這樣一來,這些行動設備才真正開始發揮它們的作用。我認為它是一個了不起的

東西。」

　　然後，賴利發布了適用於黑莓手機的Google地圖版本。賴利的設備被投影到大廳裡的許多個螢幕上，展示了新的行動版Google本地服務。他可以透過點擊鍵盤上的光標修飾鍵來移動黑莓的小螢幕，也可以用這個鍵切換到衛星地圖，衛星地圖會慢慢下載到螢幕上。

　　然而，行動裝置版的Google本地服務裡並沒有那個關鍵的藍點，這意味著找路或找商店會困難得多。如果你看過商場或博物館裡的地圖，你很可能會先找到上面那個「你所在位置」的點。在行動裝置設備上也是如此。如果沒有藍點，你就不能只輸入「星巴克」而不輸入具體位置（例如「第5大街和拉馬爾大街的交叉路口附近的星巴克」）來進行搜尋。要在行動裝置設備上執行這個功能，考慮到其小小的螢幕和更小的按鈕，你可能會覺得還是把手機放回口袋裡，然後沿著任何方向走4個街區找家星巴克更容易些。

　　到2006年，原料已經準備好了——藍點、行動裝置地圖應用程式、帶有GPS晶片的聯網設備——但是還沒有人把這些東西「揉」在一起，做出一種更為精巧的體驗，還沒有拿這些原料烤出一個蛋糕。

　　當我站在Google的展台觀看直播影片時，我對賴利談了這麼多與地圖有關的技術感到高興。「這有益於保住我們的飯碗。」在賴利結束演講之後，我打電話給約翰時這麼對他說。

　　從電子產品展回來後，我感覺到賴利對地圖的熱情也感染了其他的Google行銷經理。很快，就像急不可耐的電子產品展與會者一樣，Google行銷團隊的成員也向我詢問有沒有可能加入

Google 地理團隊。他們對主題演講的反應和我差不多：賴利似乎在擴展 Google 的使命，將全世界的地理訊息也包括在它要整理的訊息中，而 Google 地圖和 Google 地球使得人人皆可使用這些地理訊息。

今天回想起來，那個週五早上在拉斯維加斯參加 2006 年電子產品展主題演講的觀眾，可以說是窺見了未來。自動駕駛汽車產業可能就是在那天揚帆起航的：在這一年裡，佩吉聘請了塞巴斯蒂安‧特龍以及「史坦利」團隊的許多成員來帶領 Google 自動駕駛汽車計畫。在 Google 地圖和 Google 地球的路線指引和搜尋功能的幫助下，導航將變得更智慧、訊息更新、更個性化。距 iPhone 的誕生還有一年，但賴利已經向我們展示了安裝在聯網智慧設備上的第一版 Google 地圖是什麼樣子。世界從此將以一個小小的藍點為中心，這個藍點也就是你。在這個世界裡，我們似乎永遠不會迷路了。

第16章 | I／O大會

我在41號樓完成的最後一個計畫,是為使用Google地圖API的工程師、網站開發者和設計師舉辦一個活動。我將它命名為「Google地理開發者大會」。這個活動受到熱烈歡迎,它在Google得到了普遍認同。第二年,活動擴大到Google的其他產品系列,更名為「Google開發者大會」。2008年,這個概念被進一步擴展,將Google品牌本身也囊括進來,Google I／O大會就此創立,成為公司最大的年度開發者關係和產品發布活動。

「基爾迪先生,謝謝您的慷慨出價。」穿著黑色禮服套裝的房地產經紀人說,「但很抱歉,我們要請您和基爾迪夫人回去了,因為我們手上的另兩家都出得比您多。」

我看了看房地產經紀人的玻璃幕牆會議室。我不止一次經歷過這一幕。外面還站著兩對夫婦,等著對這間房子出最後一次價。這是一場看誰願意最大限度地抵押他們未來的較量。儘管雪萊和我為門洛帕克這間132平方公尺的3房出價已經比要價高了5萬美元,但我們依然沒能進入最後一輪。

2006年,這種類型的房地產競標戰在矽谷非常普遍。週末把孩子們拉去看房,週一晚上到房地產經紀人辦公室裡打開密封的出價,然後失望地回家。然後再重複一次。上面提到的那間房

子開價150萬美元，卻有8個人競標。

情況不太對勁：我們一位做抵押貸款經紀人的朋友已經預先批了一筆貸款給我們，條件是雪萊和我要把我們倆扣稅後實得薪水的66%用來還貸款。「我認為，依照以往的經驗，應該把收入的35%～40%花在住房上。」我對我的朋友說。「不對，幾年前這種想法就被拋棄了。」他不屑一顧地揮揮手說。矽谷的人收入很高，但顯然他們願意把大部分錢花在房子上。

我們目前這間98平方公尺的房子位於路旁種著成排紅杉樹的威洛斯街區。當我們家只有雪萊、伊莎貝爾和我3個人的時候，這間房子是夠住的，但現在卡米爾占領了原本屬於我的小小書房角落，房子變得越來越擠。每買一個新玩具，就要把一個舊玩具送人。我們不再買6連包的紙巾，改為買可以存放在廚房水槽下面的兩連包紙巾。早上穿好衣服需要去3個不同的櫃子裡拿東西。我甚至開始另眼看待我們的寵物狗彭妮，因為牠要占用0.23立方公尺的空間。我們可不可以換一隻小點的狗？

在門洛帕克換一間大一點的房子肯定會舒服得多。可我在Google的職位達不到「在門洛帕克換大房子」的水準。在我看來，101號公路沿線的房產是有等級之分的。個人貢獻者[1]一般住在聖荷西和聖克拉拉，管理者一般住在森尼韋爾和山景城，主管一般住在帕羅奧圖和門洛帕克，副總裁和CEO一般住在阿瑟頓和伍德賽德。

我作為一名行銷經理，不僅收入方面不盡如人意，而且日常工作本身也開始變得不那麼富有成效和有成就感。隨著地理

---

[1] 個人貢獻者（individual contributor），即所有產出都來自己的一般員工。——譯者注

團隊的不斷發展，約翰開始招兵買馬（幾個月內招募了數百名員工），而我的角色卻變得越來越不重要。以前，我是Google地球唯一的產品經理，現在，約翰的團隊裡有14名產品經理；以前，我的20個職責之一是管理Google地球中各個圖標的配色，現在，有一個人專門負責這個工作。

無論是覆蓋範圍、推出的國家數量還是受歡迎程度，Google本地服務和Google地球都在持續增長。截至3月，我們在超過12個國家推出了Google本地服務。當約翰飛到世界各地，拿各種創新獎、收購地圖公司時，我被拋在了一邊。而在公司裡，我也被團隊與賴利、謝爾蓋和艾立克召開的會議（也被稱為LSE[2]會議）拒之門外。約翰難為情地告訴我，「我不能邀請你參加，因為我們被要求減少參加會議的人數。」每次參加會議時，他可以帶他手下14個產品經理中的一個，這個人需要是會議議題領域的專家。例如，如果討論的主題是亞洲的地圖繪製，那麼他就會帶上產品經理川井圭。在有這些各領域的專家之前，Keyhole的核心團隊需要自己努力處理這些問題。

被收購的新創企業一旦進入大型企業，它的組織架構自然會發生變化。我不是唯一一個職責被重新定義的前Keyhole員工。德德現在是Google高級管理團隊的一員，這意味著她還要為約翰之外的其他高階主管提供行政支援。萊內特和她的團隊被拉進了雪莉・桑德伯格的消費者營運小組。同樣在Keyhole身兼數職的諾亞也被迫選擇一個職位，隨後被安排在企業銷售團隊中。相

---

[2] LSE是賴利（Larry）、謝爾蓋（Sergey）和艾立克（Eric）這三個名字的首字母組合。——譯者注

比以上幾人，其他一些前Keyhole員工的職責則迅速擴大。丹尼爾在全球有數十人向他彙報，而他最後要向企業發展部的梅甘·史密斯彙報。麥可成了艾立克·史密特特別喜歡的左膀右臂，並經常坐著艾立克的灣流V商務機去世界各地開會。

約翰非常依賴的核心團隊成員很快增加了幾十名Google員工，而不僅僅是他從前的Keyhole員工。經營Google地圖和Google地球的核心團隊的電子郵件組別名從kh-staff@google.com變成了geo-staff@google.com。Keyhole的電子郵件別名已經退役，它已經毫無價值了。

我放棄了產品經理的職位，轉而將精力加倍投入到各種行銷推廣活動中。在Google內部，它們並不被視為最重要的工作，但我發現這些計畫很有創造性，讓人有成就感，即便它們不是最具策略意義的計畫。那年春天，我專注於兩個計畫，它們將為我在41號樓裡度過的時光畫上句號。

第一個計劃是圍繞命名展開的。我們在多個國家推出Google本地服務的同時，許多區域行銷經理都不太樂意接納這個名字。「Google本地服務」（Google Local）這個名字的直譯常常行不通。「Google Local是什麼？」我們在西班牙推出Google地圖之前，西班牙區域的行銷經理貝爾納多·埃爾南德斯問我。「我們西班牙語裡沒有哪個詞有這個含義。它聽起來像是Google Loco[3]。」我覺得這個名字在英語裡也很瘋狂。

我仍然在不斷抱怨「Google本地服務」這個名稱。既然約翰現在是Google地理的主管，我認為我們可以再改一次名字。

---

[3] 「loco」在西班牙語裡是瘋狂、瘋子的意思。——譯者注

雖然約翰同意我的看法，但他對於要向瑪麗莎重新提起這個有爭議的問題不感興趣。他被授予了監護權，但不想急於給這個孩子改名字。

在與黛比‧賈菲交談之後，我感覺可能有機會將名字改成「Google 地圖」。在為2006年進行行銷策劃期間，我提出聘請一家舊金山的廣告代理商，來幫我們給Google的地理產品策劃推廣活動。我告訴黛比：「我們打算花費數百萬美元打造一個品牌，我想確保品牌不是圍繞錯誤的名字打造的。瑪麗莎可不可以讓我們對名字做一些測試，然後根據得到的數據做最終的決定？」

約翰在回信給我的時候也傳送給了黛比和瑪麗莎（正如我所要求的），他認為「我們至少應該讓比爾測試不同的命名選項，看看得出的數據資料如何。」瑪麗莎很不情願地同意了，但列出了用於測試的命名選項：Google 本地服務、Google 地圖、Google 地圖和衛星。這幾個選項讓我很擔心，我幾乎可以肯定兩個Google 地圖的選項會分攤票數。Google 本地服務可能會在三方競爭中勝出，因為反對它的人會選各自喜歡的Google 地圖名稱。即便討厭這個選項，我還是成功說服瑪麗莎添加了第四個選項：Google 本地和衛星。

在產品管理團隊的幫助下，我們在3月初開始對名稱進行測試。在1週內，1%的Google官網訪客在主頁上方看到4個不同連結中的一個。結果很清楚：兩種Google 地圖的選項得票比兩種Google 本地服務的選項高出3倍。數據資料是不可否認的。

然而，瑪麗莎仍然反對改名。現在，成千上萬的廣告商已經加入了針對本地服務的Google Ads廣告產品。它們已經進行了註

冊，讓它們的廣告出現在 Google 本地服務中。因此，名稱的更改可能會為廣告商帶來混亂。更糟糕的是，如果要把這些廣告轉到一個新產品裡，就會違反 Google 的合約義務。它們註冊的產品並不是 Google 地圖。瑪麗莎說，需要與所有利益相關方召開會議，以做出最終的命名決定。

　　試圖讓 5～6 位 Google 高階主管參加同一個會議是一件挺有挑戰性的事。我以「待定的廣告推廣活動」為事由，將這些很難定下時間的人聚集到同一房間裡。會議將於 3 月 24 日星期五下午、全公司 TGIF 聚會結束後在 40 號樓舉行。與會者包括 CEO 艾立克・史密特、產品副總裁喬納森・羅森伯格、廣告副總裁傑夫・休伯、瑪麗莎・梅爾、約翰・漢克以及賴利和謝爾蓋。遺憾的是，約翰無法參加會議。他定好要在巴黎的一個會議上發言。我們都同意會議應該按計畫舉行，因為光是確定會議的時間就已經很困難了。（我沒有被邀請參加會議，我這個薪酬等級的人無法參加這樣的會議。）

　　我走到會議室外面，想確定會議確實在開。透過門上的窗戶，我看到每個人都來了。瑪麗莎坐在桌子的主位上，在我走過門口的時候正在講話。我遇到了帕蒂・馬丁，她是艾立克的行政助理，我和她一起協調了會議的後勤工作。她說會議晚些時候才開始，但他們已經開了一個多小時。帕蒂知道會議的議題以及會議結果對我有多重要。她說，我看起來就像一個在產房外等候的準爸爸，急切地想知道妻子生的是男孩還是女孩。她讓我到下班時間就回家（已經快 6 點了），會議結束後她會打電話通知我結果。

　　當我回到門洛帕克的家時，我收到了帕蒂的信。會議在下午

6：15左右結束，但所有人離開會議室時都守口如瓶。在回家度週末之前，沒有人告訴她到底選了哪個名字。

我立即寫信給黛比。黛比也在等這個消息。她說她會試著聯絡瑪麗莎。我在晚上9：30左右再次寫了信給黛比，詢問她是否從瑪麗莎那裡得知最終決定。她說她已經知道了最終決定，但不能告訴我。但她告訴我，瑪麗莎想知道約翰何時回加州。我撥通黛比的手機號碼。她接起電話說：「嘿，我知道你很想知道那個名字，可瑪麗莎讓我發誓不告訴任何人，她想直接把這個消息告訴約翰。你知道她和約翰工作中的關係不是很好，所以她想用這個機會直接與約翰聯絡。」她說的都是事實。

「哎，黛比，告訴我吧。我在這事上費了好大的功夫。你必須告訴我名字是什麼，我保證不會告訴約翰。」

「不行。瑪麗莎讓我問你約翰何時回來，而且她明確要求我不能告訴你。」我告訴她約翰原定何時回來，然後又求她告訴我名字。最後她終於答應了。

「名字是Google地圖。」她說，「但你絕對不能告訴漢克，好嗎？瑪麗莎打算這個週末打電話告訴他。」這就是會議結束後所有人守口如瓶的原因。如果說這段聽上去就像是幾個初中生在互傳誰喜歡誰的謠言，那麼我可以向你保證，接下來情況會變得更糟。

當晚早些時候，我收到約翰的信，他在巴黎起晚了。「聽到消息的話就寫信給我。」他說。在與黛比交談之後，我寫了封信給約翰，告訴他這個週末他應該會接到瑪麗莎的電話。

第二天早上8：30左右，我的電話響了，是約翰從巴黎打來的。我還沒來得及喝早上的第一杯咖啡。

「他們決定用哪個名字了嗎？」

「決定了。」我說，「看樣子，瑪麗莎打算親自打電話告訴你選了哪個名字。我昨晚和黛比通過電話，因為他們想知道你何時回加州。瑪麗莎明天會給你打電話。」

「黛比知道名字嗎？」

「嗯……呃……應該吧……我覺得她知道。」我回答。

「她告訴你了嗎？」

「她禁止我告訴你。瑪麗莎會直接給你打電話，親自告訴你名字。她想親自告訴你，所以我不得不向黛比發誓不告訴你名字。」我說。這時我完全清醒了。

「比爾，名字是什麼？」

「約翰，我不能告訴你，瑪麗莎明天會給你打電話的。」

「比爾，快告訴我名字。」他的語氣變了。這不是一個朋友在談論八年級裡誰喜歡誰，這是Google地理的主管約翰請求——不，是要求——知道他手上的兩個核心產品之一的名字。

「好吧，我會告訴你，但你必須保證瑪麗莎明天給你打電話的時候，你要表現得很驚訝。」

「好吧，我會表現得很驚訝。」他說，語氣沒有什麼說服力。「不行，約翰，你真的要表現得很驚訝，好嗎？」

「好，好，我會表現得很驚訝的。」他不耐煩地說道。

「Google地圖。」

「好，謝謝。我要上飛機了。」

我的手機在週日晚上9點鐘左右再次響起。

「你為什麼要告訴他！？」黛比衝我吼道。「我告訴過你不要告訴他！可你還是告訴他了！瑪麗莎打電話給我，她真的很

生氣！」

我向黛比解釋說，約翰打過電話給我，問我名字是什麼。我說我不能告訴他，但他要求我必須告訴他。約翰保證在接到瑪麗莎的電話後會表現得很驚訝。

「他並沒有那麼做！」黛比向我轉述了瑪麗莎告訴她的話。按照計畫，瑪麗莎給約翰打電話，說她想告訴他一個好消息。

「我們決定採用Google地圖這個名字。」瑪麗莎說。

約翰假裝感到驚訝，但顯然瑪麗莎並不買帳。「比爾・基爾迪已經告訴你了，對不對？」

約翰猶豫了一下才回答她，所以不得不承認，「嗯，他告訴我了。」

我們幾乎立即發動了公共領域中的更名行動，因為我們不想給任何人留下改變主意的餘地。伊麗莎白・哈蒙在4月2日開始推動更名。Google地圖現在再次成為Google地圖，Google本地服務不復存在了。

將名字更改為Google地圖是一場艱苦的勝利，所以我想確保這個名字永遠不會再更改。我希望它永遠都不要改。我希望把它刻在石頭上。

因為純粹覺得好玩，我在Craigslis上發布了一則隨機廣告，尋找一位雕塑家將產品名刻在石頭上。幾個星期後，一位伯克利的雕塑家將Google地圖的標誌刻在一塊80磅重的美麗粉色雪花石膏上，字體採用了Google標誌使用的Catull字體。由於諾亞家住東灣，他幫我取來了這件雕塑，並把它送到41號樓，擺在一個底座上。這是一件美麗的藝術品，今天仍然擺放在Google地理的辦公室裡。它是很貴，花了公司1,300美元，但它代表了一

項最終決定。我想，如果還有人想改這個名字，我們就回答：
很抱歉，我們不能再改了。Google 地圖這個名字已經刻在石頭
上，然後把我們美麗的80磅重大塊粉色雪花石膏指給他看。

我在41號樓完成的最後一個計畫，是為使用 Google 地圖
API 的開發者策劃一個活動。除了小型聚會和駭客馬拉松之外，
Google 從未舉辦過針對開發者的大規模活動。我的想法是，在
Google 園區裡為使用 Google 地圖 API 的工程師、網站開發者和
設計師舉辦一個活動。我將這個活動命名為「Google 地理開發
者大會」。延斯・拉斯姆森幫忙為這個活動的地圖品牌建立和設
計元素。

本來我們幾乎不可能拿到錢來支持行銷或廣告開支，但辦一
場針對開發者的活動想法很快得到 Google 高階主管的青睞，預
算和概念也得到了批准。在一家以工程技術為導向的公司，把錢
花在工程師身上的想法很容易推銷出去。布雷特・泰勒對這個想
法非常熱心。

2006年6月在 Google 園區舉辦的第一屆開發者關係活動吸
引了約300名 Google 地圖愛好者、開發者和媒體。我們將此次
活動定位為幾個關鍵地圖計畫的發射台，其中包括為 Google 地
球繪製具有逼真紋理的3D建築（這要感謝 GoogleSketchUp 高級
使用者的貢獻）。布雷特和吉姆・莫里斯在活動中展示了一個
新產品——針對企業的 Google 地圖 API。該產品可以讓 Zillow、
OpenTable、Yelp 這樣的公司在其網站上使用付費的 Google 地
圖，以換取更優惠的服務條款，例如，我們承諾不會在其網站上
顯示其競爭對手的廣告。

我邀請賴利、謝爾蓋和艾立克參加這次活動。參加活動的人

數、參與者的熱情、媒體的關注和活動的樂趣，讓他們非常驚訝（而我驚訝的是，他們居然都來了）。在會議午餐期間，我引導所有與會者躺在查理咖啡廳外面的草坪上。然後，我安排一架飛機在Google園區上空拍下一張所有與會者躺在草坪上的高解析度照片。這是我們自己的《十的次方》。在活動即將結束的時候，照片被下載、列印出來，作為紀念品分送給與會者。

　　這個活動受到熱烈的歡迎，而且，作為一個發布新產品和新產品功能的示範平台，它在Google得到了普遍認同。這是第一次由行銷團隊進行產品策劃，決定產品發布的具體日期，而不是產品一旦準備就緒就將其發布。第二年，這個活動擴大到Google的其他產品系列，同時被更名為「Google開發者大會」。2008年，這個概念被進一步擴展，將Google這個獨特的品牌本身也囊括進來，Google I／O大會就此創立，並成為該公司最大的年度開發者關係和產品發布活動。Google I／O大會每年在舊金山的莫斯克尼中心舉行，人數上限為5,000人，而大會門票常常在開售後數小時內售罄。今天，Google有好幾個團隊負責舉辦這項活動。

　　然而，在Google開發者大會成功舉辦之後，我感到筋疲力盡了。我把全部精力都投入到工作中。雪萊也開始厭倦這種工作節奏。我們最近帶女兒去了趟迪士尼樂園，但我一整天都在用我的黑莓手機處理工作上的事。

　　我準備回德州。我做出這個決定不是因為某件事，它應該是由多種因素共同導致的。我這6年過得很緊張。我現在扮演的純粹是一個被邊緣化的行銷角色，而Google在當時對行銷非常反感，它一心只在產品上。我並不是要責怪他們。建構動態使用

者體驗的策略已經奏效，並且仍在繼續發揮作用。更重要的原因是，雪萊和我懷疑矽谷是不是一個適合我們女兒成長的地方。我希望我的孩子周圍也能有一些中低階層的孩子：那些在上學路上，坐在汽車後排一邊看DVD一邊吃巧克力甜甜圈的孩子。雖然我們會想念我們在加州的大家庭，但我的女兒能有機會和德州的一大幫滑稽可愛的親人處在一起。

雖然我在考慮離開Google和山景城，但幸運的是，我有機會回到奧斯汀，同時繼續為Google工作。2006年春，我經常要和那些花費數百萬美元在Google做廣告的大公司開會。會議室裡總有一群和我差不多的行銷經理，但我的Google地圖和Google地球展示經常被留到最後。在創新的速度上，沒有哪家公司能與Google比肩。在等待與Google會談的大批公司中，有一部分是個人電腦製造商：惠普、戴爾、宏碁、Sony、東芝等。

在這些會議中，我經常遇到一位Google員工桑德爾·皮查伊（Sundar Pichai），他現為Google的CEO。他是Google工具欄和Google桌面這2個產品的產品經理。他向瑪麗莎彙報。在他職業生涯的這個階段，他只是一名產品經理，甚至連主管都不是。桑德爾非常友善，即使按照Google的標準，他也算得上非常聰明，而且非常獨特的是，他有客戶服務意識，這在Google很少見。我覺得這是因為他曾在麥肯錫公司當過顧問，所以他知道有一個需要去取悅的真實客戶意味著什麼。

所有這些經驗使得桑德爾能夠有效地與個人電腦製造商建立分銷合作關係，包括我在週五晚上的新聞中看到與奧斯汀的戴爾公司建立的分銷合作關係。Google正在投入重金建設與戴爾、蘋果、惠普、Mozilla等公司的分銷合作關係，以應對微軟

將數億台電腦上的預設搜尋服務自動切換為微軟自己的搜尋引擎
── Bing所帶來的威脅。當時，85%的網頁瀏覽都是在微軟的
IE瀏覽器上進行，因此這種威脅是實實在在的。類似Google工
具欄這樣作為IE瀏覽器輔助軟體運作的產品，可以防止微軟自
動奪走Google的數億使用者。

　　我立即寫了封信給桑德爾，告訴他如果他需要人「維護這個
合作關係」，我願意搬到奧斯汀做這個工作。雖然兩家公司從未
公開確認交易金額，但CNN報導稱，Google向戴爾支付了10億
美元，成為戴爾每年售出的4,700萬台個人電腦的全球首選搜尋
提供商。這是一筆為期3年的協議，所以我很想知道桑德爾是不
是需要在奧斯汀派一名負責人，來確保合作順利進行。他回答
說，他還沒有想過需不需要派人去奧斯汀，但他會考慮。他隨後
把我的信轉寄給人力資源部經理，並註明，根據我為Google地
圖和Google地球工作的經驗，他很推薦我。不到兩週，我就收
到錄用通知，附帶一份搬到奧斯汀的搬遷福利。雪萊和我開始在
奧斯汀找房子和學校。

　　我和約翰談到這個機會。他作為一個真正的朋友而非老闆
說了他的想法：「你應該想想你在Google共事的所有人。」他
說，「他們有一天會去矽谷的其他公司當CEO或CMO（首席行
銷官）。你離開這裡，就等於要離開這一整個職業關係網。」他
還承認，這個新角色對Google來說可能比我目前的角色更有策
略意義。還有，因為他也曾在奧斯汀生活過，他不得不承認，
「如果你能搞清楚如何住在奧斯汀並且仍舊為Google工作的話，
那還是在奧斯汀要好得多」。

　　2006年10月，我在奧斯汀走馬上任。我不是個喜歡漫長

告別的人。我把行銷團隊交給了傑夫‧馬丁，一個來自@Last
Software能力很強的行銷負責人，然後就上路了。德德為我辦了
一場驚喜派對。它太讓人驚喜了，連我自己都沒有參加。我當時
已經登上飛往奧斯汀的航班。飛機剛一降落，我就收到德德和其
他人的8則語音留言，問我人在哪裡。團隊於是在沒有我的情況
下開了歡送派對，發給我好多張德德做的地球形狀蛋糕照。我在
約翰手下工作的日子就此結束（或者說我當時是這麼認為的）。
離開團隊讓我感到難過，但我很快就沉浸在德州的新角色中。

第17章 | Google街景

　　我的想法是這樣的：選擇一個計畫近期拍攝的城市，提前在該城市的報紙上登一整版的廣告，例如，如果團隊計畫去拍奧斯汀，那麼廣告的標題可以是「奧斯汀，Google來了」。標題下面可以放上一張可愛的Google街景車的彩色照片。車的下面是第二個標題：快裝作很忙的樣子。但約翰並不喜歡這個點子。

　　在接下來的幾個月裡，我在新職位上安頓下來，開始獨自在我們位於彭伯頓山莊街區350多平方公尺的房子裡辦公（我們用賣掉門洛帕克90多平方公尺房子的錢買了這間房子）。一天下午，我打電話給Google人力資源部詢問一件事。

　　「你能給我一份住在德州奧斯汀且為Google工作的人員名單嗎？」人力資源代表答道：「我們這裡沒有辦公地址在奧斯汀的人。」我又問：「你能看看有沒有電話區碼是512的人嗎？」她傳給我3個人名。我寫信給這幾個人——他們互相都不知道彼此的存在。我把他們連結起來，並每月舉辦一次燒烤午餐。不久，我們搬進了奧斯汀市中心北拉馬爾大街上緊鄰滑鐵盧唱片行的一間辦公室，並迅速從4～6名Google員工擴張到10名，然後我們便成立了Google奧斯汀辦事處。我在我們工作服T恤上印了德

州版本的 Google 使命:「整理全世界的訊息,大夥[1]。」(現在奧斯汀辦事處有大約 750 名 Google 員工。)

建立合作關係的工作,不太適合我這樣的行銷人員;我不太情願地把更多時間花在看電子表格和合約上。說實話,我並不是特別擅長這項工作,我的心和熱情還在行銷上。即便如此,我還是為公司建立了一些最具策略性的合作關係,包括與蘋果、Mozilla、戴爾、Adobe 等等。

Google 搜尋框不僅可以在其官網主頁上找到,還被嵌入了許多其他產品中,如蘋果的 Safari、Mozilla 的火狐瀏覽器以及微軟的 IE 瀏覽器。之後,我便開始維護這些合作關係。數十億美元經過這些散落各處的小搜尋框流進了 Google 的口袋。光是火狐瀏覽器——其預設主頁上的搜尋引擎是 Google ——每年就能產生幾十億美元的搜尋收入。如果有一個以創造的收入進行排名的 Google 員工排行榜,我肯定能進前幾名。每當約翰告訴我他們又開展哪些新的地圖計畫(例如在義大利購買一家地圖公司或與亞洲的一家公司簽訂獨享性數據資料協議)時,我就會馬上指出,我現在正在資助他的 Google 地理部門。賴利和高階主管團隊中的其他人一直在催促約翰和布萊恩以各種想像得到的方式擴張和發展,但他們仍然沒有把地圖貨幣化作為一個優先考慮的選項:Google 地圖和 Google 地球依然是花的比賺的多。

再次站在收銀台前讓人感到愜意——實實在在地創造收入,而不是肆無忌憚地花 Google 的錢。如果說我認為 2005 年 Google 地理團隊的投資率已經高得驚人,那麼到了 2006 年底,支出更

---

[1] 「大夥」原文是 y'all,即 you-all,是德州方言。

是增長到前所未有的水準。約翰這個領域的預算似乎總是無窮無盡。2月份 @Last Software 的收購據傳花了4,500萬美元。Google 買下 Digital Globe 價值數千萬美元的衛星圖像。它還收購了瑞士琉森的另一家名為 Endoxen 的地圖公司,以拓展在歐洲的業務。很明顯,Google 地圖和 Google 地球的使用者體驗是超群的。無論我們在哪個國家或地區獲得數據資料並推出產品,Google 產品都會立即獲得很高的市場占有率。截至2006年底,Google 地圖已在47個國家推出,Google 地球已被下載超過1.2億次。你會很自然地以為,在辭去一份做了很久、而且同事都會想念你的工作之後,你留下的空缺會很難填補。但我對 Google 地圖團隊從未抱有這樣的幻想。我知道,沒有我,約翰和團隊也會做得很好。說實話,Google 地圖前面的路還沒有鋪好。

盧克・文森特(Luc Vincent)於2004年加入 Google。由於他在「電腦視覺」(computer vision)方面的技術背景,他被分到了丹・克蘭西的團隊中,肩負起掃瞄全世界圖書館裡的圖書的艱鉅任務。這是一個有抱負的計畫,彙集了數十位業界知名的電腦視覺工程師。在內部,它的代號是「海洋計畫」(Project Ocean)。

在加入團隊後不久,文森特被叫去和賴利・佩吉開會。佩吉跟文森特講了一個完全不同的計畫,這個計畫是他個人與史丹佛大學電腦科學教授馬克・勒沃伊共同開展的。這個計畫的內容是,在城市的街道上拍攝影片,然後建置連續的帶狀水平圖像,並從這些圖像中提取數據資料(例如,地址),以使其可被搜尋。文森特很快就明白,賴利的長遠目標是讓物理世界可被搜尋,而不只是搜尋數位世界裡的網頁。Google 在2003年提供勒

沃伊一筆資金，用於資助概念驗證的開發。之後，勒沃伊要求賴利在2004年繼續資助，以繼續計畫的開發。

為了管理這一合作關係，賴利問文森特是否願意擔任計畫的聯絡人，與勒沃伊及他的學生就該計畫進行聯絡，評估計畫進展並提供一些指導。賴利解釋說，勒沃伊的概念驗證依賴電腦視覺理念，與應用在翻書並掃瞄書的機器人身上的許多電腦視覺理念是一樣的：這兩個計畫都涉及拍照，將照片拼接在一起，然後從圖片中提取可搜尋的數據資料。

在我與文森特的談話中，他還告訴我，他問賴利，勒沃伊正在使用的圖像是如何捕捉的。他估計那些圖像是Google找的圖像供應商所提供。「就是某個星期六，我開著車，拿我的可攜式攝影機拍的影片。」賴利解釋說。然後他用電腦向文森特展示了那些影片。

在拍攝了史丹佛校園之後，影片顯示賴利和他的兩個朋友沿著蜿蜒的92號公路往西開到了半月灣，然後沿1號公路開到舊金山。看了這個影片的人，包括文森特和布萊恩·麥克倫登，都說影片裡能聽到賴利與瑪麗莎·梅爾、謝爾蓋·布林說笑的聲音。

我覺得這個東西太搞笑了。請你稍稍想像一下，你在2002年夏天隨便哪個星期六下午正站在帕羅奧圖的某個街角，這時，一輛車慢慢從你面前開過，車上有個人拿著一台可攜式攝影機一直對著外面拍。你會怎麼想？如果你這時轉身對你的朋友說：「嘿，看到沒？那幾個人是賴利·佩吉、瑪麗莎·梅爾和謝爾蓋·布林。他們剛開車經過那裡，最奇怪的是，我發誓，他們經過的時候，賴利·佩吉正拿著攝影機拍我。」你的朋友會相信你的話嗎？你的朋友敢相信你嗎？

從街道的視角拍攝城市並將圖像無縫拼接起來並不是一個全新的概念。1979年，麻省理工學院的研究人員（包括尼古拉斯‧內格羅蓬特[2]）開發出阿斯彭電影地圖（Aspen Movie Map）。這個團隊將4台帶陀螺穩定器的16毫米相機安裝在汽車上。相機每10秒拍攝一次照片。該技術還提供了一個疊加地圖，它能讓使用者在阿斯彭的虛擬旅行中控制前進的方向。

2004年，賴利提供的圖像成了勒沃伊街道級別地圖概念驗證的基礎。2004年秋天，文森特開始擔任Google與史丹佛大學電腦科學學生之間的聯絡人，這成為他自己的「20%時間」計畫。Google允許並鼓勵工程師將自己20%的工作時間用在他們感興趣的計畫上（Gmail就是2002年從一個「20%時間」計畫中誕生的）。因此，文森特在繼續擔任Google圖書電腦視覺工程師的同時，還與史丹佛大學的勒沃伊合作進行這個計畫。

2005年春，文森特開始更清楚地了解到賴利對這個計畫設定的目標。賴利會不時來到文森特的座位，看看計畫的進展如何。那年夏天，文森特又招募7名Google工程師，包括一個叫克里斯‧烏赫利克的史丹佛大學電氣工程博士，以及17名實習生（很多都是勒沃伊的學生），與他合作開發這個計畫。他們建造第一輛汽車原型，拍攝出第一批照片，並開發了「電腦視覺管道」應用程式。捕捉圖像只是任務的一部分，同樣令人生畏的另一個任務是將所有這些圖像管理、繪製和拼接成一個360度的圖像。它就像是馬克‧奧賓和約翰‧約翰遜開發的數據資料處理工

---

[2] 尼古拉斯‧內格羅蓬特（Nicholas Negroponte），美國電腦科學家，麻省理工學院媒體實驗室的創辦人，同時也是《連線》創刊時的首位投資人。——譯者注

具的一個更複雜版本。

那個夏天，第一輛Google街景車很可能在山景城的街道上引起人們的警覺。這輛沒有特殊標記的深綠色雪佛蘭麵包車裝備著各種奇形怪狀的電腦，車頂綁著相機和雷射感測器，但時速不能超過每小時10哩，否則拍攝的圖像會模糊不清，無法使用。在麵包車的保險絲多次燒斷之後，一個單獨的本田汽油發電機被固定在車頂上，來為各種設備提供足夠的電力。

事實證明，這輛麵包車的可靠性極低。每天它都被設置好，要完成的任務被安排妥當，而且它的所有系統都經過仔細的重啟和連線。每天行駛約一個小時後，駕駛它的實習生司機就會打電話給公司，報告電腦系統崩潰或某種系統故障，然後他就不得不折回公司，分析故障出現的原因。

然而，Google街景服務絕不是失敗的。到了2005年夏末，團隊成功捕捉了山景城和帕羅奧圖街道的第一個數據資料集，甚至還設法將圖像整合到Google地圖中，做出一個展示版本。

2005年10月，文森特和烏赫利克在40號樓舉行了一次技術講座。Google地圖團隊的很多人都參加了講座，包括約翰、布萊恩和我。街景視圖團隊仍然屬於文森特的「20%時間」計畫，而且由於他在職能上要向丹・克蘭西和Google圖書搜尋計畫組彙報，街景視圖被認為是Google圖書旗下的一個計畫，至少在最初階段，情況一直如此。由於布萊恩仍對街景拍攝的前景持懷疑態度，所以他很樂意讓別人當這個團隊的上司。

我也對整個計畫持懷疑態度：我計算了它要花費的時間和金錢，發現建置一個全球街景數據資料集，需要多到荒謬的時間、里程、汽油、能源以及車隊和司機。根據我的粗略計算，開發將

花費數億美元。此外，即便有人可以捕捉所有這些街道級別的圖像，我也想不出這類數據資料如何能優雅地整合到 Google 地圖中。

　　儘管有質疑聲，但在40號樓的技術講座上得到 Google 工程主管比爾・庫格倫的肯定性評價之後，街景拍攝成為公司的一個正式計畫，對任何計畫來說這都是一個重要的里程碑。這將轉化為預算、招募、法律許可、辦公空間、伺服器分配、時間表、約定的可交付成果、競爭分析、數據資料隱私審查等等。此外，街景服務從 Google 圖書搜尋轉到了 Google 地理部門下，將向布萊恩彙報。

　　截至2006年夏，文森特已經聘請12名全職工程師，並重建整個系統──相機、汽車和處理工具。雖然如此，街景仍被 Google 的許多人視作一個試驗，儘管這是一個沒有限制的試驗。團隊沒有預算限制，賴利也在這個概念上投入了大量資金。

　　2007年5月29日，約翰在聖荷西舉辦的 Where 2.0 地圖研討會上將 Google 街景介紹給了世界。儘管此次發布僅包括5個城市（舊金山、拉斯維加斯、丹佛、邁阿密和紐約），但文森特的試驗一炮而紅。發布會上的熱烈回響產生了伺服器頻寬峰值，甚至超過最樂觀的預測。一夜之間，布萊恩從對這個計畫持懷疑態度，變成催促盧克的團隊盡快在更多城市推出街景。

　　然而，與拍攝數千哩的街道相比，將概念擴展到覆蓋數百萬哩的街道，是一個完全不同的挑戰。文森特和烏赫利克的街景概念需要的圖片拼接工作太過複雜，需要太多的手工修改，而且不夠可靠。它永遠無法被大規模應用。不過，讓約翰和布萊恩感到慶幸的是，2007年初，一個全新的團隊出現在他們面前。「史坦

利」登上了舞台。

還記得「史坦利」嗎？

自 2005 年在 DARPA 挑戰賽中獲勝以來，塞巴斯蒂安‧特龍與機器人、電腦視覺和自動駕駛汽車的史丹佛博士候選人明星團隊，一直在努力研發下一代自動駕駛汽車。而在 2007 年，事實證明，特龍在應對複雜的商業事務和法律協議方面，也同樣具有創造性。他創辦了自己的獨立公司，然後提出將這家新公司賣給 Google（值得注意的是，微軟也對這家公司感興趣）。

Google 於是用相當可觀的一筆錢買下特龍的公司。另一位自動駕駛汽車界的明星也加入這個團隊，他叫安東尼‧萊萬多夫斯基，當時是加州大學伯克利分校工業工程和作業研究學系的碩士生。特龍在 2005 年的 DARPA 活動中遇到了萊萬多夫斯基。萊萬多夫斯基設計的自動駕駛摩托車「幽靈騎士」（Ghostrider）未能在環境嚴酷的沙漠中完成比賽。萊萬多夫斯基於 2007 年加入了特龍的團隊，先在街景服務工作，後主導 Google 的自動駕駛汽車計畫。

2007 年 4 月，特龍的團隊以及文森特和烏赫利克的團隊開始從頭開發街景服務。他們合作設計了更簡潔的第二代街景汽車，目標是盡快製作全美國的街景地圖。（如果能實現一個極具挑戰性的目標，即收集全美國 600 萬哩道路中 100 萬哩的街道圖像，特龍的團隊將獲得額外的豐厚收入。）新車的設計比文森特和烏赫利克的原型車更為簡單：它運用現成的高端相機，並且相機裝置中不需要添加更複雜的雷射感測器或運動部件。雖然說文森特和烏赫利克的研究和前期工作幫助建置了前 5 個城市街景，但是特龍和萊萬多夫斯基優雅、簡潔的設計使得 Google 將街景擴大

到今天的覆蓋範圍。

第二代街景速霸陸車隊在全美各地上路了——從曼哈頓擁擠的大街到中西部小城綠樹成蔭的郊區道路。截至2007年底,車隊已經跑遍600萬哩道路中的100萬哩街道,並收集這些道路的圖像。特龍的團隊實現了這個極具挑戰性的目標。

在一般大眾中,Google街景及其標誌性的小黃人圖標引發極為熱烈的回響。人們的許多瘋狂反應都被路過的街景車抓拍到。在佛羅里達州,有人在看到Google街景車後表演了瘋狂的雜技。在挪威,有行人穿著全套潛水裝備(包括腳蹼)在街上追街景車。在其他許多場景中,人們被拍到正在做一些他們不願讓世界上其他人知道的事。出於對隱私問題的考慮,所有捕捉的圖像,都經過了電腦演算法處理,把汽車車牌和人臉模糊化。不幸的是,Google的模糊處理演算法僅能作用於臉部。

我打電話給約翰,向他推銷一個Google街景廣告活動的想法。雖然我已不再負責Google地圖的行銷工作,但我還是能夠打電話給約翰,向他推銷一兩個想法。

我的想法是這樣的:選擇一個計畫近期拍攝的城市,提前在該城市的報紙上登一整版廣告,例如,如果團隊計畫去拍奧斯汀,那麼廣告的標題可以是「奧斯汀,Google來了」。標題下面可以放上一張可愛的Google街景車的彩色照片。車的下面是第二個標題:快裝作很忙的樣子。

約翰並不喜歡這個點子。「基爾迪,你能想像它可能會引發的混亂嗎?政治運動?穿著潛水裝在街上追街景車的瘋子?到時候整個街區都會被記者占領的!」他說。

「這正是我想要的效果啊!」我說。

　　我現在仍然希望他能登這個廣告。

　　我仍對Google街景服務持懷疑態度。當約翰或其他人告訴我經營的規模多麼巨大，有多少名司機，有幾百輛車，走過幾百萬哩路的時候，我常常難以置信地搖搖頭。儘管使用者體驗很棒，但我不明白這一切如何在經濟上行得通。也許是我又一次問錯了問題，將傳統的商業邏輯應用在這樣一家非傳統的公司上，可能是錯誤的。

　　當Google在2004年上市時，賴利在一封題為「Google股東使用者手冊」的公開信中告誡買家：「Google不是一家傳統公司，我們也不打算成為傳統公司。」他寫道，「謝爾蓋和我創立Google，是因為我們相信我們可以向世界提供一項偉大的服務——隨時就任何主題提供與之相關的訊息。我們的目標是開發一些服務，盡可能改善人的生活，也就是說，做最重要的事。」

　　隨著Google的地圖業務在約翰的主導下不斷擴大，這個使用者手冊的真正含義，在我的心目中變得愈加深刻。

第18章 | 賈伯斯的4,000杯拿鐵

發件人：steve@apple.com

收件人：jhanke@google.com

你好，約翰。不知何時能與你會面？

史蒂夫·賈伯斯

「你覺得這有幾成可能是真的？」約翰問他的妻子霍莉。

那是2006年一個溫和的秋日。約翰和霍莉正在加州皮德蒙特的山上慵懶地享受著週日下午時光，他們讀讀報紙，或在房子周圍閒逛。約翰像往常一樣打開他的蘋果筆記型電腦查收信件。這時，一則消息引起了他的注意。

「大概一成吧。」霍莉說。儘管她這樣估計，約翰還是抱著一線希望回覆了這封信，說自己第二天上午11點到中午有空。

第二天11：05，約翰在Google辦公室裡的電話響了。

「嗨，約翰，我是史蒂夫。」

賈伯斯先對Google地理團隊迄今獲得的成就表示讚賞，然後向約翰透露了一點蘋果的新計畫情況。「你可能聽到了一些我們正在開發的設備傳言。這個設備可能有行動功能，也可能沒有。」賈伯斯謹慎地解釋道，「我們想和你談談合作，你有興趣嗎？」

　　約翰還是克羅斯普萊恩斯的少年時就很崇拜史蒂夫・賈伯斯和蘋果 1984 年推出的神奇麥金塔電腦，即使他當時還買不起。到 2006 年底，人們紛紛猜測蘋果這個尚未命名的設備是什麼樣的。無限環路 1 號（蘋果總部所在地）的祕密大廳之外，還沒有人見過這個設備，但不斷發酵的傳言讓科技界對它寄予厚望。約翰也很期待參與這個備受期待的新行動裝置設備的開發中。他向賈伯斯承諾，他將親自安排合作事宜。

　　啟動會議於 2006 年 10 月 31 日星期二在 Google 辦公室裡舉行。約翰把包括蘋果軟體部門主管史考特・福斯特爾（Scott Forstall）在內的蘋果軟體高階主管領進一個會議室，準備開啟這個改變世界的技術計畫。本著萬聖節的精神，Google 的首席伺服器工程師穿著黑色長袍和白色頭巾，扮成了修女。會議期間，他們討論了蘋果開發人員如何運用 Google 的後端地圖服務。

　　安裝在新設備上的前端 Google 地圖應用程式的開發相對簡單，因為蘋果對該設備的設計使得應用程式的開發較為容易，而大部分的繁重工作將由 Google 地圖後端服務承擔。所有的街道數據資料、行車路線、本地搜尋結果、尋址和衛星圖像，都是由 Google 提供給蘋果這個新設備上運作的新前端行動裝置應用程式（他們稱之為 App）。

　　2007 年 1 月 9 日，當史蒂夫・賈伯斯登上舊金山莫斯克尼中心的舞台，介紹這款將產生巨大影響的產品時，這是 Google 員工第一次看到 iPhone，連蘋果的董事會成員艾立克・史密特都沒見過。作為科技歷史的見證者，約翰坐在最前排，觀看賈伯斯這個不朽的產品簡報——具有漂亮的多點觸控大螢幕、非常適合運算 Google 地圖的 iPhone 發布。

「我想向你們展示一個真正不同凡響的東西。」賈伯斯說，「iPhone版的Google地圖。」

賈伯斯點擊了手機上的Google地圖圖標，螢幕上跳動的藍點立即顯示出他當前的位置。這個App可以讀取GPS數據，並能自動將莫斯克尼中心的地圖視圖置於螢幕中央，而無須賈伯斯手動輸入他的位置。然後，他在iPhone上進行了第一次公開搜尋，他輸入「莫斯克尼中心附近的星巴克」，螢幕上出現一段漂亮的動畫，有14個地圖圖釘落在地圖上。為了展示革命性的內置呼叫功能，他點擊Google地圖標誌性的地圖圖釘圖標，然後直接在地圖裡撥打星巴克的電話，這是其他手機從未完成過的。賈伯斯向驚訝的咖啡師訂了4,000杯拿鐵。掛斷電話後，現場響起雷鳴般的掌聲和笑聲。

「現在讓我秀給你們看一個真正令人驚嘆的東西。」他繼續說道，把地圖切換到衛星模式。賈伯斯在他的iPhone上一路從太空縮放到莫斯克尼中心，然後平移到埃及的金字塔，接著又移動到艾菲爾鐵塔和自由女神像。在賈伯斯環遊世界的時候，他和所有觀眾都帶著孩子般的驚嘆，一言不發。這項技術的神奇力量讓觀眾們如痴如醉。這個東西怎麼可能在手機上運作？這次簡報很像約翰8年前來奧斯汀為雪萊和我做的那個展示。像超人一樣神奇的東西。

「太漂亮了。」賈伯斯說。

這真的很了不起。它被證明是iPhone的殺手級App。對全世界來說，這是一個在世界上找路的革命性方法。它快速、流暢、可視。是一個你可以隨意推拉、平移、縮放的Google地圖。

我在奧斯汀維護策略合作關係的新工作中，也負責向蘋果報

告流量和收入，因此我獲得不同類型設備的流量數據資料（例如iPhone、桌上型電腦、iPad各自的流量數據）。我還可以從產業報告中了解已發貨的iPhone數量，因此這些數據資料可以讓人弄清楚使用模式。從Google地圖和Google地球發布開始，我就知道，桌上型電腦或筆記型電腦的使用者每週可能會呼叫一兩次地圖。看過彙總的iPhone流量後，我發現在iPhone上，Google地圖每天都會被呼叫一兩次。（我要強調的一點是：所有彙總的數據資料都是匿名的，我無法查看任何個人身分訊息。）現在在眾人眼裡看起來很自然的現象——你的iPhone整天都在你手邊，而且這是找下一個目的地的便捷方式——在當時卻令人震驚。

在賈伯斯示範後的6個月，也就是2007年6月7日，你才可以真正購買iPhone。在1個月內，就Google地圖的使用率而言，iPhone超越了所有其他Google地圖行動裝置版的裝機數量。在18個月內，iPhone版Google地圖使用率超過桌上型電腦和筆記型電腦上的Google地圖使用率。

讓我再說一遍：在iPhone推出後的18個月內，該設備上的Google地圖使用率，超過了所有其他電腦和所有其他手機上使用率的總和。個人電腦已經在世界上銷售多年，電腦版Google地圖早已有數億的安裝使用者，而iPhone的流量在一年半之內一舉超越了所有這些流量——而且這是在iPhone僅支援一家電信營運商（AT&T）、且僅在少數幾個國家發售的情況下獲得的成績。

在很多方面，這其實實現了最初約翰面對潛在的Keyhole投資人時，製作的融資演講稿中看似非常荒謬的那頁投影片。8年

前在聖地牙哥，我對於在一個口袋大的設備上讀取豐富的互動式地圖想法嗤之以鼻，覺得這種東西只可能是Photoshop（圖像處理軟體）做出來的。

在示範過程中，賈伯斯還向Google和其他公司發出一個警告，這個警告預示著Google與蘋果，在未來幾年內將在地圖創新上展開激烈競爭。這個極好的使用者體驗核心是讓使用者無須使用鍵盤即可快速縮放的創新技術，這個功能被稱為多點觸控，它使得使用者可以透過兩個手指的捏合來放大和縮小地圖。由於沒有鍵盤，這項功能對於全玻璃觸控手機來說非常重要。正如賈伯斯所說並用他的投影片強調的（這一點可能是專門對坐在前排的約翰說的），多點觸控是一項「受到嚴格保護的專利」。

當然，並不只有賈伯斯和蘋果在開發新一代行動裝置設備。2005年，賴利注意到市場上手機種類激增，於是Google收購了波士頓一家名為安卓（Android）的開發行動裝置操作系統的小公司，該公司是手機操作系統開發奇才安迪‧魯賓創辦。

2007年春天，在奧斯汀，與我一起辦公的三位Google員工中有一位名叫傑夫‧漢密爾頓的工程師。他是2005年Google收購魯賓的安卓小團隊的一員。傑夫當時在為一個祕密計畫工作，他只告訴我們說這是個開發手機軟體的計畫。傑夫沒有告訴我的是，這個手機軟體其實是一款全新的智慧手機行動裝置操作系統。

在當時，市面上大約有12個行動裝置操作系統，其中最重要的是Symbian、Windows Mobile、Linux和BlackBerry。賴利‧佩吉抱怨，Google的行動裝置團隊需要拿一百多部手機來測試Google服務。Google在iPhone推出前兩年買下了安卓，希望能

在這個混亂而分裂的市場中建立秩序。也就是說，賴利希望圍繞一個統一的平台和一組 API 來開發一個開源的系統。

我看到傑夫測試一個小小的白色黑莓複製機。雖然他從沒告訴過我他要幹什麼，但我感覺他在做的是一部「Google 版的」智慧型手機。他甚至向我展示了一個小小的 Google 地圖 App 是如何在手機小得可憐的螢幕上運作的（手機面板的 60% 依然被一個 QWERTY 鍵盤占據）。在 iPhone 推出之後，傑夫的原型手機突然就看起來（說實話）讓人有點難過，它就像是 100 年前的 Google 地圖。不出所料，2007 年 iPhone 的推出讓這個計畫胎死腹中。傳言稱，魯賓的安卓團隊 2 年的開發成果全部報廢。他們被迫再次從頭開始。

為了給所有非安卓系統的行動裝置設備制定策略並帶領它們，賴利聘請一位名叫維克・岡多特拉的前微軟高階主管。作為一名負責軟體開發者關係、為微軟工作了 15 年的老員工，他是一名聰明、善於表達、精通網頁服務和軟體的高階主管。約翰和 Keyhole 團隊早前在微軟開發者圈子中推廣 EarthViewer 時就認識岡多特拉。

當涉及行動裝置版 Google 地圖時，約翰掌管的事務（地圖）與岡多特拉即將開始掌管的事務（非安卓系統的行動裝置設備）之間有明顯的重疊。但是一個難題很快出現了：誰該掌管行動裝置版 Google 地圖？這個產品是地圖，那麼是不是應該由漢克掌管？可它是安裝在行動裝置設備上的，那麼不應該由岡多特拉掌管嗎？

在 iPhone 推出後大約一年，岡多特拉開始掌管 Google 與蘋果合作的計畫。但是，岡多特拉只在 iPhone 版 Google 地圖計畫

上待了很短一段時間。當時，與蘋果公司的合約需要續簽，無論原因為何，岡多特拉在談判過程中給蘋果的人留下了負面的印象。

到2007年11月底，兩家公司仍沒有續約。在整個計畫很可能崩盤的情況下，蘋果的軟體主管史考特‧福斯特爾和行銷主管菲利普‧席勒拜訪了約翰。蘋果不希望岡多特拉再參與這個計畫，否則他們就要自己單做，開發他們自己的地圖應用程式。（這個威脅太天真了：蘋果明顯低估了開發自己的地圖服務需要耗費的精力。）為了強調這一點，福斯特爾和席勒要求約翰親自與史蒂夫‧賈伯斯見面。

「如果該死的維克‧岡多特拉再踏入這個園區一步，我會親自把他從樓裡趕出去。」賈伯斯在會議一開始時說道，「其實，我都不希望他出現在距離園區一哩的範圍內。還有，合約長度超過一頁的話，我看都不想看。」賈伯斯拋出最後這一個額外的要求。

賈伯斯的大男人主義有點讓人啼笑皆非。但實際上他已經身患絕症——胰腺癌，而且根據約翰的估計，賈伯斯的體重只有約95磅。但是，這個夢想家的激情和夢想是毫無疑問的。岡多特拉離開了這個計畫，雙方也達成協議，而且合約只有2頁（相比之下，我負責的戴爾和Google之間交易的合約是87頁）。

事實證明，這只是Google和蘋果之間眾多爭執中的第一次。隨著Google推出使用安卓系統的手機，賈伯斯指責魯賓和Google竊取了許多iPhone的功能。在一次蘋果開發者關係活動中，他將Google的座右銘「不作惡」形容為「全是胡扯」。蘋果還因安卓設備製造商HTC採用了多點觸控螢幕而起訴了HTC。

而 Google 的 CEO 艾立克・史密特則辭去蘋果董事會的職務，理由是這兩家公司有太多互相重疊的業務領域。蘋果最終也推出了自己的（完全失敗的）地圖。誠然，在接下來的數年裡，雙方就智慧型手機市場的歸屬展開激烈的爭奪戰；這場戰鬥至今仍未結束。但是在 2007 年夏天，這兩家公司曾走在一起，推出了一個出色、神奇、與眾不同的東西，一個完全改變我們找路方式的東西──iPhone 版的 Google 地圖。

第19章 | Google 的新天眼

　　賴利和謝爾蓋從飛機上走下來，他們身後是賴利的未婚妻和謝爾蓋懷孕好幾個月的妻子。謝爾蓋穿著T恤、工裝褲和鮮紅的卡駱馳（Crocs）洞洞鞋。他們作為貴賓參觀了幕後的衛星發射操作。衛星於下午2點18分升空。到了3點，賴利和謝爾蓋已經搭乘飛機飛到了空中，前去迎接他們的下一次冒險。

　　到2008年初，Google地圖已經在54個國家推出，Google地圖和Google地球每月也都有數千萬的使用者。丹尼爾現在帶領著一群業務開發的專業人士，他們在全球範圍內搜尋地圖數據資料，然後獲得使用數據資料的許可或直接把數據資料買下來。賴利、謝爾蓋和艾立克明確向團隊傳達了一個訊息：跑得再快一點。全球使用者對Google的地圖產品有著無法滿足的胃口。

　　不久，一些全新類別的地圖數據資料開始出現在Google地圖和Google地球中。由於一名Keyhole老員工傑茜卡·魏的辛勤工作，公共交通運輸系統的數據資料，包括輕軌、地鐵線以及公共汽車站（通常還能顯示預定出發時間）開始出現在Google地圖中。2008年，位於瑞士蘇黎世的一支大型Google團隊致力於建構公共交通數據資料源，通常包括火車和公共汽車的即時位置。很快，Google地圖導航開始提供步行路線和公車路線，這

對那些人口密集、不適合開車旅行的城市來說，是一個關鍵的差異化功能。

丹尼爾的團隊還開始收集歷史航拍照，並將這些數據資料添加到 Google 地球中，讓使用者穿越回過去。布萊恩聘請一個叫魯埃爾·納什的朋友，他是德州人。他有一天來到奧斯汀辦公室，開始在這裡研究 Google 地球一個有點隱蔽的功能——讓使用者查看過去的航拍和衛星照。丹尼爾偶然找到一些蘇聯拍攝的美國歷史衛星圖像。在冷戰時期，美國法律禁止美國的 Keyhole 衛星拍攝美國，但蘇聯衛星卻可以拍攝美國。

同樣在 2008 年，約翰監督收購了一家名為圖像美國（Image America）的公司，該公司由凱文·里斯主導。里斯的這家公司在卡崔娜颶風期間曾為 Google 地圖和 Google 地球提供航拍照的更新。由於里斯的公司留給約翰很好的印象，約翰便說服賴利、謝爾蓋和艾立克，收購里斯的公司。Google 突然間就擁有了自己的航拍照機隊。我從未見過 Google 公布飛機的數量，儘管媒體已將其描繪為「Google 空軍」。

在 Googleplex，里斯開始研究用這支不斷擴大的機隊捕獲航拍照和 3D 數據資料的新方法。他與盧克·文森特和布萊恩·麥克倫登一起設計了一個新的相機組，並將其安裝在「Google 空軍」上。當飛機飛行時，這些相機會來回掃瞄，捕獲航拍照和 3D 建築數據資料。如此，飛機便可以飛得更低，在獲得更清晰圖像的同時仍能拍攝大片的區域。賴利也投入這個相機系統的設計中，包括量身訂製處理晶片的設計。Google 為這個「推掃式」相機系統申請專利，而專利的作者正是里斯。它使得 Google 能夠快速捕獲大量的高解析度航拍照和 3D 城市景觀；相機組還能

探測到飛機的每一次顛簸，處理這些移動以便確定每個像素的精確位置。

除了成為 Google 地圖數據資料管道的關鍵部分之外，里斯的飛機還被部署用於緊急情況和自然災害。與卡崔娜颶風和其他災難性事件中的情況類似，這些更新的照片會迅速進入 Google 地圖和 Google 地球中，它們還會被用作 Google 尋人地圖的基礎地圖——這個地圖已被用於幫助遭受自然災害的人與他們的親人團聚。

似乎覺得這些還不夠，丹尼爾對即將發射的地球成像衛星地球之眼 1 號衛星（GeoEye-1）捕獲的圖像，展開了談判。

地球之眼 1 號衛星由地球之眼衛星公司（GeoEye Inc.）在亞利桑那州建造。它的前身 Ikonos 衛星正在為雅虎和微軟提供衛星圖像。到 2007 年，雅虎和微軟已經將航拍和衛星圖像數據資料添加到它們的地圖產品中，以努力跟上 Google 地圖和 Google 地球的腳步。

計畫於 2008 年秋季發射的地球之眼 1 號衛星，將能提供解析度為 0.5 公尺的圖像，而 Ikonos 衛星或 Digital Globe 的 QuickBird 衛星提供的圖像解析度為 1 公尺，這意味著前者的每個方形圖像塊中包含約 4 倍於後者的數據資料。有趣的是，這幾顆衛星都有拍攝更高解析度圖像的能力，但最高解析度的圖像是留給地球之眼發射計畫的另一個投資人，這個投資人就是美國軍方。

半公尺的解析度差不多可以保證地球之眼 1 號衛星數據資料的卓越品質。與 QuickBird 衛星類似，地球之眼 1 號衛星也覆蓋了多個國家。

一場競購戰在 Google 和微軟之間開打，誰最想要這些圖像

很快就會見分曉。最終，Google贏得了所有地球之眼1號衛星圖像的多年使用權。考慮到交易的規模，丹尼爾‧萊德曼被安排參加賴利、謝爾蓋和艾立克的正式交易審查會議。等到對其他三個合作的討論結束後，丹尼爾向Google高階主管們介紹了與地球之眼的交易。他以為高階主管們需要討論很久，但最終他只等了6分鐘就拿到批准。這是Google如何持續將精力和資源投入到地圖「登月計畫」中的另一個例子。艾立克只是簡單地總結道：「我們不能不贏得這筆交易。」他永遠在擔心來自微軟的潛在競爭。

投資一顆地球成像衛星會帶來一些額外的好處。首先，你可以把公司的標誌印在衛星上，準確地說是火箭助推器上。其次，你可以去觀看衛星的發射，但願它不會在停機坪上爆炸（Digital Globe就發生過一次爆炸事故）。

范登堡空軍基地是位於洛杉磯北部太平洋沿岸一處極為隱祕的南加州空軍基地，是幾乎所有GPS、軍事、通信和監視衛星的發射台。這導致為火箭發射安排時間成了一項艱鉅的任務。基地在2008年整個春季和夏季只有幾個短暫的空閒期。最後，地球之眼1號衛星的發射定在9月6日星期六。少數幾個人被邀請觀看發射。軍事官員將隨時待命，他們對發射抱著濃厚的興趣。地球之眼的高階主管當然會參加發射。Google的一個小代表團也被邀請在現場觀看火箭的升空。約翰在被邀請名單上，但他家裡有事無法參加。丹尼爾受邀和他的兒子亞歷克斯一起參加。

當然還有賴利和謝爾蓋。地球之眼的高層，甚至軍事領導人都希望讓這對奇怪的合作夥伴來一同見證這個重要的日子。到2008年，賴利和謝爾蓋已經成了科技領域家喻戶曉的名人，而

且Google對衛星的投資也被認為是對地球之眼1號衛星計畫的認同——地球之眼既贏得金錢，又獲得公信力。

丹尼爾被要求負責讓他倆出現在發射現場，但賴利和謝爾蓋是出了名的不可靠：電話不接，信件不回；即使有回應，他們也會不停地變，今天說會去，明天說去不，再後來又說他們也不確定。9月5日星期五，也就是發射前一天，丹尼爾接到了賴利行政助理的電話（賴利和謝爾蓋終於同意聘請一名高級行政助理）。「好消息。」她說，「賴利和謝爾蓋想去范登堡出席發射。」

「太好了。」丹尼爾高興地喊道。「但有一個問題。」她繼續道，「他們想知道他們的飛機能否降落在范登堡。他們實在不想降落在柏本克然後再開車過去。」

丹尼爾沉默了好一會。他肯定是聽錯她剛才說的話。他當然知道賴利和謝爾蓋那3架噴氣式飛機，它們一直停放在Googleplex隔壁NASA艾姆斯研究中心的機場。兩位Google創始人購買的那架波音767飛機甚至在一次董事會會議上引發一場騷亂，起因是兩人為飛機上該裝特大號床還是特大號吊床吵了起來。

「等等，你剛才說什麼？降落在范登堡空軍基地？」丹尼爾重複一遍她的問題。

「是的，降落在空軍基地。」她說，「他們希望在星期六早上起飛，在基地降落，觀看發射，然後坐飛機回來。」

這一切聽起來都很合理，除了打算將私人飛機降落在封鎖最嚴密的軍事工業綜合體的中心。畢竟這是一個讓101號公路改道，以確保任何車輛都無法進入發射場附近15哩範圍內的軍事

基地，在發射一顆10億美元監視衛星的當天，該基地將處於嚴格保密狀態。

「你逗我玩嗎？」丹尼爾問。他已經花了好幾個小時辦理必要的手續和證件，以便開車進入基地。

「我說的是真的。」她說，「你能問問嗎？按照他們的行程安排，就只能這麼辦了。」

他只好去問。丹尼爾打電話給地球之眼與他職位相當的丹尼爾‧約翰遜。

「你逗我玩嗎？」約翰遜也覺得難以置信。

不過，他們還是設法拿到了批准。9月6日星期六早上，賴利和謝爾蓋的一架噴氣式飛機（他們選擇更實用的灣流V）降落在范登堡空軍基地的停機坪上。空軍基地的指揮官穿著制服，與地球之眼的高階主管們一道在停機坪上迎接他們。賴利和謝爾蓋從飛機上走下來，他們身後是賴利的未婚妻和謝爾蓋懷孕好幾個月的妻子。謝爾蓋穿著T恤、工裝褲和鮮紅的卡駱馳（Crocs）洞洞鞋。

他們作為貴賓參觀了幕後的發射操作。衛星於下午2點18分升空。到了3點，賴利和謝爾蓋已經搭乘飛機飛到空中，前去迎接他們的下一次冒險。

地球之眼1號衛星的第一張圖片於2008年10月成功發回Google。圖片拍攝的是位於賓州東郊的庫茨敦大學校園。地球之眼1號衛星很快成為Google地圖數據資料的一個重要來源，尤其是對於美國之外的國家。對Google及其地圖產品而言，這將是一個持續存在的巨大競爭優勢。

到2008年底，我都有點不認識Google地理團隊了。團隊裡

來了這麼多新人，可能也沒有幾個人認識我。不過，我還是為
Keyhole團隊舉辦一次聚會，因為我們已經為Google工作4年了。

我拿著約翰撥的一點預算，再次租下NOLA餐廳的一個包
廂，也就是我們4年前慶祝收購的那個包廂。我為團隊的每個人
訂了一件印著Google和Keyhole標誌的馬甲，以慶祝我們在剛加
入Google時拿到的所有新員工Google股票期權現在已滿。[1]

在約翰和布萊恩的帶領下，地理團隊現在有1,200多名員
工。數百輛Google街景汽車已經在全球行駛數百萬哩。裝著專
利相機組的「Google空軍」機隊捕獲高解析度航拍照。Google
擁有兩顆地球軌道衛星拍攝圖像的優先使用權。我們增加了歷史
圖像，增加了水下數據資料以繪製海底的地圖。現在你可以在
Google地球中潛入水下，探索海底的地形。公共交通數據資料
源源不斷地匯入Google地圖，顯示火車和公共汽車的即時出發
和到達時間。我們增加了室內地圖，包括隨著街景相機的鏡頭走
進商店裡，以及在機場航站樓和博物館裡為使用者導航。使用者
每天會在新的行動裝置設備上多次造訪這些開創性的Google地
圖產品，以便在世界各地找到他們的路。

地理團隊前進的速度已經快得讓我頭暈。每次和約翰聊天，
我發現他都是既疲憊，又興奮。截至2008年底，Google地球的
下載量已經超過5億次。

---

[1] 馬甲是「vest」，股票期權已滿是「fully vested」。——譯者注

第20章 | 登月計畫：地面實況

　　45號樓的項目迅速擴大到200名地面實況操作員，然後又擴大到了500名，增加的電腦和長條凳甚至擺到45號樓的走廊上。員工每天三班制。隨後，Google又在海外設立了這種工廠，地面實況操作員擴大到2,000名，然後又擴大到5,000名。

　　可以想像，2005～2008年，數據資料提供商對Google地圖和Google地球空前的流行感到非常滿意。這意味著合約續約常常是要在先前合約的價位後面加一兩個零。而到了2008年，約翰遇到一個「成功的失敗」問題，這個問題甚至威脅到Google地圖的生存。依賴其他公司的地圖數據來建置Google地圖和Google地球的經濟效益成了很大的問題。

　　Google地圖和Google地球在台式電腦上的使用率在2007年一直增長，但到了2008年，隨著Google地圖在行動裝置設備上的廣泛使用——無論是在iOS還是在安卓系統上，真正的問題開始出現。

　　Google花兩年時間才推出第一款安卓手機：HTC Dream於2008年11月首次亮相。這是一款不錯的手機，如果你不拿它和iPhone比較的話。但安卓操作系統真正的吸引力在於，它對電信

營運商和智慧型手機製造商是免費的,而且允許它們建立自己的版本。透過這種開放和可量身訂製的策略,安卓系統迅速發展並很快超越其他行動裝置操作系統。如今,安卓手機和 iPhone 占到了所有智慧型手機銷量的 99%。

隨著 Google 地圖產品的大熱,許可數據資料的成本也急劇上升。其中最多的是被交通路網數據資料提供商吞噬掉。透過合併,這一產業有兩大巨頭:荷蘭的 Tele Atlas 和美國的 Navteq。這一產業曾經有數十個區域性的提供商,每個提供商建置一個地理區域內的道路數據資料庫。它們的工作流程是,雇用數百名地圖製作者來查看航拍照並輸入每條街道的數據,包括速度限制、單向或雙向行駛、消防栓數量等其他細節。後來,兩家大公司突然具有了很強的實力,它們將所有交通路網數據資料搶購一空。

到了 2008 年,這兩家公司對約翰以及 Google 所有的地圖創新想法都擁有極大的操控權。它們不僅能決定我們每年支付多少錢,還強行規定我們在什麼情況下使用或不能使用它們的數據資料。Navteq 和 Tele Atlas 並不想以任何方式互相蠶食它們賴以生存的導航設備市場。世界上個人導航設備的銷售量達數十億的製造商,如 Garmin、TomTom、Magellan's 等,都受制於這兩家公司。如果 Google 地圖被允許提供轉彎提醒和語音導航,它們便(有充分的理由)擔心 Google 可能摧毀它們的市場。

從早期的網頁地圖合約延續下來的 Navteq 和 Tele Atlas 的定價結構,在 Google 地圖已覆蓋全球的時代,變得在經濟上難以為繼了。這些合約是使用「地圖查看次數」向 Google 收取費用。地圖查看次數就是訪客查看使用該公司數據一張地圖的次數。對於 Google 來說,憑藉其快速流暢的地圖,使用者在

Google地圖和Google地球中的地圖查看次數，比在MapQuest等速度較慢網站上的查看次數要多得多。這就像是查看單張索引卡與快速翻閱一疊索引卡之間的區別：在Google地球上，你可能會在10秒鐘內翻閱100張卡片，而且每翻一張卡片，Google就要為它付出一筆錢。

面對2008年迅速膨脹的成本，丹尼爾和約翰來到Navteq，要求簽一個單一費率的合約。Navteq在48小時內提出一個高得離譜的價格——其中還不包含語音轉彎提醒。

約翰和丹尼爾曾非正式地考慮過購買Tele Atlas。他們會見了公司的投資銀行家，但對方給出的價格飆到數十億美元，而且他們的數據也並不「乾淨」，就是說這些數據資料是從多個分散的地理區域收購來的，帶著各種各樣的使用限制。

在這種不可持續的經濟形式下，約翰、布萊恩、丹尼爾和團隊開始考慮一個反常的選項。

請回憶一下，Google街景服務始於2002年賴利、瑪麗莎和謝爾蓋週日開車兜風時做的一個試驗。2008年，盧克·文森特的團隊運用他們的技術開出了公路，帶著街景相機來到新的意想不到的地方。首先，他們在三輪車裝上街景相機，繪製公園小路和小徑的地圖。然後，他們在手推車裝上街景相機，繪製各種博物館和其他建築物室內的地圖。他們還在一輛雪地摩托裝上街景相機，於是滑雪場的地圖也有了。對於極陡的下坡滑道，文森特把相機綁在他背上，從斯闊谷的一個高難度滑道上艱難地滑下來。當他在厚厚的雪地上掙扎，一邊竭力讓有80MB的RAM、帶五個同步攝影鏡頭的球形機器人保持直立，一邊不讓自己因為設備太重而陷進雪裡的時候，一個少年滑過來問：「嘿，哥們

兒，你幹麼不買個 GoPro（全方位攝影機）呢？」到了2009年，Google 的街景車隊已經在22個不同的國家行駛超過1,300萬哩。這是一項令人驚嘆的技術創新，為全球數億 Google 地圖使用者帶來歡樂。但是，在我看來，它不可能為 Google 創造任何經濟價值。

事實證明，我這個想法大錯特錯。

這是因為，在2008年初，塞巴斯蒂安‧特龍對使用 Google 街景數據有了新想法，一個可能會從根本上改變 Google 地圖服務的經濟基礎的想法。2008年，特龍來到布萊恩‧麥克倫登的辦公室說：「我覺得我們可以用街景數據資料製作我們自己的地圖。」

他解釋說，他的想法需要幾千人來完成。但這也是一個可以改變影響 Google 街景服務經濟因素的想法。特龍的想法如能奏效，將可能為公司節省數億甚至數十億美元。而且，價格並不是特龍團隊覺得 Navteq 和 Tele Atlas 的地圖不好用的唯一原因，交通路網數據的品質和供應商更新這些數據的速度，也是很大的問題。

我相信你也遇到過這個問題。我自己就遇到過。有的地方修通了新路，有的地方封閉了街道，但你的導航設備還未更新地面實況訊息。在一個使用第三方授權的數據資料繪製地圖的世界裡，如果使用者報告導航有問題，說某些地方已經變了，那麼為了更正這個問題，需要啟動很長一個流程。首先，該報告將被返給數據資料提供商。該數據資料提供商將驗證該變更的準確性，然後決定是否更新其交通路網數據資料庫。假設數據資料提供商進行了更改，那麼它將被包含在下一次寄送給 Google 的數據資

料庫更新中。順便說一下，該提供商的所有其他訂閱者也將共享這個更新。在最順利的情況下，報告中的問題可能會於6個月後在Google地圖或Google地球客戶端的更新中得到修正，不過，整個過程花費一年的情況更為常見。

　　而特龍和萊萬多夫斯基的自動駕駛汽車需要非常精確、非常新的地圖，因此上述工作流程對他們來說是不可行的。（他們需要天天更新而不是一年更新一次的地圖。）在當時，特龍和萊萬多夫斯基的自動駕駛汽車團隊雇用大約90名員工，他們已經開始在海岸線圓形劇場的大型停車場測試自動駕駛原型車。我曾在回山景城的路上見過這些車，它們在Googleplex和克里滕登大道上的Google園區之間塵土飛揚的錐形交通路標之間穿行。這是一個絕對密祕的計畫，所以我誤以為它們是下一代的Google街景汽車（它們的性能和安全性仍然由一名坐在駕駛位上的Google員工監控），而事實上，它們已經在加州的道路上自動行駛超過10萬哩。

　　自動駕駛汽車團隊已經完全從Google街景團隊中分離出去，因此是獨立於地理團隊的其他成員。這個團隊確實使用了一些街景電腦視覺技術來識別街道指示牌、速度限制和地址，因為他們的汽車已經開到山景城周圍的街道上。

　　使用街景圖像提取數據資料的想法並非沒有先例。2007年底，Google開始使用街景圖像來驗證商家分類所需的更新。如果商家報告它在地圖上的位置有錯，Google街景圖像將被用於驗證報告的問題，然後更正商家的位置。

　　特龍建議把這個想法再推進一步。他遊說布萊恩和約翰建立一個新計畫：使用Google街景圖像和電腦視覺技術來注釋整個

地球，並從捕獲的圖像中提取交通路網數據資料。就其範圍、預算、參與人數和複雜程度而言，這將是 Google 有史以來最有抱負的地圖計畫，甚至超過 Google 街景——就此而言也超過整個 Google 地理團隊的業務。這個計畫在 Googleplex 之外很少受到關注。即使在今天，在 Google 內部，它也被認為是公司有史以來發起的最驚人的「登月計畫」之一。

它就叫「地面實況」（Ground Truth）。

地面實況項目是賴利·佩吉在 2002 年週日的那次試驗中最初構想的成果——使用街道級別的圖像來索引物理世界。

約翰去找賴利，想讓他全力資助地面實況計畫。這將耗費巨大的人力物力，決不能輕率地做出決定。它需要數百名軟體工程師和產品經理，以及成千上萬在白紙上重繪整個地球的地圖繪製員（後來他們被稱為地面實況操作員）。一旦 Google 走上這條道路，它就無法回頭：一旦做出決定，就不可能再去找數據資料提供商買數據了。

出於這些原因，約翰要求賴利一次就給該計畫撥 5 年的預算。他認為，如果每年都必須重新討論該計畫的預算，那麼計畫一開始就不該啟動。2008 年夏天，賴利批准了該計畫，地面實況計畫就此成立。

地面實況的第一步是開發一個名為 Atlas 的全新地圖繪製軟體，它算得上是 Esri 的高級版本，是專為 Google 地理團隊的獨特需求和數據資源量身訂製。Atlas 是一款非常精密、複雜且智慧的地圖繪製工具。當我第一次看到它展示時，我的感覺是：它是 Google 地球、Google 街景和 Adobe Illustrator（矩量圖形設計軟體）的混合體。它能讓使用者繪製線條，並添加注釋。

Atlas可以將某個位置的所有Google地圖數據導入單個視圖中。由韋恩・蔡的團隊處理的航拍和衛星圖像始終能為地圖提供基礎層。換句話說，基礎層就是一張紙，有了這張紙才能繪製道路。在導入的圖像之上，Atlas畫上幾千個點，每個點代表文森特團隊捕獲的街景照片。對於再往上的一層，Atlas會從一個政府數據資料集中讀取任何免費的交通路網數據資料庫。在美國，這個數據資料集被稱為TIGER（拓撲整合的地理編碼和參考），是由美國人口普查局建置，因此屬於公共領域（也就是免費的）。

雖然可以免費使用，但從地理學的角度看，TIGER數據資料集的品質較差。由於人口普查局僅使用這些數據來計算住戶數，數據資料集裡的道路位置訊息與實際位置不一致是眾所周知的。雖然道路的位置不夠準確，但Atlas仍然開始使用這些數據資料，這樣地面實況操作員就不必從頭繪製這些道路了。透過參考下面一層航拍照中每個路段的「地面實況」位置，操作員只需將道路拖到正確的位置就可以了。

Atlas還為每個路段提供一個魚眼視圖功能。當光標在任何道路的數千個點上移動時，最新的Google街景全景圖像就會立即彈出，切換到沉浸式且最新的街道視圖中。

所有圖像都是透過Google的電腦視覺演算法自動處理，也就是說，每個路段的數十個數據資料都是從街道指示牌和地址標識上自動提取的。包括速度、學校區域、車道數量、左轉或右轉限制及10幾個其他後設資料屬性的所有內容，都被神奇地標註在每一路段上。舉個例子，Atlas會觀察一幅航拍照，該圖像顯示街道兩側的汽車都是朝著同一方向，於是它就自動推斷這是一

條單行道。就好像這款軟體有一個能繪製地圖的大腦一樣。

然而，即便Atlas已經如此出色，它也只能等人類來分析這些數據資料：它仍然需要地面實況操作員來確認、編輯和驗證Atlas看到的東西。例如，Atlas不會自動指定一條街道為單行道，它會突出標註這條街道，並提醒說這條街可能是單行道。然後，地面實況操作員會打開該路段的街景圖像，查看後確認這條街是否是單行道。只有經過人工審核後，才能將數據發布到Google地圖和Google地球中。歸根結底，這意味著需要大量人力來建置一個完整、準確的整個地球的交通路網數據資料庫。

雖然Atlas確實為操作員提供最先進、透過電腦視覺技術增強的地圖繪製工具，但其工作流程與其他交通路網數據建置者的工作流程差不了多少。我碰巧在2002年親眼見到這種工作流程。約翰當時派我從波士頓出發去參觀一家名為地理數據資訊技術（Geographic Data Technology，GDT）的公司，該公司位於新罕布希爾州萊巴嫩的郊區。這種工作看起來不怎麼有意思。大約有50個人整天盯著電腦螢幕，對照航拍照和紙本地圖在正確的位置上，繪製數位版的路段地圖。經過產業整合後，GDT及其所有數據資料均被Tele Atlas收購。

幾十個這種類型的地圖繪製公司已經存在多年，它們的員工已經繪製全球數百萬哩的道路。但Google和地面實況團隊打算從零開始繪製地圖，在兩年內為整個美洲建置初始數據資料集。離與Tele Atlas和Navteq的下一輪合約談判已經越來越近了。

有了公司的經濟支持以及Atlas工具beta版的投入使用，45號樓裡祕密建立起第一個地面實況操作員工廠。這裡的設施與Google園區裡的其他地方都不一樣：一排排的電腦緊挨著擺在

簡潔的白色桌子上，與之配套的是長條凳，而不是椅子。沒有辦公室就算了，可這些人居然連椅子都坐不上。

設置這樣簡陋的環境是出於法律上的原因：Google希望確保地面實況操作員生成的數據資料完全乾淨，且不受任何其他外部地圖數據源的影響。所有電腦都需要對地面實況操作員主管完全可見，而且所有電腦不能運算除Atlas以外的任何程式。所有其他網站都被封鎖。地面實況數據必須是乾淨且完全由Google建置。（這些員工被禁止攜帶手機，以確保數據的純淨。）

45號樓的工作迅速擴大到200名地面實況操作員，然後又擴大到了500名，增加的電腦和長條凳甚至擺到45號樓的走廊上。員工每天三班制。隨後，Google又在海外設立了這種工廠，地面實況操作員擴大到2,000名，然後又擴大到5,000名。

2009年夏天，儘管地面實況團隊獲得重大進展，但約翰和丹尼爾知道，Google還沒有準備好在近期就換掉現有的地圖提供商。即使做好了部分國家的地圖，我們也還是需要就地面實況地圖數據資料未覆蓋的國家與地圖提供商簽訂協議。這個有抱負的計畫需要更長的跑道，需要靠丹尼爾和約翰談判來爭取更多時間。結果，約翰和丹尼爾開始了與Navteq和Tele Atlas艱苦的續約談判，他們希望這是最後一次談判。

2009年，丹尼爾、約翰和維克拉姆・格羅弗（他來自丹尼爾的團隊）飛往倫敦，在當地的Google辦事處與Tele Atlas的高階主管會面。他們會見了Tele Atlas的CEO阿蘭・德・泰耶、客戶總監約翰・謝里登以及定位服務部門的執行董事大衛・內文。

會議一開始，他們就列出Google地圖在行動裝置設備上的快速增長。丹尼爾後來告訴我，他們傳遞的訊息基本上是，「如

果Google認為價格會和去年差不多，那麼我們就要重新考慮要不要繼續合作」。約翰一聽，就威脅馬上坐飛機回舊金山，會議差點不歡而散。

在接下來的兩個月裡，為了達成一項為期2年的協議，Google和Tele Atlas進行了數十次會談，交換了10多份合約。Tele Atlas不可能知道的是，他們的定價方案其實已經促使Google開始努力繪製自己的世界地圖。

在那時，地面實況計畫已經開始批量生產地圖。回顧這段往事，丹尼爾認為Tele Atlas可能已經在懷疑Google正在研發什麼東西。在合約草案的幾次修改中，Tele Atlas曾試圖插入阻止Google建立自己的地圖數據資料集的條款。但丹尼爾和約翰不能、也不會同意這些在最後關頭阻礙Google的條款。他們爭辯說，Google需要建置自己的數據資料集，因Tele Atlas可能無法覆蓋某些地圖，例如未發達和偏遠地區（這至少道出部分事實）。

2009年秋，經過數月的談判，雙方終於快要簽署協議了。約翰、丹尼爾和維克拉姆飛往瑞士蘇黎世，他們將在那裡完成談判並參加慶祝晚宴。與所有Google辦事處一樣，蘇黎世Google辦事處的建築也有一些異想天開的特色，包括一根能讓員工和遊客從5樓滑到4樓的消防員用鋼管。約翰、維克拉姆和丹尼爾經常在去吃午飯時使用這根鋼管；甚至連Tele Atlas的CEO也會用這根鋼管去4樓。但Tele Atlas經常參與談判的行銷負責人卻一直拒絕從鋼管上滑下去。他身材高大健壯，但不願意去嘗試。

但是，隨著談判的拉長，有一天，在其他人因為這件事嘲笑他好一會之後，這個行銷負責人說：「等我們簽了協議，我就從

鋼管上滑下去。」這是雙方團隊之間常講的一個笑話，而且被當作一個促進交易完成的善意激勵。

現在，交易終於完成了。在前往簽約慶祝晚宴的路上，丹尼爾、約翰、維克拉姆和阿蘭都從鋼管上滑下去，圍在鋼管底端，等行銷負責人滑下來。行銷負責人背著一個挺沉的雙肩包，走到鋼管旁，用兩隻手抓住鋼管，然後猛地一跳，接著就像一塊大石頭一樣掉了下來。他忘了用腿纏住鋼管，因此一下摔到了4樓，摔在他老闆的腳上，還摔斷他的腿。

6週後，剛拆了石膏的行銷負責人和德‧泰耶來到山景城與丹尼爾和約翰開後續會議，而這可能將成為他們職業生涯中最糟糕的一次會議。雖然Google與Tele Atlas談判使用其數據資料的權利，但我們並沒有義務一定要使用它（儘管Google仍然會為合約的剩餘期限支付使用這些數據資料的費用）。事實上，多虧了地面實況計畫，Google已經準備好把Tele Atlas的數據換成自己的了。Tele Atlas年復一年地提高價格，把價格推高到數十億美元，使得Google地圖產品在經濟上難以為繼，同時限制了Google的能力（例如，在使用他們的數據資料時不能加入語音轉向指令）。約翰形容這次會議「就像打牌時抓到了一把同花順一樣」。Tele Atlas從經濟上刺激Google追求激進的替代方案，Google因此開始了一項極具野心的技術和後勤「登月計畫」，重新繪製整個地球的交通路網。地面實況項目的第一組數據——美國和墨西哥所有道路的數據資料集——已經準備就緒。約翰告訴德‧泰耶，Google將在3天內為所有Google地圖和Google地球使用者提供地面實況產生的數據。Google地圖和Google地球將不再使用Tele Atlas提供的美國和墨西哥的交通路網數據資料，

並且，到當年年底，Google 將不再需要他們提供地球上任何其他地方的數據資料。

所有地圖數據資料都是由 Google 建置的──沒有一分錢版稅，也沒有任何使用限制。Google 將在行動裝置版的 Google 地圖上導入免費的語音導航及轉彎指示功能。先在安卓版上推出，不久的將來也會在 iPhone 版上推出。

Tele Atlas 出局。地面實況勝出。

今天，地面實況是 Google 所有地圖繪製工作和自動駕駛汽車計畫的基礎數據層。如果你曾使用過 Google 地圖，而且還用了它的語音導航功能，那麼你就應該感謝地面實況計畫。

自 2009 年以來，Google 還發布了一種模仿 Atlas 功能的使用網頁服務，叫作地圖製作工具（Map Maker）。它能讓那些交通路網數據資料極為糟糕的國家使用者自己繪製他們所在區域的地圖。（地圖製作工具現在是 Google 地圖的一個功能。）現在，這些數據也會和地面實況操作員使用 Atlas 建置的數據一樣，匯入地面實況數據資料集中。許多國家都使用地圖製作工具繪製了自己國家的地圖。例如，擁有 12 億人口的印度已使用地圖製作工具，完成了全國地圖的繪製。

最近幾年，依靠使用者使用一套工具和流程來繪製世界交通路網的概念衍生出幾個獨立的開源計畫。受到維基百科的啟發，開放街道地圖（OpenStreetMap，OSM）是一項在英國發起的合作計畫，旨在建置整個世界的免費可編輯地圖。它已擁有超過 100 萬的本地貢獻者，而且它現在的覆蓋範圍甚至優於一些專門的地圖數據資料提供商，包括 Google。

地面實況流程和數據現在也是 Google 自動駕駛汽車計畫的

基礎。對於現在已從Google分拆出來、成立了一家名為Waymo的公司的自動駕駛汽車計畫，高度準確、最新的數據資料是至關重要的。如果新路開通或已有道路關閉，Waymo需要盡快知道，否則整個自動駕駛汽車計畫將會走進死胡同。

Google不必再等待數據資料提供商編輯數據並在6個月後更新數據資料庫。今天，每天有數千個更新透過所有Google地圖產品中的「報告問題」，連結進入地面實況團隊。如果多名使用者報告了同一個問題，那麼該問題就將排隊等待地面實況操作員受理並進行審核。在成千上萬的地面實況操作員的幫助下，問題分類會保持零積壓：報告的問題可以在幾分鐘內得到解決，並且所有Google地圖產品的地圖都可以得到即時更新。不僅如此，如果有幾名使用者報告了一項地址遺漏，Google會將其視為新的細分工作提醒，並通知凱文・里斯派出Google一架用於航拍的賽斯納飛機，飛到該區域拍攝圖像，然後添加該地址。同樣地，Google也會派出街景汽車來繪製新道路的地圖。

今天，Google繪製地圖的工作正朝著建置一個地球動態即時監測系統的方向發展。在以9.66億美元收購位智（Waze）後，Google能夠將即時交通事件和數據放到其所有的地圖產品中。現在，你在Google地圖上收到的路線是動態的，而且會包括交通事故和備用路線。在以5億美元收購Skybox Imaging衛星公司後，Google能夠發射自己的地球監測衛星，不過Google從未公布過它發射的衛星數量。

當年我在貿易展上跟那個房地產客戶開玩笑，讓他走到外面對著天空揮手，這個建議很搞笑，因為它很荒謬。現在，我不敢說它荒謬了。在被收購之前，Skybox Imaging向零售商和投資者

提供透過監控停車場中汽車的數量,來預測競爭對手門市銷售額的服務。不過,汽車數量是從空中監控的。例如,家得寶可以使用Skybox衛星圖像來預測任何一家勞氏(Lowe's)五金店的銷售趨勢,也可以運用預測數據資料在銷售量是上升趨勢的勞氏門市旁邊開一家新的家得寶。

我們的星球是一個充滿變化的地方。今天,Google 地圖和Google 地球正在努力跟上它變化的步伐。

第21章 | 登陸火星

「你在考慮離開公司嗎？」我問。「再看吧。」他說。我以為談話就這樣結束了。約翰在椅子上換了個姿勢，並望向別處。我以為他這個肢體語言的意思是他想換個話題，然而這次我錯了。「我不想做一個只紅一次的明星。」約翰繼續道，「我不想只做 Google 地圖和 Google 地球背後的那個人。」

2010～2011年，我每兩個月就會從奧斯汀前往 Googleplex，而且總是會找個地方和 Keyhole 以及 Google 地理的老朋友吃飯或到酒吧坐坐。（此時，包括地面實況操作員在內，地理團隊共有約7,000名員工，在 Google 園區有專門一座辦公樓。）有時，我會和約翰沿著我們熟悉的垃圾掩埋場附近的小道跑步，看一場奧克蘭運動家隊的比賽，或者去 Sports Page 酒吧喝啤酒。

在2010年9月一個天氣晴朗的日子，我們在帕羅奧圖市中心的 NOLA 餐廳見了一面。距離我們上次見面已經好幾個月。當約翰走進餐廳，坐到吧檯旁的椅子上時，他看起來很沮喪。儘管有這麼多成就、獎勵和晉升，他看起來還是筋疲力盡。布萊恩和他一直在爭奪各種產品問題的主導權，這讓他看起來就像是一名忍受了9回合重擊的拳擊手。例如，由於在德國的街道上行駛時禁止 Wi-Fi，德國最近罰了 Google 地圖團隊。他承認，他覺得自

己需要換換環境了。

「你在考慮離開公司嗎？」我問。

「再看吧。」他說。我以為談話就這樣結束了。約翰在椅子上換了個姿勢，並望向別處。我以為他這個肢體語言的意思是他想換個話題，然而這次我錯了。「我不想做一個只紅一次的明星。」[1]約翰繼續道，「我不想只做 Google 地圖和 Google 地球背後的那個人。」

我喝了一大口啤酒，想著數以億計的 Google 地圖和 Google 地球使用者，提醒他說，「那可不是一般的紅，是大紅大紫啊，約翰。」

約翰把目光從吧檯上方懸掛的電視上正播放奧克蘭運動家隊的比賽挪開，回頭看著我。「我很想再次上場比賽，但做新創公司很難，我是說，想想 Keyhole 當年，然後現在要從頭經歷一遍那些事。如果我要做的話，我必須盡快著手去做。創業是年輕人的天下，如果我打算回到賽場上，我想在我還寶刀未老的時候趕緊這麼做。你懂我的意思嗎？」

即使約翰獲得這麼多成就，Google 地圖和 Google 地球獲得這麼多讚譽，我也只見過約翰幾次短暫的滿意。曾經有人這麼對我描繪他眼中的約翰：「就好像我們一直想要達成登月的壯舉，在經歷過各種艱難困苦之後，我們終於找到了登月之路，終於成功登上月球。當我們到達月球，還沒來得及喘口氣，我們的領導者就說，『好了，準備好了嗎？現在我們必須要去火星了』。」

---

[1] 原文為「one-hit wonder」，指的是只唱過單首上榜歌曲的歌手，或只在幾場比賽或一個賽季中有出色表現的運動員。——譯者注

「你會考慮再次創業嗎？」約翰直言不諱地問我。他知道我的工作——儘管對Google來說有策略意義——並沒有完全發揮出我創造性的行銷才能。

我能看出他的焦慮。他是不是在問我是否對別的工作感興趣？Google以外的工作？突然間，我感覺可能出什麼事了。有些事可能迫在眉睫。是不是他其實是在試探我，看我是否在考慮離開Google？離開Google的舒適圈，它的福利、食物、聲望、穩定的薪水，以及永不缺紙的影印機？哎，Google甚至有一名專門在各個辦公室裡閒逛、為五顏六色的健身球充氣的員工。哪家新創企業有健身球充氣員？每當我刷卡進公司的時候，我都會默默禱告，祈禱自己能多在這家公司工作一天。

「等等，漢克，你說的是理論上的可能性嗎？」我問。

「因為，唉，說實話，對我個人來說，這實在很難。我手上還有Google股票期權呢。而且，我是說，我和你不一樣，約翰。能紅一次我就已經很高興了。」然後我喝了一小口啤酒，又補上一句，「比從來沒紅過可要強多啦。」

「是啊，是這樣。」約翰輕輕笑了一聲。但我可以看出來，他對我的回答很失望。不過，我感覺他確實有什麼祕密的打算。我對離開Google、再次創業的想法不冷不熱的反應並不是他希望聽到的。空氣中瀰漫著令人尷尬的沉默。

2010年10月，賴利・佩吉寫給所有Google員工一封信，宣布進行重組，並對高階主管的職責重新洗牌。Google搜尋的首席工程師烏迪・曼伯爾將晉升為產品管理和工程主管。這意味著他將接管瑪麗莎在搜尋團隊中的職責。而佩吉宣布，瑪麗莎將重返她先前在Google的工作領域——地圖和位置服務，也就是

Google 地理。

哎呀！當我在 Google 的奧斯汀辦公室裡讀到這封信時，我暗暗想到，這對約翰來說可不是個好消息。我等了幾天，然後打電話給他。

「瑪麗莎？到底怎麼回事？」我問。這一變動也讓約翰感到意外。他跟我講了最近發生的一切。

約翰當時正和伊麗莎白‧哈蒙、丹‧埃格諾以及地理團隊的其他高層在雜亂的 Google 紐約辦事處開會。之後，作為團隊建造活動，他們玩了一場名為「GO Game」的城市尋寶遊戲。遊戲結束後，他們一起去看了電影《社群網戰》（*The Social Network*）。電影結束後，約翰看了他的手機，發現瑪麗莎‧梅爾錄了一則留言給他。那時，在 Google 工作 6 年之後，約翰已經開始尊重和喜歡瑪麗莎了。瑪麗莎甚至邀請約翰和霍莉參加許多社交活動，包括她最近舉行的婚禮。他們成了朋友。

但那則留言很奇怪。瑪麗莎說她正在紐約，並希望第二天早上在 Google 紐約辦事處與約翰見面。第二天早上，瑪麗莎對約翰講了即將發生的事：Google 搜尋的高層發生重大變動；烏迪‧曼伯爾即將執掌搜尋部門，而她將被調往別的部門。雖然她一直對地理部門感興趣，但約翰和布萊恩的這個世界只占據了她約 5% 的精力。現在，她解釋說，它將占據她 100% 的精力。瑪麗莎將接管 Google 地理，約翰和布萊恩將向她彙報。「我希望你留下來。」她說，「我希望我們都能朝這個方向努力。」

當那天早上他們談話的時候，約翰已經開始籌劃他的下一場比賽了。「那太好了。」他對瑪麗莎說，但他心裡想的是，我該開始朝新方向發展了。

　　兩週後，瑪麗莎第一次在Google總部召集整個地理團隊，並正式向她的新團隊介紹自己。在這次會議中，她還宣布，約翰將離開地理團隊。他計畫繼續留在Google，參與一個尚未公布的計畫。這是一個令他十分興奮的計畫，而且他已經構思好一陣子了。

　　大約6週後，約翰搬到舊金山的Google辦公室工作。每天從奧克蘭乘舊金山灣渡輪去工作的路上，他總是為他的下一場比賽苦思冥想。最終他決定完全離開Google，建立一個使用Google地圖技術的新創公司。當他告訴賴利他要離開Google，並準備建立一個新公司時，賴利問他的想法是什麼。

　　在約翰講了他的想法後，賴利說，「那你為什麼不留在Google，在Google裡建立這個新創公司呢？」賴利是Google大膽的地圖「登月計畫」背後最重要的推動力。他不斷地向地圖和索引整個物理世界的目標投入人力和物力，因此，他不願讓約翰離開。他很了解約翰的願景、決心和動力。如果約翰想要創造新的東西，無論它是什麼，賴利都支持他，就像他在Google地圖和Google地球旅程中的每一個轉折點，都給予約翰支持一樣。

　　於是，他們一起草擬了一頁紙的協議。

　　這是一個與眾不同的安排。想加入這家名為Niantic Labs新公司的Google員工可以放棄他們的Google股票，來換取Niantic Labs的股權。新公司將有3年的助跑期，3年期限結束時，將根據這家新公司的估值支付新公司股權。嚴格地說，新公司的所有員工仍然是Google員工，但約翰可以根據他的意願來經營公司，就好像它是一家獨立的公司一樣。這等於是結合了兩個世界的優點：既有新創企業的自由和極具潛力的股權，又有Google

的工作環境和福利。

　　約翰對新公司的構想源自他與兒子之間一個持續的鬥爭，這種鬥爭太過平常了：父母與自己沉迷於電子遊戲、不願意外出活動的孩子之間的鬥爭。「出門玩吧！」約翰經常對他家的埃文說，讓他停下手裡的「我的世界」（Minecraft）或其他電子遊戲，別再繼續盯著螢幕。最終，父子倆達成一個協議。埃文每外出1小時，就可以玩1小時的遊戲。它後來成了Niantic一個類似使命宣言的東西，將約翰對地圖的了解與對遊戲的熱情結合在一起，創造出讓人們——無論老幼——走出家門的應用程式。

　　這個想法就是用手機將地圖變成遊戲，創造出一些迫使你走下沙發、走到現實世界中才能在遊戲中獲得進展，同時將遊戲片段映射到物理世界來增強現實的手機遊戲。「在真實世界中玩的遊戲。」他這麼稱呼這些遊戲，目標就是讓人們從螢幕後面走出家門，以全新的方式欣賞周圍的世界。

　　約翰將他的新公司命名為「Niantic」，它是1849年停靠在舊金山的一艘商船名字。這艘船上載著246個想發財的人，船一靠岸他們就立即從船上衝下來，把Niantic號和其他幾十艘船拋在身後。

　　Niantic號現在被埋在舊金山的地下，就在泛美金字塔的正下方，儘管很少有路人會注意或關心。約翰希望這些新使用位置的服務和遊戲可以幫助我們發現藏在周圍的歷史，從而使我們能夠以新的方式欣賞週遭的世界。如果你想玩Niantic的遊戲，無論你是否願意，你最終總會對你周圍的世界有更多的了解。

　　我並不是唯一一個跟隨約翰去Niantic的人。一共有8位前Keyhole員工加入約翰的新創公司。有一天，萊內特寄了一封信

給我：「我們又聚在一起了！」正如我職業生涯中常常不太理解約翰的一些想法一樣，我不能說我完全理解約翰想要創造的這個東西。不過讓我十分高興的是，在與他合作過的那麼多行銷人員中，他請我來擔任Niantic的行銷主管。曾有人問我為什麼徹底離開Google，去加入約翰的新創公司，我告訴他：「你看，如果麥可‧喬丹要求你加入他的球隊，那你就加入好了，即使你不知道他們要玩什麼體育項目。」

這是一種極為驚奇的感覺——在與他相識32年後寫作這本書時，我仍然有這種感覺——我又開始為約翰‧漢克工作了：就是那個碰巧和我分配到世界上最大的同一層大學宿舍的西德州小鎮來的小夥子。眾所周知，我的母親常常在朋友和家人面前這樣說我：「比爾‧基爾迪啊，你的整個職業生涯基本是建立在遇到了一個人的基礎上。」

她說得對。在西部邊疆，德州遊騎兵的古老座右銘是「一場暴亂，一個遊騎兵」。而我的座右銘可能是「一個人，一個職業生涯」。我承認，確實如此。我相信史蒂夫‧賈伯斯背後也有一個行銷核心，跟著他一個計畫一個計畫地做，猶如一隊忠誠的步兵。要是問他們，把他們的職業生涯託付給一個人，他們擔不擔心，他們可能會像在海灘上坐著喝雞尾酒時一樣放鬆呢。

2014年10月，我舉辦了另一次Keyhole員工聚會，這一次是慶祝被Google收購10週年。當年的團隊已經散落在世界各地。令人難過的是，安德里亞‧魯賓在2010年去世，丹尼爾‧萊德曼和大衛‧科恩曼移居到國外，還有幾個人離開了加州。但Keyhole團隊28名尚健在的成員中，有24位參加了聚會。

約翰是最後一個答應參加的。「你知道我不是一個活在過去

的人。」當我最後不得不逼他來的時候，他這麼對我說。「約翰，你必須來，容不得你不來，你必須在場。」我要求。我覺得可能是德德·克特曼和丈夫要從亞利桑那開車過來參加聚會這件事，最終讓他答應了。

狂熱的攝影愛好者布萊恩為聚會做了投影片，還提供了活動經費。約翰在2011年年中離開龐大的Google地理團隊，在2012年，瑪麗莎也離開了Google，成為雅虎的CEO。2012到2014年，7,000人的Google地理團隊由布萊恩主導。

在那段時期，蘋果拋棄了Google地圖，開始使用他們自己開發的地圖。蘋果地圖的推出對蘋果來說是場災難，它導致了300億美元的市值損失以及CEO提姆·庫克的公開道歉，還讓蘋果iOS軟體高級副總裁史考特·福斯托丟了工作。

2014年10月16日，即Keyhole被收購後整整10年，也就是我們聚會的日子，布萊恩辭去了他的職務，將Google地理的指揮棒傳遞給了Google老員工珍·菲茨帕特里克。幾個月後，布萊恩離開Google，加入了優步（Uber），主導優步的自動駕駛汽車計畫（這又是另一個故事了）。我問布萊恩為什麼決定離開Google，他回答：「我度過10年神奇的歲月，現在是時候離開了。」

Google自然而然地發展成一家更成熟的公司，有了更多傳統的商業行為。Google有新的CFO（首席財務官）露絲·波拉特，她正在將傳統的商業標準應用到計畫中。管理層也開始探討賴利·佩吉發展的各種「登月計畫」長期經濟可行性。Google地圖和Google地球就像是兩個沒人管的小孩，和10幾歲的保母打打鬧鬧了10年，現在終於有大人進來管管他們了。

10年前的2004年，在我們來 Google 的第一天，麥可‧瓊斯對謝爾蓋說，Google 地球團隊有一天可能需要多達 1 PB 的地圖數據資料。這是我第一次聽到這個數字：1 PB，1,000 兆位元，等於 100 萬 GB。

而到了2014年，Google 的地圖產品數據資料庫已經有 25 PB，而且還在增長。布萊恩和約翰留給 Google 地理團隊的是一個高效的地圖發布機：它每兩週發布的數據資料量甚至超過 Google 地球發布時公司的地圖數據資料總量（其中的大部分是前 Keyhole 員工韋恩‧蔡及其團隊製作的）。

在 10 年前的同一次會議上，我曾要求賴利在賺 1,000 萬美元或擁有 1,000 萬使用者之間選一個。我少說了 100 倍。

一路走來，賴利和謝爾蓋始終堅持著一套違背典型商業原則的原則。在使用者的快樂和金錢之間，他們總是會選擇使用者的快樂。這就是為什麼最終我們沒有局限於 1,000 萬使用者的水準，而是贏得多達幾十億使用者，而且是每月幾十億使用者。

對我來說，這是整個旅途中最神奇的事，一件你可能無法相信的事。在我為了寫這本書而採訪的所有人中，沒有人能回答我提出的簡單問題：在付出了這麼多的精力，蒐集或製作了這麼多的數據資料，花了這麼多錢，開發出這麼多新技術之後，Google 地圖和 Google 地球最終為 Google 賺錢了嗎？Google 地圖和 Google 地球實際獲利了嗎？

當然，有一種觀點認為，Google 地圖和 Google 地球提升了 Google 的品牌價值，為蘋果等公司提供了策略槓桿，為安卓設備提供了卓越的導航功能，還從地理上優化了搜尋結果和廣告。毫無疑問，在它們的幫助下，Google 的各種產品賺了大筆大筆

的錢。

但賺錢這件事並不是他們做這兩個產品的主要驅動力。

是啊，在寫到這裡時，Google股票的每股價格在經過拆分調整後已經達到2,000美元，而賴利和謝爾蓋在世界富豪榜上也分列第8名和第9名。但賺錢不是他們做這兩個產品的原因，不是他們在2002年開著車沿101號公路走、同時把攝影機架在車窗上拍攝街景的原因，不是他們買下Keyhole的原因，也不是他們買下Where2Tech、SketchUp、位智、Skybox Imaging、Kevin Reece的機隊，或者開展街景服務、地面實況的原因。

我不是說賺錢不是他們的首要任務，我是說，賺錢不在他們的10大任務之列。我可以向你保證，在我參加過的會議中，他們幾乎沒問過錢的事。他們既沒問過投資報酬率，也沒問過投資回收期。傳統公司會問所有這些問題（還有更多別的問題），但正如賴利在給股東信中所說的，Google遠非傳統公司，而且也不打算成為傳統公司。他們只對一件事感興趣：大膽押注能夠整理全世界地理訊息的非凡產品，然後透過Google地圖和Google地球等卓越產品將它們送給所有人。

讓我舉個例子：收購完成後，Keyhole的銷售代表傑夫·葉井和格雷格·勞埃德努力將舊的Keyhole專業許可證銷售（也就是我們在國際購物中心協會的展會及其他展會上，用舊式信用卡刷卡器銷售個人許可證而建立起來的那個業務）改造成Google一項年收入800萬美元的業務。之後的某一天，賴利決定把Google地球專業版也改為免費提供。

這聽起來很瘋狂，但Google地圖和Google地球一直都是Google送給世界的禮物。為此，我想說，「謝謝」。

在Keyhole收購10週年聚會上，我們回憶了許多往事。好多人說了敬酒的話，包括麥可‧瓊斯、布萊恩‧麥克倫登、約翰‧漢克、菲爾‧凱斯林、小間近井、馬克‧奧賓和萊內特‧波薩達‧霍華德。令人驚訝的是，約翰是聚會結束後最後一個離開的人。我記得當我們一起走出餐廳的時候，餐廳經理鎖上大門。約翰比任何人都要開心，因為他再次見到整個團隊，尤其是德德，他對德德的喜愛是顯而易見的。我覺得他不希望聚會和這些回憶就此結束。我想，約翰這次允許自己短暫地回到過去，品嚐一下成功的滋味，但僅限一個晚上。

我們走進加州清爽的秋夜中。他拍拍我的背。「嘿，哥們兒，謝謝你張羅這個聚會，謝謝你逼我參加，今晚真的很開心，很多很棒的故事我都記不清了。」約翰說。他無意間提醒了我，我需要開始一項我考慮已久的計畫。

幾個月後，約翰去奧斯汀參加了「西南偏南」（SXSW），這是一個國際性的互動式多媒體、電影和音樂藝術節，始於30年前，也就是約翰和我剛去德州大學上學的那年。1985年，第6街的幾位酒吧老闆和《奧斯汀紀事報》（*The Austin Chronicle*）的編輯共同籌辦了一個音樂節，讓我和約翰這樣的學生有理由在春假期間留在奧斯汀。現在它已成長為一個國際性的大型活動，每年春季吸引成千上萬的遊客來到奧斯汀，並在這裡逗留8天。這是約翰每年一次的朝聖之旅：參加「西南偏南」以及一系列固定活動，包括燒烤、在巴頓泉游泳池游泳、看音樂演出以及回克羅斯普萊恩斯探望他的媽媽。

在他出城之前，我們一起去拉迪伯德湖邊跑步。那是一個星期五的早上，湖邊的小道很擁擠。我們必須小心避讓那些低

頭盯著手機藍點、讓藍點替他們指路的行人。跑步的人在用MapMyRun（健康應用軟體）追蹤他們的路線，想不斷打破自己的紀錄。騎行的人在用Strava（測速應用軟體），想在這一圈中超越藍斯·阿姆斯壯的成績。通勤的人在用優步。遊客在用Yelp訂餐，用Hotel Tonight（提供當日旅館預訂服務的應用軟體）訂旅館。買房的人在用Zillow。單身的人在用Tinder（手機交友應用軟體）。計程車司機在用位智（Waze）。狗主人在用Whistle（哨子應用軟體）追蹤他們的狗。駛過的UPS快遞卡車裡裝著能被收件人追蹤的包裹。頭頂飛過的飛機正被等待接機的親友們追蹤。一位毫不知情的奧斯汀高中生正被他的母親追蹤。

這是一場約翰和我不經意間觸發的一個藍點殭屍末日。不過讓我感到欣慰的是，至少這些殭屍似乎知道他們要往哪兒走。

當我們越過湖面、轉到4哩長的環湖路上時，我終於鼓起勇氣，把我從聚會以來一直在考慮的一個計畫告訴了約翰。這個計畫就是：寫一本書，也就是這本書。我心裡很緊張，不知他有什麼反應，畢竟他厭惡談論他自己和過去。但他的反應卻出人意料得積極。

「這個故事確實應該講給別人聽。你可能是最適合講這個故事的人，你也親眼見證了這一切。」約翰說。我又告訴約翰，我計畫寫到2006年，也就是我離開Google地理團隊時為止，他說：「不，你應該寫下所有的事，整個故事。把這些故事全部都寫出來。」

我馬上開始向他提各種有關街景和地面實況計畫的問題。在半英哩之內，約翰已經加快速度。我很清楚，當他說「你應該寫下來」的時候，他還不如說：「你——而不是我——應該寫下

來。」為了防止我沒聽懂他的暗示，約翰做了個手勢，斬釘截鐵地說：「我不想再談這個。」我們在沉默中跑完了步。

約翰站在他租來的車旁邊，換上一件乾淨的T恤，他一會就要長途駕車前往克羅斯普萊恩斯了。「你得明白。」他說，「我們經歷的很多事情對我來說並不那麼愉快。遲發薪水、訴訟、Keyhole的經銷商拖欠貨款，還有後來與布雷特和瑪麗莎的掌控權之爭，以及Google內部的產品紛爭。還有加班，對我來說挺煎熬，對霍莉來說也挺煎熬的。回憶那些事對我來說太難了。另外，我寧願想想未來，想想接下來會發生什麼，即將到來的會是什麼，而不是過去。」

顯然，如果我開始寫這本書，那麼大部分情況下是得不到約翰的幫助。

2015年的奧斯汀已經是一座大都市了。城裡交通繁忙，好幾個大型工程計畫正在施工，好多道路還因為「西南偏南」的舉辦而封閉。約翰坐進他的車裡。我一時忘了正在和誰說話，我問他：「好的。你知道怎麼導航回到莫派克高速公路，然後進入183號公路嗎？」

和別人一樣，約翰也在盯著手機。

他笑著朝我擺擺手。「不用了，謝謝。我知道怎麼走。」

他在Google地圖中輸入「克羅斯普萊恩斯」，然後點了「開始導航」。

尾聲 | 「精靈寶可夢 GO」及 AR 的未來

　　今天是 2016 年 7 月 17 日星期日。我正在日本東京街邊一家又小又黑的日式燒烤店，與約翰和他兒子埃文一起坐在一間勉強能容下我們 3 人的房間裡。埃文一個月後就要去紐約大學上學，約翰正帶他在日本旅行，來個為期一週的父子之旅。

　　店老闆正在為我們講解如何用放在桌子中間的石板來烤肉和蔬菜。老闆來到我們桌旁是因為他發現一位特殊的客人——Niantic 在日本的行銷主管須賀健人來到他的店裡。老闆不停地把烤好的肉夾到每個人盤中，因為能和「精靈寶可夢 GO」（Pokémon GO）幕後之人見面、合影，並拿到他的親筆簽名，這令他非常興奮。

　　他對約翰此前在 Keyhole、Google 地圖以及 Google 地球上的成就一無所知。對他以及世界上所有其他人來說，約翰·漢克就只是「精靈寶可夢 GO」的創造者而已。

　　我們是為 Niantic 的第一款遊戲虛擬入口（Ingress）來東京的。前天，Niantic 舉辦了迄今為止最大的一場活動，超過一萬名虛擬入口遊戲中的「特工」（這是玩家在遊戲中的稱號）在東京街頭漫步、跑動或騎行，爭奪這座城市的虛擬所有權。現在，

我們在世界各地舉辦許多這類的活動。我們將在2016年舉辦26次，吸引成千上萬的虛擬入口玩家在現實世界裡玩電子遊戲。然而，儘管虛擬入口的活動規模很大，但並不是每個人都在關心它。我說的每個人是指地球上的每個人。

「精靈寶可夢GO」在美國和其他幾個國家推出已有12天，整個世界都為抓寶可夢而瘋狂。它是個2016年夏天一炮而紅的遊戲。這股熱潮成了吉米・法倫、史蒂芬・科爾伯特和吉米・基梅爾的脫口秀熱門話題。希拉蕊・克林頓在競選活動中還試著講了「精靈寶可夢GO」的笑話。有數以千計的媒體文章和數以億計的社群貼文談論這款遊戲；《人物》（People）雜誌某期的封面上，甚至放了約翰的照片。

成千上萬的人聚集在公園裡，以新的方式享受戶外活動。還有不少玩家舉辦散步和社交活動。這個App的使用率甚至超過推特或Tinder，而且在那年夏天就已經成為有史以來下載次數最多的App。那段時間裡，每天都有超過1億人在玩這款遊戲。在杜拜，一名男子把車停在公路正中，然後跑下車去抓一隻罕見的寶可夢。聖地牙哥的兩名青少年為了抓寶可夢翻越柵欄，結果從懸崖上掉落（好在他們安然無恙）。一記者甚至因為抓寶可夢而擾亂了美國國務院的新聞發布會。「你是不是正在玩那個什麼寶可夢呢？」美國國務院發言人約翰・柯比忽然停下了有關打擊「伊斯蘭國」戰爭的討論。

「你抓到了嗎？」他問那名記者。

Niantic尚未在日本推出「精靈寶可夢GO」，但我並不介意。我寧願在這個20年前誕生了寶可夢現象的國家，推出「精靈寶可夢GO」之前趕緊離開這裡。日本政府官員普遍擔心遊戲

會引發騷亂，我認為他們的擔心完全合理。

　　我問約翰：「你認為『精靈寶可夢GO』的發布可能會比Google地圖和Google地球發布收到更熱烈的回響嗎？」雖然他在過去的兩週裡一刻不停地工作，但此時他依然非常興奮，就像公司的其他人一樣。

　　「有意思，你居然提起這個。」約翰說，「布萊恩寄了張Google趨勢（Google Trends）圖表給我，上面顯示『精靈寶可夢GO』發布時的受歡迎程度，以及Google地圖和Google地球在發布時的受歡迎程度。『精靈寶可夢GO』是Google地圖和Google地球的3倍。」

　　我一邊從滾燙的石板上夾起一塊烤得剛剛好的神戶牛肉，一邊難以置信地搖搖頭。我們正在六本木新城森大廈所在的街上。約翰在幾小時前曾與遊戲巨頭任天堂的CEO在森大廈裡會面。2015年10月，當Niantic作為一家獨立公司脫離Google時，任天堂成了約翰的新創公司的領投公司（雙方能坐在一起談判的原因是，任天堂CEO的妻子是一名虛擬入口鐵粉玩家）。在遊戲推出後的12天裡，任天堂的市值從190億美元飆升至420億美元，激增120%。我猜這次會議進展順利。

　　「哎呀，約翰，他是不是想買我們？」埃文笑了。

　　「不，他沒有。」他悄悄地說，並補充道，「但我之前也在猜他是不是想買我們。不是沒有這個可能。」

　　「精靈寶可夢GO」的推出無疑是約翰和Niantic團隊的意外轉機。8個月前，Niantic作為一家獨立公司從Google分拆出來，這有點讓人難以接受。上交Google的工作證讓我非常難過，我非常留戀在Google工作的11年。可在2014年，隨著Google新

CFO的上任，那些被認為對Google搜尋任務不重要的計畫被分拆成獨立的公司。使用位置的擴增實境遊戲不在重要計畫之列。

但是，有了堅實成果的虛擬入口以及正在籌備的「精靈寶可夢GO」，約翰籌集到了投資資金，建置出一個與Google分離的新Niantic（不過Google仍然是新Niantic的後續投資人之一）。

在2015年10月正式離開Google之後，公司在第一款遊戲虛擬入口的基礎上發展得不錯。Niantic的融資演講稿預測：我們的收入和使用者數量將在第1年、第3年和第5年穩步上升，5年的收入預測尤為樂觀。但就Niantic的實際表現而言，我們的估計還是太低了。可以這麼說，就算我們做個15年的預測，我們仍然無法準確預測2016年夏天「精靈寶可夢GO」創造的收入。它打破了所有的下載和收入紀錄，成為有史以來增長最快的應用程式。

在虛擬入口裡，約翰和Niantic將現實世界變成遊戲面板。虛擬入口裡有兩支隊伍，他們在現實世界中移動，以攻占領土。它是個由玩家組成的社群，這些玩家在遊戲的感召下回到他們所在的社區和城市中，與其他人見面，並建立現實世界中的友誼。它把建置世界上最有趣的一些地點（即虛擬入口裡的「傳送門」）的數據資料庫過程遊戲化了。遊戲收集來的1,200萬個「傳送門」後來成了「精靈寶可夢GO」中的「寶可夢補給站」。

「精靈寶可夢GO」的想法始於2014年，是從一個玩笑開始的。一位名叫野村達雄的Google工程師用Google地圖開了個愚人節玩笑，把他童年時代最喜愛的寶可夢角色貼到Google地圖上。這在全球引起熱烈回響。他在Niantic團隊的朋友川島優志向約翰提出這個想法，建議約翰把它變成使用GPS的擴增實境

遊戲，就像虛擬入口那樣。這正是約翰正在考慮的下一個遊戲題材之一，他知道，寶可夢是最合適的那一個。於是，川島優志和約翰一起去找野村達雄，問他想不想用他的愚人節玩笑做出一點東西來。

建立在由虛擬入口獲得的知識、數據及其技術的基礎上，「精靈寶可夢GO」被證明為一個全新的產業指明了方向。在「精靈寶可夢GO」之前，還沒有過實際應用擴增實境的例子。在2017年，擴增實境是最熱門的科技趨勢之一：矽谷和其他地方有幾十家公司都在它們各自的融資演講稿中提到「精靈寶可夢GO」。未來將會有更多的擴增實境遊戲面世，包括由Niantic與其他公司合作開發的「哈利‧波特：巫師聯盟」（Harry Potter：Wizards Unite）。

這個新的、擴增的世界始於精確的地圖，它必須能夠精確地定位我們周圍的一切。出於這個原因，第一個極為成功的擴增實境應用程式是由建置Keyhole以及Google地圖、Google地球的同一核心地圖團隊所建構（菲爾‧凱斯林是Niantic的首席技術官），這點並非巧合。

而且，藉助Google街景，來自Google地理團隊的朋友和前同事們能更好地在擴增實境領域發揮主導作用。Google CEO桑德爾‧皮查伊在2017年Google I／O大會上宣布，Google街景圖像正被用於提取速度限制、街道名稱和學校區域之外的更多訊息。現在，各種各樣的物體都已能被電腦視覺識別，而且，它們正在被準確定位，以作為新的擴增實境服務和遊戲的基礎。

這個AR的未來會是什麼樣？請你想像，你正站在第24街和瓜達盧佩街之間的德州大學校園裡。你拿起手機，用攝影鏡頭對

著一個雕像。根據Google街景數據資料和使用電腦視覺的地圖繪製，你的手機識別出這是國會眾議員芭芭拉‧喬丹的雕像，一個半透明、優雅的訊息泡泡立刻浮現在雕像頭上，上面顯示她的姓名、生卒日期和關鍵的立即出現。雕像被勾勒上藍色的輪廓線。這時，雕像似乎活了過來，眾議員喬丹開始對你說話，向你概述她在1976年麥迪遜廣場花園中，舉行的民主黨全國代表大會上發表的主題演講。

現在，請你想像拿著你的手機往前走，一直走到瓜達盧佩街，或者被稱為「The Drag」的區域。在瓜達盧佩街的「The Hole In the Wall」現場音樂酒吧上方，你可以看到一個飄浮的透明疊加層，這是個數位看板，顯示今晚正在演出的樂隊和每個樂隊演出的影片片段。然後，你拿著手機環顧四周，對街的長椅已提前被Google街景識別為公車站。車站上方浮現出公車時刻表，上面還有倒數計時時鐘，顯示下一班車到站還有多久時間。Yelp上的評價會懸浮在每家餐廳上空；價格和可用房間數量會懸浮在每家旅館上空。這種體驗可以不透過智慧手機獲得，可以透過很小的耳機向你播報訊息，也可以戴上特殊的太陽眼鏡來查看訊息。

這聽起來像不像科幻電影中的場景，例如《關鍵報告》（*Minority Report*）或者《雲端情人》（*her*）？聽起來可能很遙遠，但我們的世界是個迅速發展的世界。所有東西現在都被解除限制：遊戲不再局限於沙發上，搜尋也不再局限於家裡的螢幕上──它們正在走向現實世界之中。

這會是人們的注意力進一步被手機吸引的世界嗎？還是說，我們會抬起頭來，用新的眼睛欣賞周圍的世界，更了解當地的歷

史、建築和文化意義呢？我們會更加關注當下、知識儲備會更加豐富，還是會注意力更加分散？

在新的、擴增的世界裡，壁畫裡的人物走下牆壁，歡快地跳舞；葡萄酒廣告從酒瓶裡傾瀉而出──在城市街道或雜貨店裡的走道中的漫步，變成是場訊息極度豐富、無須導遊的旅行。在這個世界裡，誰會是贏家呢？我的預感是，那些裝備著最好的地圖，以及那些準確且有條不紊地索引和定位地球上每個地方的人，會是贏家。這些內容的來源並不特別，但它們需要經過精準的定位、校對，這樣它們才能被放在現實世界中準確的坐標上。

從許多方面來說，這個未來只是街景服務的延續，也就是賴利在2002年用攝影機拍攝車窗外的街道那次行動的延續。也許，這才是那個計畫一直以來的目標。

作者注

　　我最喜歡的書之一是羅爾德・達爾的《單飛》（*Going Solo*），它講述作者在第二次世界大戰期間任英國皇家空軍戰鬥機飛行員時的自傳故事。達爾在希臘群島和北非的恐怖驚險經歷，包括在利比亞上空飛機墜毀後死裡逃生，為讀者打開一扇了解英國飛行員在絕境中以少敵多、英勇作戰的窗口。達爾發表在《星期六晚報》（*The Saturday EveningPost*）上的〈在利比亞上空被擊落〉（*Shot Down Over Libya*）是他的首篇作品，這篇作品影響了美國公眾對參戰的態度，也讓達爾對寫作產生了興趣。

　　但是，這些經歷雖然扣人心弦、引人入勝，卻沒有妄稱能讓讀者全面了解第二次世界大戰。它只是從達爾的視角——透過霍克颶風戰鬥機的窗戶俯視地上慘烈的戰鬥——觀察了這場戰爭。《單飛》絕不是一部對所有的戰鬥、所有逝去生命的完整記錄，也不是對他駕駛的颶風戰鬥機或朝他射擊的德國梅塞施密特戰鬥機技術能力的詳盡說明。

　　同樣地，我無意將本書標榜為Keyhole、Where2Tech、Google等公司的數位測圖技術創新的完整技術綱要。一些重要人物、變革性的技術，乃至整個計畫的作用和影響在本書中並未得到詳盡的展現，有時甚至被完全忽略了。

　　這些遺漏或張冠李戴並不是故意的：它們只代表了我個人的觀點。本書（基本上不涉及技術）是我向大家打開了一扇了解這場地圖革命的窗口，這是一場始於1999年的一次朋友來訪，就發生在我身邊，並且今天仍在繼續的地圖革命。

致謝

2014年10月下旬，在山景城參加完慶祝Keyhole收購10週年的聚會後，我回到Google奧斯汀辦公室。在那個時候，我已經算得上辦公室裡的老人了；我在Google待的時間比當時在奧斯汀工作的500名Google員工都要長。在Google內部，Keyhole的收購在很大程度上被認為是Google歷史上最成功的收購之一。因此，在公司裡，尤其是在奧斯汀辦公室的年輕Google員工當中，前Keyhole員工的身分為我增添了不少威望。在我吃午飯的時候，有兩名年輕員工來到我的辦公室，問我關於聚會的事。這一下勾起了我的懷舊情緒，我便請他們進來。他們走進我嶄新、可以一覽無遺欣賞6個街區外德州大學主樓附近風景的辦公室，坐在不大的黑色皮沙發上。我一打開話匣子，就饒有興致地講了不少我們在聚會上講的Keyhole和早期Google地圖的往事給他們聽。講了大概半小時之後，其中一個年輕人——據我了解是一個雖然風趣幽默，但蠻橫、消極、滿腹牢騷的軟體工程師——激動地打斷了我：「天啊！你應該寫本書！」他帶著一種我從未見過的驚訝和興奮對我說。於是我就開始寫了。

我應該提醒大家的是，我做過不少創作。我很擅長展開新計畫，但真正完成的計畫卻沒有幾個。

出於這個原因，我必須首先感謝那個逼著我寫完這本書的人：我的岳母羅賓·華萊士。作為一名作家、劇作家、民間音樂家、裁縫和畫家（以及護士、網球運動愛好者、周遊世界的旅行者、烹調大師、政治活動家），羅賓很清楚創作一部作品時，實際需要走哪些步驟、遵守哪些紀律——光開始寫作是肯定不行的。2014年聖誕節，我請她讀了我最先寫好的幾個故事。她對這本書的反應非常積極，她那極具感染力的熱情和鼓勵，差點讓我覺得心煩。如果沒有羅賓，坦白說，這本書最終不過是份列印的不完整故事集，被塞進我的文件櫃裡生灰塵。謝謝你，羅賓，感謝你激勵我不斷努力、堅持寫作，感謝你不讓我放棄這本書。

我對寫書的整個過程知之甚少，但幸運的是，Aragi出版社的杜瓦爾·歐斯廷，在我寫作的整個過程中一直給予悉心的指導。她也是這個故事最早的支持者之一，而且，她設法在合適的時間將其交到合適的人手中。

我必須感謝我在哈珀柯林斯（HarperCollins）的編輯史蒂芬妮·希契科克。她對本書有著獨到的眼光，她也能理解這項技術是如何改變我們找路的方式。在我需要支持的時候，她總能完美地把贊同和鼓勵結合起來；在書偏離正軌的時候，她也總能坦率而誠懇地指出問題。而且，正是史蒂芬妮最終對我喊停，並直率地告訴我，我需要幫助——專業的幫助，才能完成這本書。

能找到寫作教練、編輯和合作夥伴柯克·沃爾什來幫助我重寫這本書，我真的很幸運。藉用軟體術語來描述的話就是，我搞出了一個示範程式，柯克幫我建置成一個可交付的產品。謝謝你，柯克，感謝你幫我刪了那麼多爛笑話，也讓我保留了那些我不得不講的笑話。我也要感謝作家史蒂芬·哈里根非常貼心地把

我介紹給柯克。

我必須感謝Keyhole、Where2Tech以及Google的所有前同事和朋友們，他們幫我拼出整個故事，填補上那些我不了解的事。我要特別感謝小間近井、韋恩・蔡、延斯・拉斯姆森、諾亞・多伊爾、大衛・洛倫齊尼、羅布・佩因特、萊內特・波薩達・霍華德、大衛・科恩曼、菲爾・凱斯林和丹尼爾・萊德曼。我不會假裝道出Google地圖和Google地球的全部故事，我真的只不過講了講從我這個角度看到的東西。

布萊恩・麥克倫登本可以輕鬆地寫出這本書。憑藉他細緻、有條理的記錄，他肯定能寫出一部關於這些技術創新的更完整、更專業的概要。他願意與我分享他的觀點，當然也糾正我許多日期和事實上的錯誤。對此我深表感謝。

我要感謝麥可・瓊斯的原因是，他鼓勵我不要被修正主義的歷史觀所左右，在誰為Google地圖和Google地球做出的貢獻更多的問題上偏袒任何一方。「在創造這個偉大東西的過程中，我們都出了一份力。你應該稱讚每一個參與的人，讓大家分享這份榮耀。」他說。正如我所說過的，麥可很可能是我所見過最聰明的人。我常常用他這個睿智的建議提醒自己，特別是在寫那些多人參與的計畫時。

感謝賴利・佩吉和謝爾蓋・布林。雖然我只是偶爾會遇到你們，但我對你們創造的東西肅然起敬。當你踏上西南航空的飛機時，你會感受到創始人赫布・凱萊赫的幽默感；當你踏進迪士尼樂園時，你會感受到華特・迪士尼那異想天開的個性；當你使用Google產品時，你會感受到賴利和謝爾蓋改變世界的強烈願望。

我當然還要感謝約翰・漢克，感謝他鼓勵我寫這本書。「這

個故事確實應該講給別人聽。你可能是最適合講這個故事的人。」他曾說。他是個好朋友、忠誠的老闆、對科技的未來具有真正遠見的人。我永遠感激你，約翰，我也期待著再寫本關於你帶來的下一場巨變的書。

感謝我最最可愛的哥哥姐姐們。你們是一群既有創造力又瘋狂的藝術家、作家、水手、律師和老師。作為8個孩子中的老么，我絕對是家裡最有福氣的那一個。

最後，感謝我的妻子雪萊，那個不僅僅陪伴我經歷了整個Keyhole 和 Google 旅程的人。旅途並不總是一帆風順。但在我沒發薪水或沒拿到差旅費報銷（我確實告訴過你，對吧？）的時候，你總是表現得十分淡定。從波士頓的暗淡日子，到輝煌的Google 之旅，你陪我走過一切，然後在無數個夜晚聽我讀這本書中的段落。是你給了我最初的鼓勵，讓我有勇氣拿出紙筆，記錄下這段旅程。不過，奇怪的是，有了你和你不可思議的方向感，伊莎貝爾、卡米爾和我，在旅途中從來都不需要用Google地圖。我們只需要你，雪萊。你就是GPS中的那個S。

Google地圖革命（二版）：從Google地圖、地球、街景到「精靈寶可夢GO」的科技傳奇內幕
Never Lost Again: The Google Mapping Revolution that Sparked New Industries and Augmented Our Reality

作　　者　比爾‧基爾迪（BILL KILDAY）
譯　　者　夏瑞婷
責任編輯　夏于翔
協力編輯　王彥萍
內頁構成　李秀菊
封面美術　兒日

發 行 人　蘇拾平
總 編 輯　蘇拾平
副總編輯　王辰元
資深主編　夏于翔
主　　編　李明瑾
業　　務　王綬晨、邱紹溢
行　　銷　廖倚萱
出　　版　日出出版
　　　　　地址：10544台北市松山區復興北路333號11樓之4
　　　　　電話：02-2718-2001 傳真：02-2718-1258
　　　　　網址：www.sunrisepress.com.tw
　　　　　E-mail信箱：sunrisepress@andbooks.com.tw

發　　行　大雁文化事業股份有限公司
　　　　　地址：10544台北市松山區復興北路333號11樓之4
　　　　　電話：02-2718-2001 傳真：02-2718-1258
　　　　　讀者服務信箱：andbooks@andbooks.com.tw
　　　　　劃撥帳號：19983379 戶名：大雁文化事業股份有限公司

印　　刷　中原造像股份有限公司
二版一刷　2023年6月
定　　價　520元
I S B N　978-626-7261-55-2

NEVER LOST AGAIN: THE GOOGLE MAPPING REVOLUTION THAT SPARKED NEW
INDUSTRIES AND AUGMENTED OUR REALITY by BILL KILDAY
Copyright: © 2018 BY WILLIAM KILDAY.
This edition arranged with The Marsh Agency Ltd & Aragi Inc.
through BIG APPLE AGENCY, INC., LABUAN, MALAYSIA.
Traditional Chinese edition copyright:
2023 Sunrise Press, a division of AND Publishing Ltd.
All rights reserved.
本繁體中文譯稿由中信出版集團股份有限公司授權使用

國家圖書館出版品預行編目（CIP）資料

Google地圖革命：從Google地圖、地球、街景到「精
靈寶可夢GO」的科技傳奇內幕 / 比爾‧基爾迪（BILL
KILDAY）著；夏瑞婷譯. -- 二版. -- 臺北市：日出出
版：大雁文化發行, 2023.06
336面；14.8×21公分
譯自：Never Lost Again: The Google Mapping
　　　Revolution that Sparked New Industries and
　　　Augmented Our Reality
ISBN 978-626-7261-55-2（平裝）

1.網際網路 2.軟體研發 3.地圖資訊系統

312.1653　　　　　　　　　　　　　　　112008932